호기심의 과학

호기심의 과학

수식과 공식 뒤에 감춰진 살아 있는 물리학의 세계

지은이   유재준

1판 1쇄 펴냄 2016. 12. 20
1판 3쇄 펴냄 2024. 5. 20

펴낸곳   **계단**
펴낸이   서영준
출판등록   제 25100-2011-283호
주소   (04085) 서울시 마포구 토정로4길 40-10, 2층
전화   070-4533-7064
팩스   02-6280-7342
이메일   paper.stairs1@gmail.com

© 유재준, 2016

ISBN   978-89-98243-06-7 03420

이 책은 한국출판문화산업진흥원 2016년 우수출판콘텐츠 제작 지원 사업 선정작입니다.

호기심의 과학

유재준 지음

계단

들어가는 글

'앗 시리즈'로 잘 알려진, 닉 아놀드의《물리가 물렁물렁》에는 첫 부분에 이런 글이 나온다.

> 과학에는 한 가지 치명적인 결점이 있다. 아주 지겹다는 것이 바로 그것이다. 아주 간단한 질문을 하나 해도, 지겹고 복잡한 대답을 들어야 하니까 말이다. … 어떤 대답은 알쏭달쏭한 수식으로 가득 차 있다. … 그리고 절대로 과학자와 논쟁을 하려 들지 마라. 소름 끼치는 대답을 듣게 될 테니까.

저자도 과학을 하는 사람이지만 충분히 공감이 가는 말이다. 하지만 동시에 과학에 대한 오해를 어떻게든 풀어 보고 싶어지는 말이기도 하다.

　과학이 이런 대접을 받는 데는 다 그만한 이유가 있다. 과학자는 어떤 일에든 항상 "왜?"라는 질문을 한다. 그리고 증거가 무엇인지, 어째서 그렇다는 것인지 묻는다. 딱히 뭐가 의심스러워서라기 보다는 궁금한 걸 애써 지어낸다고 하는 편이 오히려 더 적절할지 모르겠다. 그러나 "왜 그럴까?"라는 이 호기심이 바로 과학의 시작이다. 딱딱하고 수식으로 가득한 교과서의 틀에서 벗어나, 이미 알고 있다고 생각했던 것을 곰곰이 되씹어 보면서 "어떻게 그걸 아냐?"고 차근차근 되묻는 과정이 곧 과학인 것이다.

　현미경으로도 보이지 않는 아주 작은 세계와 밤하늘에 끝없이 펼쳐지는 거대한 우주의 광경은 언뜻 보면 그저 신비로운 자연 현상에 불과할지 모른다. 하지만 '과학자'의 눈에 이런 자연의 신비는 서로 다른 선율들이 어우러져 만들어지는 멋진 교향악처럼, 수많은 자연 법칙이 모여 펼치는 환상적인 한 편의 마술쇼다. 과학의 본질은 신기하고도 복잡한 수많은 경험과 지식을 단순한 개념으로 엮어내는 과정에 있다. 관측과 이론에서 다시 실험과 검증으로 이어지는 순환고리에서 우리는 관찰한 현상을 추상화하고 정립된 개념을 현상에 새롭게 비춰 본다. 과학은 자연과 인간이 주고받는 대화다. 과학은 경험을 통해 얻은 지식으로 자연에 대한 새로운 이해에 도달하는, '생각하는 방법'인 것이다.

　저자는 지난 십여 년 간 서울대에서 인문사회계 학생들을 대상으로 '미시세계와 거시세계'라는 강의를 진행했다. 처음 강의를 진행할 때는, 과학에 대한 배경지식이 부족한 비 이공계 학생들이 과연 어떻게 물리학적 지식을 흡수하고 과학적 사고방식을 대할지 궁금했다. 특히 고등학교 과정에서 기본 수학만 공부한 학생들에게 어떤 식으로 과학적 생각을 심어 줘야할지 고민이었다. 그래서 일상의 자연스런 호기심을 과학적 사고방식으로 연결시켜 물리학의 핵심 개념을 쉽게 익힐 수 있는 내용을 찾아 강의를 구성했다. 과학과 관련된 공부를 계속할 사람이 아니라면, 단편적인 지식보다 과학적 사고방식이나 물리학과 관련된 일상적 개념을 정확히 익히는 것이 우선이라고 생각했기 때문이다.

많은 사람들이 물리학을 어렵게 생각하는 데는 이유가 있다. 개념과 현상을 묶어주는 연결 고리는 파악하지 않고, 간단한 수학 공식으로 표현된 물리 법칙을 무조건 적용하려고 하기 때문이다. 공식 뒤에 숨어있는 물리적 개념을 끄집어내 '살아있는' 과학적 지식으로 만드는 과정이 뒷전으로 밀려나 버린 것이다. 선배 과학자들은 낯선 자연 현상을 보면 "왜 그럴까?"라는 질문을 던졌고, 또 이미 알려진 자연 법칙에 대해서는 "어떻게 그걸 아느냐?"고 물었다. 이 강의에서도 학생들에게 같은 질문을 던졌고, 학생들이 추상적인 공식에서 벗어나 한 차원 높은 과학적 개념을 이해하기를 바랬다. 그리고 이제 더 많은 사람들이 과학적으로 생각하는 법을 접하도록 '미시세계와 거시세계' 강의에서 던졌던 질문을 이 한 권의 책에 담았다.

이 책에서는 호기심 가득한 물리학자의 눈으로 우리 주변의 자연 현상을 바라보고 대화를 나누고자 한다. 코끼리와 개미의 생김새를 비교하며 크기를 생각하는 방법을 찾고, 뉴턴의 머리에 떨어진 사과를 보고 힘과 운동의 연결고리를 찾을 것이다. 천둥 번개 치는 날, 전기의 흐름에 대한 개념을 세워 보고, 절대 속력의 빛에서 출발해 고무줄처럼 늘었다 줄어드는 시간과 공간을 상상할 것이다. 원자보다 작은 세상에서 벌어지는 양자 이야기를 통해 인간 인식의 한계에 도전하는 불확정성에 대한 생각도 해볼 것이다. 이런 질문과 대화를 통해 많은 사람들이 일상생활 속 현상에서 첨단 기술의 아이디어를 찾아내고, 더 나아가 시간, 공간, 물질과 같이 아주 근본적인 개념의 실마리를 찾을 수 있길 바란다.

유재준

차 례

빛의 과학

소리의 과학

측정의 과학

양자의 과학

글을 마치며

일러두기

- 인명을 포함한 지명과 용어의 외래어는 외래어표기법에 맞춰 표기했다.
- 책과 신문, 잡지는《 》, 글과 영화의 제목, 음악 곡명은〈 〉로 구분했다.
- 용어의 영어 혹은 한자 표기는 찾아보기에서 확인할 수 있다.
- 그림의 출처와 저작권은 책 뒤에서 확인할 수 있다.
- 인용한 동영상은 해당 링크를 표시했고, QR코드를 이용하여 찾을 수 있게 했다.

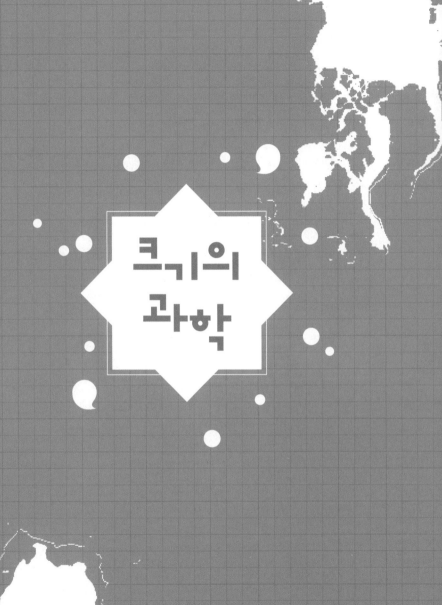

크기의
과학

영화 <바디 캡슐>에는 적혈구보다 작은 크기로 줄어든 사람들이 인체 속을 탐험하는 장면이 나온다.

초소형 인간, 있을 수 있나?

영화 〈바디 캡슐Fantastic Voyage〉에는 뇌출혈로 쓰러진 사람을 살리기 위해 최고의 의사를 깨알보다 작게 줄여 환자의 몸 속에 넣는 장면이 나온다. 엄청나게 작아진 사람이 주사 바늘을 통해 몸 속으로 들어가 백혈구와 싸우는 장면은 아직도 기억에 생생하다. 최근 뉴스에 따르면 나노 기술의 발달로 내시경 기능을 갖춘 캡슐형 의료기기가 곧 나올 거라고 한다. 영화에서처럼 사람의 혈관 속을 누빌 수 있는 초소형 비행선은 아니지만, 입으로 들어간 캡슐이 몸 속 식도와 위, 소장, 대장을 거치며 온갖 검사를 한다면 영화 속의 공상과학이 어느 정도는 실현되었다고 할 수 있을 것이다. 앞으로 과학기술이 더욱 발달한다면 사람을 축소하지는 못하더라도 사람 모양의 초소형 로봇을 만드는 것 정도는 기대해볼 수 있지 않을까?

사람 모양의 초소형 로봇,
만들 수 있을까?

적혈구나 백혈구는 직경이 채 10마이크로미터도 되지 않는다. 우리 몸에 비해 10만분의 1 이상 작은 셈이다. 영화에서는 백혈구와 싸우는 사람의 모습이 정상 크기의 사람과 별로 다르지 않다. 그런데 정말 사람이 적혈구만한 크기로 작아져도 현재와 같은 모양일까?

적혈구의 크기인 10만분의 1미터의 물체는 우리 눈으로는 구분이 되지 않는다. 황사 바람에 날려온 미세먼지가 대략 이 정도 크기다. 볼 수 없는 세상의 일을 추측하기는 쉽지 않다. 그래서 크기에 따라 무엇이 달라지고 어떤 것이 중요한지 이해하려면 크기의 변화를 과학적으로 하나하나 따져볼 수밖에 없다. 우리 주변에서 관찰할 수 있는 것을 바탕으로 과학적 추론을 해본다면, 그 지식을 근거로 눈에 보이지 않는 작은 세상의 현상들을 추측해볼 수 있을 것이다. 과학은 정해진 공식을 단순히 응용하는 것만이 아니라, 우리가 경험하는 현상을 설명하고 그에 대해 생각하는 방법까지 제공하기 때문이다.

코끼리와 개미의 몸매를
비교해 보면…

크기 이야기가 나왔으니, 우리 주위에서 흔히 볼 수 있는 가장 큰 동물인 코끼리와 가장 작은 동물 중 하나인 개미를 한번 비교해 보자.

코끼리와 개미의 모습은 확연히 다르다. 두툼한 몸매의 코끼리와 가느다란 몸매의 개미.

코끼리와 개미의 생김새는 확연히 다르다. 굵은 통나무 기둥 같은 다리에 트럭 모양의 두툼한 몸통을 가진 코끼리, 실낱 같은 다리에 글자 그대로 '개미 허리'의 몸매를 자랑하는 개미, 이 둘의 모습은 전혀 딴판이다.

그런데 만약 코끼리만한 개미가 있다면 어떨까? 이제껏 알고 있던 개미와 크기 면에서 완전히 다른, 이상한 생물, 즉 괴물로 보일 것이다. 그래서인지 집보다 더 큰 거미나 엄청난 크기의 전갈 모양 곤충은 공상과학 영화의 단골 출연자다. 최근 들어 컴퓨터 그래픽이 발달하면서 이런 괴물이 나오는 영화가 점점 많아지고 있다. 자주 보다 보니 어느새 코끼리만한 개미가 낯설지 않고 자연스럽게 여겨진다. 하지만 정말 개미가 코끼리만하게 커질 수 있는 걸까? 실제로 공상과학 영화나 만화에서 거대한 크기의 곤충이 너무나도 실감나게 그려지고, 또 자주 접하다 보니 오히려 '개미가 코끼리만한 크기로 커지면 어떻게 될까?'라는 과학적 질문이나 상상을 쉽게 떠올리지 않게 되는지도 모르겠다.

길이, 넓이, 부피의 관계

다시 개미와 코끼리로 돌아가 차근차근 따져보자. 얼핏 생각하기에는 개미와 코끼리의 생김새 차이를 단순히 진화에 따른 종의 다양성으로 보아도 큰 무리가 없을 것 같다. 하지만 뭔가 석연치 않다. 문제는 바로 '크기의 과학'이다. 코끼리만큼 커진 개미가 말이 되는지 알아보기 전에, 우선 다들 잘 알고 있다고 생각하지만 놓치기 쉬운 길이, 넓이, 부피의 관계를 한번 되짚어 보자.

여기 정사각형이 있다. 한 변의 길이가 1미터인 정사각형의 면적은 1제곱미터다. 이 정사각형의 변의 길이를 2배로 늘리면 그 면적은 2의 제곱, 즉 2^2=4제곱미터다. 정육면체라고 한다면, 변의 길이를 2배로 늘렸을 때 그 부피는 2의 세제곱, 즉, 2^3=8세제곱미터가 된다. 다시 말해, 길이가 L배 커지면, 면적은 L^2, 부피는 L^3에 비례하여 커진다. L=2 인 경우는 길이:면적:부피=2:4:8에 불과하지만, L=10이 되면, 길이:면적:부피=10:100:1000으로 각각의 차이는 훨씬 커진다. 여기

크기의 과학

정육면체에서 변의 길이를 2배, 3배, 4배 늘렸을 때, 면적과 부피는 각각 변의 길이의 제곱과
세제곱의 비율로 커진다.

서는 제곱-세제곱 법칙을 정사각형과 정육면체를 통해 알아보았지만,
모양을 그대로 유지한 채 크기만 바뀌는 경우라면 물체가 어떤 모양이
든 앞에서 살펴본 제곱-세제곱 법칙이 그대로 정확하게 적용된다.

개미를 코끼리 크기로 키우면?
일어나지도 못해

개미는 1만3000종 이상이 존재하는데, 채 1밀리미터가 안 되는 것
부터 30밀리미터가 넘는 것까지 있다고 한다. 몸무게는 최대 10밀
리그램 정도다. 우리는 그중에서 중간 정도 되는, 길이 10밀리미
터, 몸무게 6밀리그램인 개미를 골라, 그 크기를 변화시켰을 때 무

게가 어떻게 바뀌는지 한번 생각해보자. 먼저 이 개미를 사람만큼 키운다고 했을 때, 170센티미터의 사람 키와 개미의 길이 비율은 $L=1700mm/10mm=170$이고, 부피 비율은 $L^3=170^3=4,913,000$이다. 밀도가 일정하다면 질량은 부피에 비례하므로 사람만 한 개미의 몸무게는 6밀리그램의 약 490만 배, 약 30킬로그램이 된다. 키 170센티미터 남자의 표준 몸무게 60킬로그램의 절반 정도 된다.

　개미를 사람만 하게 키워 봤으니 이번에는 코끼리만한 크기로 만들어보자. 코끼리도 여러 종이 있지만 아프리카 코끼리 중 가장 큰 것은 키가 4미터에 몸무게가 7000킬로그램 정도라고 한다. 이 코끼리와 개미의 길이 비율은 $L=4000mm/10mm=400$이고, 부피 비율은 $L^3=400^3=64,000,000$이다. 개미의 몸무게가 6밀리그램이고, 코끼리만큼 키웠을 때의 부피 비율이 6천4백만 배이니, 그 둘을 곱해 코끼리만큼 커진 개미의 몸무게를 구하면 384킬로그램이 된다. 사람 크기의 개미는 몸무게가 사람의 절반 정도(30kg/60kg) 되고, 코끼리 크기의 개미는 18분의 1정도(384kg/7000kg)가 되는 셈이다. 앞서 제곱-세제곱 법칙을 적용하기 위해 같은 모양에 같은 밀도를 갖는 경우라고 가정했다. 사람은 개미보다 팔다리와 몸통이 굵다. 코끼리는 사람보다 몸통이 훨씬 더 굵다. 이렇게 모양이 다른 것을 감안하면, 개미를 사람과 코끼리만큼 키워도 몸무게가 2분의 1과 18분의 1밖에 안 되는 것은 충분히 이해할 만하다.

　그런데 이렇게 코끼리만큼 커진 개미는 본래 코끼리보다 18분의 1 정도로 가볍기는 하지만, 이 커다랗고 날씬한 개미는 스스로 움직

자기 몸 보다 큰 나뭇잎을 들고 가는 개미. 사실 개미가 힘이 세 보이는 이유는 작기 때문이다. 개미가 코끼리만큼 커지면 이런 힘을 발휘하기는커녕 일어설 수도 없다.

일 수 없다. 왜 그럴까?

　동물은 근육의 힘으로 움직인다. 근육이 낼 수 있는 힘의 세기는 근육의 단면적에 비례한다. 근육 운동을 많이 해서 알통이 커진 사람의 팔 근육은 단면적이 크다. 그래서 근육이 발달한 사람은 보통 사람보다 더 큰 힘을 낼 수 있다. 만일 근육 모양을 그대로 유지한 채 몸의 크기가 L=2배로 커진다면 제곱-세제곱 법칙에 따라 근육 단면적은 L^2=4배로 커지게 되고 힘의 세기도 4배로 커진다. 개미의 경우, 같은 모양을 유지하면서 L=400배로 커졌다면 개미의 다리 힘은 L^2=160,000배 커진다. 6밀리그램의 개미가 자기 몸무게의 10배를 들어올린다고 하면 60밀리그램중의 힘을 낼 수 있는 것이다. L=400배 커진 개미의 다리 근육이 낼 수 있는 힘은 60밀리그램중의 L^2배, 즉 16만 배인 9.6킬로그램중에 불과하다. 384킬로그램의 개미는 잘해야 겨우 9.6킬로그램중의 힘 밖에 견디어낼 수 없다는 것이다. 개미가 코끼리만하게 커질 때 몸무게는 6천만 배 이상 늘어나는데 다리로 버틸 수 있는 힘은 겨우 16만 배밖에 커지지 않았기 때문에 이 거대한 개미는 자신의 몸을 지탱할 수 없어 주저앉고 마는 것이다.

　자, 그럼 이렇게 주저 앉아버린 코끼리만한 개미를 걷게 하려면 어떻게 해야 할까? 답은 간단하다. 개미의 다리 힘을 40배 정도 키워주면 된다. 그러면 몸무게 384킬로그램을 들 수 있다. 하지만 다리의 힘을 40배나 키우려면 근육 운동으로 알통만 키우는 것으로는 부족하다. 근육 단면적을 획기적으로 키울 수 있도록 아예 다리의 모양을 바꿔야 한다. 제곱-세제곱 법칙에 따르면, 근육 단면적은 L의 제곱에

크기의 과학

따르므로 개미의 몸에서 힘을 받쳐주는 부위를 몸의 다른 부분에 비해 상대적으로 6.3배 크게 키워 다리의 단면적을 $L^2=(6.3)^2 \approx 40$배로 만들면 불어난 체중을 떠받칠 수 있다. 즉 다리와 허벅지, 허리를 굵게 만드는 것이다. 그런데 이렇게 바뀐 개미의 생김새에서는 더 이상 개미의 특징인 실낱 같은 다리와 '개미 허리'는 보이지 않을 것이다. 대신 뚱뚱한 코끼리의 모습에 오히려 가까울 것이다. 크기가 바뀌면서 형태 자체가 변하기 때문이다. 동물의 진화 과정에 제곱-세제곱 법칙이 어떻게 작용했을지 짐작할 수 있는 대목이다.

코끼리를 개미 크기로 줄이면?
저체온증

이번에는 반대로 제곱-세제곱의 법칙을 크기가 줄어드는 쪽으로 적용해보자. 키 4미터 코끼리를 10밀리미터의 개미 크기로 줄이는 것이다. 이때 길이 비율은 $L=1/400$, 부피 비율은 $L^3=1/64,000,000$이 된다. 코끼리의 몸무게 7,000킬로그램에 부피 비율인 64,000,000을 적용하면, 개미만한 코끼리의 몸무게는 약 110밀리그램 정도가 된다. 보통 코끼리가 제 몸무게의 2배 정도를 버틴다고 하면, 개미만한 코끼리의 다리 힘은 L^2의 비율에 따라 약 88그램중의 무게를 견딜 수 있다. 이 힘은 자기 몸무게 110밀리그램의 약 8백 배를 들어올리는 힘에 해당된다. 개미만한 크기의 동물로서는 쓸데없이 너무 큰 힘을 가진 '슈퍼 코끼리'가 되는 것이다.

코끼리가 큰 귀를 가진 이유는 커다란 덩치에서 나오는 몸의 열을 쉽게 식히기 위해서다. 코끼리가
개미만 해지면 빠져나가는 열을 감당하지 못해 저체온증으로 죽을 것이다.

    엄청나게 큰 힘을 낼 수 있는 개미 크기의 '슈퍼 코끼리'는 비록
움직이는데는 아무 지장이 없지만, 신진대사와 에너지 효율에 문제
가 있다. 제곱-세제곱 법칙이 적용되는 크기의 과학은 동물의 물질대
사에도 중요하게 작용하기 때문이다. 코끼리나 사람 같은 항온동물

은 체온을 일정하게 유지하기 위해 상당한 에너지를 소모한다. 세포의 대사활동에 필요한 에너지는 몸의 세포 수, 즉 부피 또는 몸무게에 비례한다. 체내에 소모되는 에너지의 일부는 열에너지로 전환된다. 체내에 축적되는 열에너지는 체온을 올리게 된다. 그래서 일정한 체온을 유지하려면, 몸에서 만들어진 열에너지를 밖으로 내보내는 작용이 있어야 한다. 호흡이나 배설 과정을 통해서 열에너지를 외부로 배출할 수도 있지만, 열에너지의 배출은 대부분 외부와 접촉하고 있는 피부를 통해 이루어진다. 몸에서 체외로 발산되는 열에너지는 몸의 표면적에 비례하고 동시에 체온과 외부 기온의 차이에 비례한다. 더운 여름에는 얇은 옷을 입고 추운 겨울에는 두꺼운 옷으로 온몸을 감싸는 이유도 우리 몸에서 방출되는 열에너지의 양을 조절하기 위한 것이다.

그렇다면 이제 크기의 과학이 체온 조절에 어떻게 연관되었는지 살펴보자. 코끼리와 사람의 길이 비율이 2배라고 하면, 같은 모양이라고 가정할 때, 코끼리의 부피는 사람의 8배, 표면적은 사람의 4배가 된다. 이것을 열에너지로 바꿔 생각하면 몸에서 만들어내는 에너지는 8배 늘어나는데 피부를 통해 발산할 수 있는 에너지의 양은 4배밖에 늘어나지 않는 것이다. 몸집이 큰 코끼리가 열에너지를 발산시키기에는 상대적으로 피부의 면적이 부족하다. 코끼리가 커다란 귀를 흔들어 부채질을 하는 것도 바로 열에너지 방출을 키우기 위한 것이다. 사람이 더울 때 부채질을 하거나 선풍기 바람을 쐬는 것과 다를 바 없다. 열에너지를 조금이라도 더 발산해 몸의 열을 식히는 것이다. 특히 코끼리 귀 뒷면에는 모세혈관이 많아 열을 발산하는데 더욱 효율적이라고 한다.

코끼리와 사람의 차이는 비교적 쉽게 생각할 수 있는데, 코끼리
와 개미를 비교할 경우에는 그렇게 간단하지 않다. 제곱-세제곱 법칙
에 따르면 코끼리의 부피가 6400만분의 1로 줄어들 때 표면적은 16
만분의 1밖에 줄지 않는다. 줄어든 비율로 보면, 작아진 몸의 부피에
비해 표면적의 크기가 상대적으로 400배나 크기 때문에 개미만한 코
끼리의 피부를 통한 열 손실은 400배나 증가한다. 다시 말해 개미만
한 코끼리가 체온을 일정하게 유지하기 위해서는 물질대사를 통한 에
너지 소모가 본래 크기의 코끼리보다 상대적으로 400배나 더 필요하
게 되는 것이다. 이렇게 되면 대부분의 에너지를 체온 유지를 위해 쓰
더라도 에너지가 모자라게 될 것이고, 결국 개미만한 코끼리는 체온
유지가 힘들어 항온동물의 속성을 잃게 될 것이다.

제곱-세제곱 법칙은
일상생활에 스며있는 과학을 이해하기 위한 핵심

자, 이제 처음으로 돌아가보자. 영화 〈바디 캡슐〉처럼 형태는 유지한
채 사람의 크기만 줄일 수 있을까? 적혈구는 개미보다 1천 배나 작고,
사람에 비하면 10만 배 이상이나 작다. 적혈구와 사람의 길이 비율은
L=1/100,000밖에 되지 않는다. 코끼리가 400배만큼 줄어 개미만한
크기가 되면 체온 유지가 어렵다는 것을 앞에서 살펴보았다. 그런데
사람이 400배도 아니고 10만 배나 작아진다면 피부를 통한 열 에너지

손실이 상대적으로 10만 배나 커지게 되므로 체온 유지는 불가능하다. 한마디로 적혈구만한 크기의 사람은 생명을 유지할 수 없는 것이다. 또 적혈구만한 크기의 사람 모양 로봇은 자기 몸무게의 10만 배를 들어 올릴 수 있을 정도로 쓸데없이 센 힘을 갖는다. 적혈구 크기의 사람이라면 팔과 다리가 훨씬 가는 실낱 모양이 되어야 효율적이다.

길이, 면적, 부피의 크기 변화에 대한 추론은 물리학, 화학, 생물학, 수학, 공학 등 모든 과학 분야에서 기초적 개념의 출발점이다. 또한 제곱-세제곱 법칙은 일상생활에 스며있는 과학을 이해하기 위한 핵심이기도 하다. 섭씨 영하 30도의 추운 겨울날 끓는 물을 뿌리면 곧바로 눈이 되어 내리는 이유도 알 수 있고, 커피포트의 물을 순식간에 끓이거나 식히는 원리도 밝힐 수 있다. 또 화력발전소에서 거대한 보일러에 물을 끓여 발전하는 것이 개인 주택에서 개별적으로 보일러를 돌려 전기를 만드는 것보다 효율적인 이유도 이해할 수 있다. 다음 글에서는 크기의 과학이 이런 현상들에 어떻게 적용되는지 알아볼 것이다.

아이스커피의 얼음은 금방 녹는데, 북극의 빙산은 왜 오래 갈까?

북극의 빙산은 왜
천천히 녹을까?

무더운 한여름이면 차가운 아이스커피에 자꾸 손이 간다. 아이스커피를 주문하면 커다란 컵에 얼음을 가득 담아 준다. 보기만해도 시원하다. 그런데 이 컵에 든 얼음은 30분, 기껏해야 1시간을 넘기지 못하고 모두 녹아버린다. 차가운 커피를 즐길 수 있는 시간이 얼마 안 되는 얼음의 수명에 좌우되고 마는 것이다.

**금방 녹는 아이스커피와
잘 녹지 않는 북극 해빙**

물 위에 떠 있는 얼음이 아이스커피나 팥빙수에만 있는 것은 아니다. 우리가 방송에서 자주 보는 북극해의 빙산도 역시 물 위의 얼음이다.

해빙으로 덮인 비율(%)

0　　　　50　　　　100

북극의 여름과 겨울이 끝나는 2015년 9월(왼쪽)과 2016년 3월 북극해 해빙의 분포다. 푸른색이 바다, 흰색은 바다가 해빙으로 완전히 덮인 부분이다.

빙산은 수명도 길고 덩치도 엄청나다. 1912년 대서양 횡단 첫 항해를 하던 여객선 타이타닉 호를 침몰시킨 것도 바로 그린란드의 빙하에서 떨어져 나온 빙산이다. 그런데 빙산의 수명은 왜 아이스커피에 들어 있는 얼음과 비교가 안 될 정도로 긴 걸까? 혹시 북극의 차가운 바닷물 덕에 오래가는 걸까? 혹시 몰라 얼음이 든 컵을 북극의 바다와 비슷한 정도로 차가운 냉장고에 넣어 봤지만, 여전히 컵 속 얼음의 수명은 크게 늘지 않았다. 잘해야 겨우 2시간 남짓. 북극의 해빙이 여름철에도 완전히 녹아 내리지 않는 것은 뭔가 다른 이유가 있는 것 같다.

크기의 과학

북극의 겨울은 평균 기온이 영하 30도로 매우 춥다. 추운 겨울에는 바닷물이 계속 얼어 붙어 해빙 면적이 점점 늘어나다가 3월이면 최고로 넓어진다. 여름에는 북극의 평균 기온이 최고 섭씨 10도까지 올라간다. 기온과 수온이 오르면 바다 위 얼음은 녹아 내린다. 하지만 그렇다고 모든 해빙이 다 녹는 것은 아니다. 여름이 끝나는 9월에도 해빙 면적은 여전히 겨울철 해빙 면적의 3분의 1을 유지하고 있다. 다큐멘터리에서 북극곰이 녹아 내린 해빙 위에 애처롭게 서 있는 모습이 우리를 안타깝게 하기는 하지만, 그래도 아직까지 북극의 바다얼음은 그 규모를 비교적 잘 유지하고 있다.

접촉면이 넓을수록
얼음은 빨리 녹는다

북극 해빙의 수명이 긴 이유를 알기 위해서는, 먼저 아이스커피의 얼음에 작용하는 열에너지를 살펴볼 필요가 있다. 먼저 냉장고에 넣어둔 컵 속의 커피와 얼음의 열적 상태thermal state를 정리해보자. 냉장고의 내부 온도는 보통 섭씨 3도에 맞춰져 있다. 섭씨 20도의 실온에 있던 컵과 커피를 냉장고에 넣으면 컵과 커피는 냉장고의 찬 공기를 받아 차가워지기 시작한다. 어느 정도 시간이 지나면 컵과 커피는 모두 냉장고의 내부 온도와 똑같이 차가운 상태에 도달한다. 이렇게 물체들이 열적으로 똑같은 상태에 있으면서 서로 어떤 영향도 주거나 받지 않게 되는 것을 '열평형 상태'라 한다. 컵과 커피, 냉장고 안은 모두

섭씨 0도의 물과 얼음

'같은 온도', 즉 섭씨 3도다. 만일 냉장고의 온도를 섭씨 5도로 설정했다면 컵과 커피의 온도는 섭씨 5도의 냉장고 내부 온도에 맞춰 열평형에 도달했을 것이다.

섭씨 3도인 냉장고 속에 충분히 오래 두면 컵과 커피 모두 섭씨 3도의 온도를 유지한다. 얼음이 든 아이스커피도 냉장고에 오래 두면 마찬가지로 컵과 커피, 얼음의 온도는 모두 섭씨 3도가 될 것이다. 그런데 뭔가 이상하다. 얼음이 섭씨 3도라니! 얼음은 섭씨 0도에서 녹아 그보다 높은 온도에서는 물이 돼버린다. 얼음이 든 아이스커피를 내

크기의 과학

부 온도가 섭씨 3도인 냉장고에 넣으면 얼음은 모두 녹아 물로 변해 버릴 것이다. 얼마나 빨리? 사실 우리의 관심은 얼음의 수명이다. 얼음이 섭씨 3도의 냉장고 안에서 얼마나 오래 버틸 수 있는지 알고 싶은 것이다. 그러기 위해서는 얼음을 녹이는데 필요한 열에너지와 그 에너지가 어떻게 전달되는지 먼저 살펴봐야 한다.

섭씨 0도의 얼음과 섭씨 0도의 물은 같은 온도에 있더라도 얼음은 단단한 고체, 물은 흐르는 액체다. 고체 얼음 속의 물 분자는 줄을 잘 맞춰 정렬해 있지만, 액체인 물 속의 분자는 제멋대로 흩어져 있다. 정렬된 분자를 흩어 놓는데 필요한 열에너지를 엔트로피에 의한 잠열이라고 한다. 섭씨 0도의 얼음이 녹아서 섭씨 0도의 물이 될 때 추가로 필요한 약 1그램당 약 80칼로리의 열에너지가 바로 이 잠열이다.

섭씨 3도의 커피와 섭씨 0도의 얼음이 맞닿아 있으면, 그 온도 차이 때문에 온도가 높은 커피에서 온도가 낮은 얼음으로 열에너지가 전달된다. 냉장고의 내부 공기와 평형을 이루고 있는 컵과 커피는 항상 같은 온도를 유지하고 있어 얼음과의 온도 차이는 변하지 않고 일정하다. 그리고 커피에서 얼음으로 전달되는 열에너지는 이 둘 사이의 접촉면을 통해서만 전달된다. 이것을 열전도라 한다. 종합해보면 커피에서 얼음으로 전달되는 열에너지의 양은 둘 사이의 온도 차이, 접촉면의 크기, 접촉 시간에 비례한다는 것을 알 수 있다.

얼음을 곱게 갈수록
팥빙수가 더 시원하다

그럼 이제 우리가 알고 싶은, 얼음의 수명을 한번 계산해보자. 한 변의 길이가 1센티미터인 정육면체 모양의 얼음 한 개를 물이 담긴 컵에 넣고 냉장고에 보관하면 이 얼음의 수명은 약 2시간이다. 마찬가지로 같은 컵에 한 변의 길이가 1센티미터인 정육면체(부피 1세제곱센티미터)의 얼음 8개를 담는다고 해보자. 8개의 얼음덩어리 각각이 모두 물과 접촉하고 있다면, 얼음이 전부 녹는데 걸리는 시간은 여전히 2시간이다. 각 얼음덩어리 주변을 물이 둘러싸고 있어, 각각의 얼음이 섭씨 3도인 물과 접촉한 면적이 똑같기 때문이다. 즉, 물에서 각 얼음덩어리로 전달되는 열에너지의 양은 얼음이 1개든 8개든 변함이 없다.

그런데 만약 부피가 1세제곱센티미터인 정육면체 얼음덩어리 8개를 붙여 각 변의 길이가 2센티미터인 정육면체 얼음 한 개로 만들어 컵에 담는다면 어떨까? 이렇게 되면 이야기는 달라진다. 얼음덩어리 전체의 부피와 질량은 같지만, 물과 접촉한 얼음의 총면적이 $8(개) \times [1cm \times 1cm \times 6(면/개)] = 48cm^2$에서 $1(개) \times [2cm \times 2cm \times 6(면/개)] = 24cm^2$로 줄어들기 때문이다. 접촉 면적이 반으로 줄었으니, 같은 시간 동안 물에서 얼음으로 전달되는 열에너지의 양도 반으로 줄어든다. 얼음이 다 녹는데 필요한 시간이 2시간에서 4시간으로 2배 늘어나게 되는 것이다. 각 변의 길이가 1미터인 정육면체의 부피는 각 변의 길이가 1센티미터인 정육면체 1백만 개와 같다. 여기에 같은 원

작은 정육면체 8개를 쌓아 만든 큰 정육면체.

리를 적용하면, 부피가 1세제곱미터인 정육면체의 표면적은 부피 1세
제곱센티미터인 정육면체 1백만 개의 표면적을 합한 것의 1/100에 불
과하다. 따라서 부피 1세제곱미터 정육면체 크기의 얼음 덩어리가 녹
는 걸리는 시간은 2시간에서 200시간으로 100배나 늘어나게 된다.
앞서 〈초소형 인간, 있을 수 있나?〉에서, 정육면체의 면적과 부피의 관
계를 통해 따져 봤던 제곱-세제곱 법칙이 여기서도 여전히 적용되는
것이다.

　얼음덩어리가 커질수록 녹는데 걸리는 시간은 길어진다. 반대로
얼음덩어리의 크기가 작아지면 그만큼 더 빨리 녹는다. 얼음을 이용

해 물을 차갑게 하거나 열을 내리고자 할 때는, 덩치가 큰 얼음덩어리보다 잘게 부순 얼음조각을 쓰는 것이 훨씬 효율적이다. 얼음이 더 빨리 녹으면서 한층 빠르게 열을 빼앗아 가기 때문이다. 얼음을 곱게 갈아 만든 팥빙수를 먹으면 입안이 꽁꽁 얼어 붙는다. 잘게 부서진 얼음가루가 순식간에 녹으면서 입안을 차갑게 만들기 때문이다.

북극 해빙이
천천히 녹는 이유

다시 이번에는 얼음덩어리의 크기를 키우면 어떻게 될까? 북극 해빙의 면적은 수천만 제곱킬로미터가 넘지만 대부분의 해빙은 얼음 두께가 2~3미터에 불과하다. 해빙을 지름 50센티미터인 피자에 비유하면, 그 두께가 겨우 5만분의 1센티미터밖에 안 되는 피자가 되는 것이다. 바다 위에 떠있는 해빙의 모습은 물에 잠긴 정육면체와는 많이 다르다. 해빙에서는 바닷물과 접촉하는 바닥 면에서만 바닷물의 열에너지가 전달된다. 그래서 여름철에 수온이 오르면 해빙은 바닥부터 녹는다. 정육면체 얼음덩어리는 6개의 면이 모두 열의 전달통로 역할을 하는데 반해, 북극 해빙은 바닥 쪽의 한 면에서만 열에너지가 전달된다고 볼 수 있는 것이다. 냉장고 속 물과 얼음에서 끌어낸 법칙에 유효접촉면적만 6분의 1로 줄여서 생각하면 된다.

　　북극의 여름 환경은 냉장고 속 컵보다 훨씬 복잡하다. 실제로 여름철 북극해의 수온은 해역별로 그 차이가 크고, 해류의 움직임

북극의 해빙은 넓고 얇은 피자와 같다.

때문에 일정하지도 않다. 이런 여러 조건들이 있지만, 그래도 북극 바닷물의 어는 온도와 여름철 바닷물의 온도 차이는 대개 3도 정도다. 북극해 상황을 섭씨 3도에 맞춰진 냉장고와 비슷하다고 볼 수 있는 것이다.

해빙은 정육면체 얼음에 비해 열에너지 전달의 유효면적이 6분의 1로 줄어든다. 한 변의 길이가 1센티미터인 정육면체 얼음이 두께 2미터의 해빙으로 바뀐 것과 마찬가지다. 계산해보면, (2m/1cm)× 6=1200. 즉, 해빙의 수명이 냉장고 속 얼음의 수명보다 1200배나 늘어난다. 냉장고 속 얼음이 2시간만에 완전히 녹는다면, 해빙이 녹는데는 최소 2400시간이 필요하다. 100일, 즉 3달 이상의 시간이 걸리는 셈이다. 어림잡아 계산했지만, 제곱-세제곱 법칙이 아이스커피 속 얼음과 북극 해빙의 관계에도 역시 적용된다는 것을 알 수 있다.

끓는 물로
눈을 만들다

접촉면에 관한 다른 예를 하나 더 들어보자. 유튜브에 끓는 물로 눈을 만든다는 동영상이 올라와 관심을 끈 적이 있다. 매우 추운 날씨에 끓는 물을 공중에 뿌려 눈이 내리는 광경을 만들어 낸 것이다. 펄펄 끓는 섭씨 100도의 물을 순식간에 눈으로 바꾼다는 것이 일종의 마술쇼로 비춰질 수도 있겠다. 하지만 과학적으로 찬찬히 따져보면 충분히 이해할 수 있는 현상이다.

크기의 과학

 매우 추운 날, 끓는 물을 공중에 뿌려 눈을 만들었다. https://goo.gl/kqzwS0에서
관련 동영상을 확인할 수 있다.

우선 열에너지 관점에서 보자. 섭씨 100도의 물 1그램을 얼리려
면 물의 온도를 100도에서 0도까지 내려야 하고 그 다음 추가로 약
80칼로리의 엔트로피에 의한 에너지, 즉 잠열을 빼내야 한다. 1그램
의 끓는 물이 얼음으로 바뀌려면 최소 180칼로리의 열에너지를 잃어
야 하는 것이다. 이제까지는 부피 1세제곱센티미터의 얼음이 에너지

를 받아 녹는 과정을 살펴보았다. 이번에는 반대로 1그램의 물이 영하 25도의 주변 공기에 열에너지를 빼앗겨 얼음이 되는 과정을 생각해 보자.

우선 1그램의 물과 1세제곱센티미터의 얼음은 표면적이 비슷하다. 상황을 섭씨 3도의 냉장고 대신 영하 25도의 공기로 바꿔보자. 그러면 물과 주변 공기 사이의 온도 차이가 25도가 되고, 열 전달 크기도 온도 차에 비례해서 커진다. 섭씨 3도의 냉장고 속 물에 담긴 1세제곱센티미터의 정육면체 얼음이 다 녹아 1그램의 물이 되는데 약 2시간이 걸렸으니, 반대로 1그램의 물이 모두 얼음이 되는데 걸리는 시간은 대략 2시간/(25도/3도)=0.24시간, 즉 약 14분이 된다. 물이 얼어 눈이 되려면 어림잡아 계산해봐도 최소 14분이 필요하다. 그런데 공중에 뿌린 물은 불과 1초도 안 돼 땅에 떨어지니 물이 눈으로 변하는 이 현상을 어떻게 설명할 수 있을까?

여기서 우리가 끓는 물에 대해 한가지 따져보지 않은 것이 있다. 바로 펄펄 끓는 물에서는 하얀 김이 모락모락 올라온다는 점이다. 이 하얀 김의 정체는 증기압이 커진 물에서 뿜어져 나온 많은 수증기가 주변 공기와 접촉해 다시 작은 물방울로 뭉쳐진 것이다. 이 작은 물방울은 구름 속 물방울과 비슷한데 그 크기가 약 1마이크로미터 정도다. 수증기의 압력이 큰 끓는 물을 공중에 뿌리면, 작은 물방울들이 공중에 퍼지게 된다. 이제는 부피가 1세제곱센티미터인 물방울이 아니라 아주 미세한 1세제곱마이크로미터짜리 물방울이 찬 공기와 맞닿게 된다.

그럼 얼음으로 변하는 시간을 다시 계산해 보자. 제곱-세제곱 법

끓는 물에서 나오는 하얀 김.

칙이 다시 적용된다. 1마이크로미터 크기의 작은 물방울이라면 영하 25도의 공기 중에서 어는 데 어림잡아 14분×(1μm/1cm)=0.08초밖에 걸리지 않는다. 코끼리를 개미 크기로 줄였을 때 저체온증으로 얼어 죽는 것처럼, 수증기 압력에 의해 미세한 물방울이 된 물은 영하 25도 공기 중에 뿌려졌을 때 순식간에 얼음으로 바뀌는 것이다. 짧은 시간 동안 많은 열에너지를 주고 받기 위해서는 물체 간의 접촉 면적을 극대화하는 것이 최선이라는 것을 알 수 있다.

얼음을
오래 보관하려면

이번에는 냉장고가 없던 옛날로 가보자. 냉동기술이 없던 시대에 얼음은 겨울철에만 얻을 수 있었다. 그 시절에 얼음은 귀한 선물이나 재물로 여겨졌을 것이다. 서울 용산구 서빙고동 근처에는 조선시대에 얼음을 저장하고 관리하던 서빙고西氷庫가 있었다고 한다. 조선시대 최대 규모의 얼음 저장고였던 서빙고는 나무로 지어졌기 때문에, 아쉽게도 지금은 남아있지 않다.

하지만 경주에 가면 반월성 안의 북쪽 성루 위에 남북으로 길게 위치한 경주 석빙고石氷庫를 볼 수 있다. 돌로 만든 땅굴 모양의 얼음 창고로 지금도 그 모습을 유지하고 있다. 겨울철 꽁꽁 언 강에서 얼음을 잘라내 석빙고로 옮기고 그곳에서 이듬해 겨울까지 얼음을 보관했다고 한다. 석빙고 속의 얼음도 북극의 얼음과 마찬가지로 한여름을 견뎌내야 했을 것이다. 그게 어떻게 가능했을까? 사실 얼음의 열역학을 이해하면 '겨울에 저장한 얼음을 여름까지 녹지 않게 할 수 있을까?'라는 질문에 나름 답을 해볼 수 있을 것이다.

앞에서 북극의 해빙이 왜 천천히 녹는지 그 이유를 알아보았다. 석빙고의 얼음도 다르지 않다. 석빙고에 저장한 얼음의 수명을 늘리려면 얼음덩어리의 크기를 키우면 된다. 얼음을 큰 덩어리로 자르기는 쉽지 않았을 것이다. 아마도 크기가 1세제곱미터 정도의 정육면체 얼음덩어리라면 충분히 잘라내고 운반 가능할 것이다. 그걸 차곡차

얼음덩어리를 서로 겹쳐지게 쌓아놓았다.

곡 쌓아 100세제곱미터 또는 1000세제곱미터의 덩치 큰 얼음덩이를 만들면 한여름을 거뜬히 녹지 않고 버틸 수 있다.

    지금까지 컵 속의 얼음과 북극 해빙이 녹는 시간, 코끼리와 개미의 생김새를 비교해보고 그 속에 숨어있는 '크기의 과학'을 이야기했다. 일상의 경험에서 신기하게 느꼈거나 혹은 전혀 무관하다고 생각했던 일에 생각의 고리 하나를 매달아 놓은 것이다. 개미와 코끼리의 모습은 언뜻 보면 둘 사이에 별 상관이 없을 것 같아도, 크기 관점에서 보면 제곱-세제곱 법칙이 일관되게 적용된다는 것을 알 수 있다. 하지만 우리 주변에서 일어나는 많은 일들을 크기 하나만 갖고 모두 이해하거나 설명할 수는 없다. 실제로 차이가 겨우 두 배 또는 세 배 정도라면 그런 원리나 법칙이 쉽게 드러나지 않기 때문이다. 다음 글에서는 크기에 대해 좀 더 구체적으로 알아볼 것이다. 과학적으로 생각하려면 무엇보다 길이의 단위를 어떻게 결정하는지, 또 크기를 어떻게 재는지 알아야 하기 때문이다.

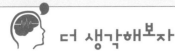

가정용 보일러를 이용해 각자 집에서 전기를 만들지 않고 발전소에서 만들어진 전기를 받아서 쓰는 이유는 무엇일까?

화력발전소에서는 석탄이나 가스 같은 화석연료를 사용해 전기를 만든다. 화석연료를 태울 때 나오는 열에너지로 물을 데우고, 끓는 물에서 나온 수증기의 압력을 이용해 터빈을 돌린다. 터빈의 운동에너지는 터빈에 연결된 발전기를 통해 다시 전기에너지로 변환된다. 원리적으로는 화석연료만 있으면 열에너지-운동에너지-전기에너지의 전환 과정을 통해 전기에너지를 만들어 낼 수 있다. 이 원리에 따르면 보통 가정집에서도 가스보일러를 이용하면 전기를 쉽게 만들 수 있다는 말인데, 보통은 집에서 직접 전기를 만들어 쓰지 않는다.

답은 에너지 효율에 있다. 화석연료를 태워서 물을 끓이는 이유는 보일러를 통해 배출되는 수증기의 압력을 얻기 위함이다. 수증기의 힘을 이용해 열에너지를 운동에너지로 바꾸려는 것이다. 여기서 수증기의 압력을 높게 유지하려면 보일러의 수증기 온도를 섭씨 100도 이상으로 유지해야 하는데, 이때 보일러와 주변의 온도 차이로 수증기의 열에너지가 외부로 빠져나간다. 따라서 보일러의 열 손실은 열에너지를 운동에너지로 변환하는 효율을 결정하는 가장 중요한 요소가 된다.

아이스커피 잔 속의 얼음과 북극의 해빙이 녹는 과정을 살펴 보면서, 얼음 전체의 부피에 대해 외부와 접촉한 표면의 넓이가 얼음이 녹는 시간을 결정한다는 것을 알았다. 얼음이 녹는 것과 마찬가지로 보일러 수증기의 열 손실에도 크기의 과학이 작용한다. 보일러의 크기가 커지면 커질수록 열 손실의 양은 상대적으로 적다.

웬만한 발전소에서 쓰는 보일러의 크기는 가정집에서 쓰는 보일러보다 한 변의 길이가 100배 정도 된다. 간단히 정육면체 모양의 보일러를 가정하면, 발전소 보일러의 부피는 가정용 보일러의 100만 배, 표면적은 1만 배 커진다. 부피에 비해 표면적 크기의 증가가 1/100밖에 되지 않기 때문에, 표면을 통해 손실되는 열에너지의 양도 전체 열에너지에 비해 1/100로 줄어든다. 따라서 발전소의 보일러에서 1개의 보일러를 사용하는 것이 100만 개의 가정용 보일러를 쓰는 것에 비해 열 손실을 줄일 수 있고, 화석연료를 태워 만든 열에너지를 운동에너지로 변환시키는 효율을 극대화할 수 있다.

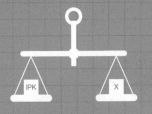

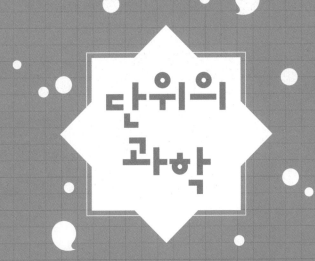

단위의
과학

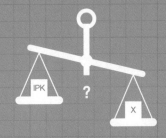

2개의 1kg 원기. 아보가드로 프로젝트의 1kg 규소 구가 있다. 그 표면에 현재 질량 표준인 백금–이리듐 합금의 킬로그램 원기 복사본이 반사되어 보인다.

킬로그램 원기는 다이어트 중

우리가 운전하거나 대중교통으로 이동하다 보면 도로변에 세워진 대기환경전광판을 자주 보게 된다. '아황산가스SO_2 0.01ppm' 같은 것들이다. 서울시에서 정한 대기환경기준인데, 여기서 ppm$^{parts\ per\ million}$은 100만분의 1의 농도를 나타내는 단위다. 이렇게 말하면 감이 잘 안 오겠지만, 작은 강의실에서 누군가 방귀를 뀔 때 방 안에 퍼진 방귀 냄새 분자의 농도가 대략 0.01ppm, 즉 1억분의 1정도다. 예민한 우리 코는 이렇게 작은 농도의 냄새도 맡을 수 있다. 하지만 일반적으로 어떤 물체 질량의 1억분의 1 차이를 감지하기란 쉬운 일이 아니다. 그렇지만 이런 작은 차이는 단위, 특히 질량의 단위를 정하는 데 결정적인 역할을 하기도 한다.

킬로그램 원기,
질량의 기준

우리가 어떤 물체의 길고 짧음, 무겁고 가벼움을 알아보려면 가장 먼 저 단위와 기준이 필요하다. 키를 재려면 자가 필요하고 체중을 재려면 저울이 필요한데, 무언가를 측정하려면 측정 단위, 즉 1미터 또는 1킬로그램과 같은 크기의 기준이 우선 정해져야 한다. 정확하게 정의된 측정 단위는 과학적 목적뿐만 아니라 상업적 거래에도 매우 중요하다. 특히 값비싼 귀금속을 거래할 때는 아주 작은 양이라도 신중을 기하게 된다. 예를 들어 현재(2016년 12월) 3.75그램당 약 18만원인 금을 거래할 때 쓰는 저울의 정밀도가 천분의 1이라면 1킬로그램의 금을 거래할 때마다 약 4만3천 원 정도의 손해 또는 이익을 볼 수 있다. 거래량이 1킬로그램이 아닌 1톤이라면 그 차이는 훨씬 더 커진다.

모든 측정 단위는 서로 연관되어 있기 때문에 어느 한 단위의 기준이 일단 정해지면 다른 측정의 기준도 그 기준에 따라 결정된다. 질량도 예외는 아니다. 만약 1킬로그램의 기준이 바뀌게 된다면, 질량과 관련된 힘과 에너지 등 다른 물리량의 기준도 잇달아 바뀔 수 밖에 없다. 따라서 최초로 정해진 기준을 엄밀하게 유지하는 것은 매우 중요하다. 산업혁명과 더불어 과학기술 혁신이 일어났던 19세기 후반, 영국 런던에서 킬로그램 원기가 처음 만들어졌다. 당시 최고의 합금 기술로 백금 90퍼센트, 이리듐 10퍼센트를 섞어 직경과 높이가 각각 39밀리미터인 원통 모양의 킬로그램 원기가 제작되었고, 프랑스 파리

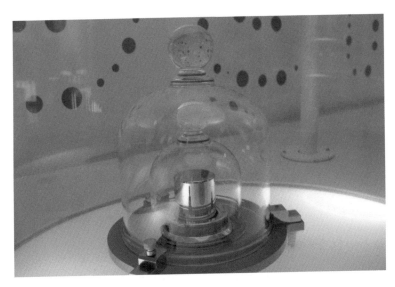

종 모양의 이중 유리 덮개에 둘러싸여 보관 중인 킬로그램 원기의 복사본

근교 세브르에 설치된 국제도량형국BIPM, Bureau International des Poids et mesures으로 옮겨졌다. 그곳에서 다시 잘 다듬어진 킬로그램 원기는 1901년 제3차 국제도량형총회CGPM, Conférence Générale des Poids et Mesures 에서 1킬로그램kilogram의 국제단위계SI, Système International d'Unités 질량 기준으로 공표되었다.

윤초가 필요한
이유

국제단위계를 정하는 초기 단계에는 대부분 경험적 기준에 따라 단

위 기준을 정했다. 예를 들어 시간의 기준인 초second는 평균태양일 24
시간(1시간=60분, 1분=60초), 즉 1일 평균 24시간의 1/86,400이다. 여기
서 1일 평균 시간의 정의는 천문학적 해석에 따른다고 정했다. 그런
데 시간 측정이 점점 정밀해지면서 지구의 자전이 불규칙하다는 게
밝혀졌고 시간의 기준에 대한 문제가 제기되었다. 밀물과 썰물의 마
찰만으로도 자전주기가 100년에 1천분의 2.3초씩 늘어나고 큰 지진
도 자전주기를 바꾼다는 것이 확인되었기 때문이다. 1967년 국제도
량형국은 지구 자전에 따른 천문시 기준을 버리고 원자량 133의 세
슘 원자의 진동수를 기준으로 삼는 원자시로 시간의 기준을 변경했
다. 원자시 기준에서는 세슘-133 원자의 초미세 구조 준위 간의 전이
가 9,192,631,770번 반복되는 진동을 1초로 정한다. 시간의 기준이 지

미국 국립표준기술연구소의 표준시간
사이트에 윤초가 적용되어 23시 59분
60초가 표시되고 있다.

단위의 과학

구의 자전이 아닌 원자 속에서 일어나는 진동으로 바뀐 것이다. 물리적인 법칙이 변하지 않는 한, 1초당 원자의 진동수도 불변할 것이라는 원칙에 따른 정의다. 따라서 물리적 원리에 근거한 원자시는 지구의 자전과 공전에 근거한 천문시와는 다를 수 있다.

현재 우리가 사용하는 시간은 그리니치 천문대를 기준으로 하는 국제협정시UTC. Universal Time Coordinated다. 그리니치 천문대 시간으로 정오의 태양은 자오선에 있어야 한다. 그런데 지구가 조금 빠르게 또는 느리게 자전하게 될 때, 태양은 자오선에서 벗어나게 된다. 원자시와 천문시의 기준이 다르기 때문에 일상적인 시간의 정의와 어긋나는 일이 벌어지게 되는 것이다. 이런 모순을 해결하기 위해 느려지는 자전 속도에 맞추어 1초를 추가하거나 빼는 '윤초'를 시행해야 한다. 국제협정시와 원자시의 시간 차이를 0.9초 이내로 유지한다는 기본 원칙 하에 1972년 이후 현재까지 26차례 윤초를 실시했으며, 최근에는 2012년과 2015년 7월 1일 8시 59분 59초와 9시 0분 0초 사이에 윤초를 삽입하였다.

빛으로 정한
길이의 기준

길이의 기준 미터meter가 정해진 과정은 시간보다 좀 더 복잡하다. 18세기에 이미 길이 기준으로 미터를 설정하자는 제안들이 많았다. 그중 가장 설득력이 있었던 것은 프랑스 파리를 통과하는 자오선에서,

북극에서 적도까지의 길이를 1천만 등분한 길이를 1미터로 정하자는 것이었다. 그런데 당시 지구 자전에 의해 적도 쪽이 불룩하게 나오는 효과를 고려하지 않은 탓에 당초 의도했던 길이보다 0.2밀리미터 모자라는 미터 원기가 만들어졌다. 비록 실수는 있었지만, 한번 정한 길이의 기준은 그대로 받아들여졌다. 당시 실수가 없었다면 지구 자오선의 길이는 정확히 4만 킬로미터가 되었을 것이다.

미터 원기도 질량의 기준과 마찬가지로 백금 90퍼센트, 이리듐 10퍼센트를 섞은 합금으로 제작되었다. 미터의 기준이 결정될 당시만 해도 백금-이리듐 합금은 온도 등 주변 환경에 의한 변형이 없을 것으로 믿어졌다. 그 당시만해도 길이 측정 기술이 그다지 정교하지 않아도 별 문제가 없었다. 그러나 시간이 갈수록 길이 측정의 정밀도가 높아지면서 시간의 기준과 마찬가지로 미터 원기의 오차와 불확실성에 대한 불만이 커졌다. 20세기 초 빛의 속력을 측정하는 기술이 엄청나게 발전하면서, 측정 정밀도가 1억분의 1의 한계에 도달하였고, 그 결과 미터 원기의 변형 등이 오차 한계의 원인으로 지목되었다.

1905년 아인슈타인은 특수상대성이론에서 진공에서 빛의 속력이 일정하다는 가설을 제시하였고, 그 후 많은 실험과 측정을 통해 빛의 속력에 대한 가설이 증명되었다. '일정한 빛의 속력'에 대한 증명은 과학적 이론의 성공을 넘어선 큰 사건이었다. 1억분의 1의 차이를 가려내는 것이 엄청나게 어렵다는 것에서도 알 수 있듯이, 측정에는 항상 오류가 존재한다. 그런데 만일 빛의 속력이 일정하다면, 그 속력은 비록 측정 대상이라 하더라도 절대로 오차가 있을 수 없다. 아니 있어

1874년 백금과 이리듐의 합금으로 미터 원기를 제작했다.

서는 안 된다. 어떤 실험적 측정과도 상관없이 '빛의 속력'은 자연의 원칙에 따라 이미 정해진 것이라 빛의 속력은 반드시 일정한 값이어야 하기 때문이다.

빛의 속력에 대한 가설이 증명되면서, 모든 실험에 사용되는 길이의 표준에서 실험적 측정 오차를 아예 배제하자는 의견이 제시되었다. 결국 1983년 국제도량형국은 진공에서 빛의 속력을 c=299,792,458m/s로 정의하면서 실험 오차를 제거했다. 동시에 길이의 기준을 '빛이 진공에서 1/299,792,458초 동안 진행한 거리'로 정의했다. 결국 일정한 속력의 빛과 세슘-133 원자의 진동수에 근거한 물리학 원리가 미터 원기를 대신하게 된 것이다. 미터 원기의 변형은 더 이상 고려할 필요가 없어져버렸다.

킬로그램 원기의
'체중'이 줄었다?

현재 SI 기본 단위 중에 질량을 제외한 나머지 6개 단위, 시간(s), 길이(m), 전류(A), 온도(K), 물질량(mol), 광도(cd)는 모두 물리적 원리를 바탕으로 정의돼 있다. 하지만 질량은 다르다. 킬로그램 원기는 앞에서 언급한 표준과는 달리, 자연의 원리가 아닌 사람이 임의로 정한 기준에 의해 만들어진 것이다. 1기압 섭씨 4도의 순수한 물 1리터의 질량을 본떠서 만들어진 킬로그램 원기는 세상에 단 하나뿐이고, 이 세상 모든 저울의 눈금은 그 기준에 따라 정해진다. 그래서 누군가 킬로그램 원기에 재채기라도 한다면, 전세계 모든 저울의 기준이 달라져버린다. 이런 사고를 방지하기 위해 킬로그램 원기는 비밀금고의 진공 유리병 속에 보관되고 있으며, 복사본 제작과 점검을 위해 현재까지 1889년, 1946년, 1989년, 단 세 차례 꺼낸 적이 있을 뿐이다. 1889년에는 복사본의 질량이 모두 같았는데, 1989년 측정 결과 원기의 질량이 복사본에 비해 약간 작은 것으로 나타났다. 문제는 그동안 원기의 질량이 줄어든 것인지 아니면 복사본의 질량이 늘어난 것인지 알 수 없다는 점이다. 그나마 다행인 것은 원기의 변화한 질량이 50마이크로그램, 즉 1킬로그램의 1억분의 5정도 수준으로 실생활에는 큰 문제가 되지 않는다는 것이다.

킬로그램 원기의 질량이 50마이크로그램 줄어든 것이 사실이라면 지난 120여 년 동안 원기에서 1.6×10^{17}개 이상의 백금과 이리듐 원

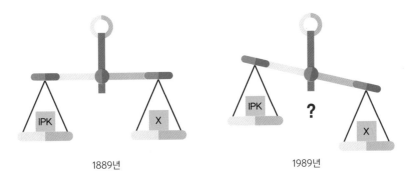

킬로그램 원기 복사본의 '체중' 변화. IPK는 International Prototype of Kilogram의 약자로,
질량 단위인 킬로그램의 국제표준원기를 말한다.

자가 떨어져 나갔다는 것인데, 특수 보관 상태에서는 일어나기 쉽지
않은 일이다. 복사본의 경우 다른 저울과 비교하기 위해 자주 노출되
는 상황이라서, 아마도 원기에 비해 질량이 늘었을 것으로 추정된다.
예를 들어, 우리 지문의 질량이 대략 50마이크로그램 정도임을 감안
하면 공기 중의 불순물이 킬로그램 원기에 달라붙어 질량이 증가하
는 경우를 쉽게 상상해볼 수 있다. 물론 주기적으로 표면을 청소하지
만, 수은 원자 같은 경우에 백금 원소와 강하게 결합할 수 있어, 지속
적인 질량 증가도 가능하다. 이런 식의 변화가 지속된다면 과학적인
차원의 문제뿐 아니라 실생활 차원의 문제까지 생길 수 있다. 그래서
원자의 개수를 정확히 세고 그것을 질량으로 환산하는 방식으로 킬
로그램의 기준을 새로 정하자는 '아보가드로 프로젝트'가 국제도량
형국을 통해 제안되었다.

무게를 재는 대신
원자 개수를 세어 보자

원자를 구성하는 원자핵과 전자의 질량은 불변이라는 물리적 원리에 따르면 원자의 질량, 즉 원자량 또한 절대 불변이다. 원자량 12인 탄소 1몰mole의 질량을 12그램으로 정하면, 1몰에 들어간 탄소 원자의 개수가 곧 질량의 기준이 된다. 1몰의 개수를 SI 단위계에서는 물질량의 기준으로 아보가드로 수 $N_A = 6.02214129 \times 10^{23} mol^{-1}$으로 정했다. 이 프로젝트에서는 킬로그램 원기를 새로 만들기 위한 방안으로, 1킬로그램의 규소(실리콘) 단결정을 만들어 그 안에 있는 원자수를 정확히 세고 그것을 질량으로 환산하는 작업을 제안했다. 질량불변의 원리에 따라 개수만 정확히 세면 킬로그램 원기의 질량 변화 따위는 걱정할 필요가 없기 때문이다.

하지만 문제는 여전히 남아 있다. 우리가 알고 있는 아보가드로 수에는 7×10^{15}의 측정오차가 있기 때문이다. 엄밀하게 말하면 측정에 오차가 있다기보다는 더 이상 정확히 측정할 수 없는 한계가 있다고 하는 것이 맞다. 정해진 아보가드로 수에 대해 상대오차 1억분의 1의 한계가 있다는 뜻이다. 10^{23}개의 원자가 모여 있다면, 그 중에 10^{15}개의 원자가 더 들어오거나 빠져나가도 측정 한계 내에서는 알 수 없다. 1억분의 1만큼 더해지거나 빠지는 것은 현재로서는 측정을 통해 알기 어렵기 때문이다. 개수를 정확히 셀 수 없는 측정의 한계는 그대로 질량의 측정에도 반영된다. 실제로 이 1억분의 1의 한계는 킬로그

독일 국립이공학연구소에서 제작한 규소 단결정 구의 단계별 변화 과정이 나와 있다.

램 원기와 복사본을 비교할 때 적용되는 기술의 한계와 동일하다.

1킬로그램의 규소 단결정을 만들어 원자 개수를 세는 것도 마찬가지다. 규소 원자가 더 들어갔는지 혹은 덜 들어갔는지, 아니면 규소의 동위원소 원자가 그 안에 들어있는지, 규소의 산화물이 생기지는 않았는지 여부를 원자 하나하나 수준에서 확인할 수는 없다. 아보가드로 프로젝트에 의한 킬로그램 원기 역시 물리학적 원리에 의해 정해지기가 어려운 이유다.

현재까지는 아보가드로 수에 숨어있는 1억분의 1의 한계를 넘기는 어렵다. 아무리 탄소 원자의 질량이 일정불변이라고 해도 아보가드로 수를 정확히 셀 방법도 없고 탄소 원자 한 개의 질량 기준을 정확히 잴 저울도 없다. 원자 한 개의 질량이나 아보가드로 수라는 각각

의 요소들을 정확하게 측정할 수 없는 상태에서, 그 요소들을 곱해서
나온 결과값만 미리 정해놓은 것이다.

우리는 질량을 재지 않고,
무게를 잰다

실제로 대부분의 저울은 질량 자체를 직접 측정하는 것이 아니고 물
체에 가해진 중력의 크기를 '질량 기준'의 중력과 비교해 질량의 크기
를 정한다. 보통 슈퍼마켓에서 사용하는 저울은 그램 단위의 정밀도
만으로 충분하기 때문에 간단한 용수철 또는 압전 효과를 이용한다.
용수철 저울은 중력에 비례하는 용수철의 길이 변화를 이용하기 때문
에 저울을 제작한 곳의 중력과 사용하는 곳의 중력 크기가 다르다면
측정한 질량이 다를 수 있다. 세계적으로 지역에 따라 중력의 크기가
0.5퍼센트 정도 차이가 나기 때문에 저울의 정확도를 지역별로 다시
점검할 필요가 있다. 중력에 의한 힘, 즉 무게를 질량으로 환산하는 방
식으로 측정하는 경우, 물체의 중력 외에도 부력이나 주변 공기의 흐
름 등 다양한 요소가 무게 측정에 영향을 줄 수 있다. 심지어 저울판
지지대나 양팔 천칭 저울의 지렛대 마찰도 중요한 변수로 작용한다.
　킬로그램 원기의 질량이 줄어들면 단순히 질량을 표시하는 숫자
가 변하는 것에 그치지 않고 수많은 불편한 일들이 생길 수 있다. 질량
의 단위가 달라지면, 이 세상 모든 저울의 눈금을 바꿔야 할 뿐만 아
니라 힘과 에너지 단위의 기준도 달라지고, 전기요금의 기준까지 바꿔

야 한다. 그렇다고 너무 걱정할 필요는 없다. 질량 단위가 변했다고 자연의 현상이 달라지거나 물리적 원리나 법칙이 달라지는 것은 아니다. 실제로 물리학자들은 일반인이 쓰는 단위와 다른 새로운 단위를 만들어 쓰기도 한다. 예를 들어, 물질의 성질을 연구하는 사람들은 원자의 구성 요소인 핵과 전자를 기준으로 한 단위를 쓴다. 우리가 시간의 단위를 지구의 자전 주기로 정한 것처럼 물리학자는 전자가 원자핵을 공전하는 주기를 단위로 정하고, 길이의 단위도 전자의 공전 궤도 반지름을 기준으로 삼는다. 물론 이런 단위를 우리의 일상 생활에 쓴다면 엄청나게 불편하겠지만 원자와 전자의 세계에서는 매우 유용하다. 단위는 과학적 원리에 근거해 자연 현상을 기술하고 이해하기에 편리한 방법으로 정하면 그 자체로 충분하기 때문이다. 다음 글에서는 무게 측정과 지구 중력에 관련된 현상과 개념에 대해 생각해 보자.

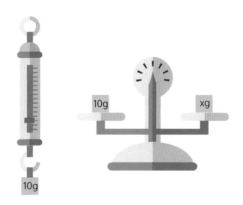

물체에 작용하는 중력의 크기를 늘어난 용수철의 길이로 환산해 질량을 측정하는 용수철 저울과,
질량을 알고 있는 물체와 측정 물체의 중력 크기를 비교하여 질량을 정하는 양팔저울.

더 생각해보자

지역에 따라 중력의 크기가 0.5퍼센트 정도 차이가 나는 이유는
뭘까?

지구 상의 물체에 작용하는 중력은 지역에 따라 크게는 0.5퍼센트까
지 차이가 난다. 왜 그럴까? 뉴턴이 발견한 만유인력의 법칙은 지구와
달 사이의 인력과 사과에 작용한 인력을 비교해서 얻은 것으로, 질량
을 가진 두 물체 사이에 작용하는 힘을 정한다. 두 물체 사이에 작용하
는 인력의 크기는 각 물체의 질량의 곱에 비례하고 또 두 물체 간의 거
리의 제곱에 반비례한다. 간단히 생각하면, 지표면의 물체에 작용하는
중력의 크기는 지구 중심과 물체 사이의 거리, 즉 지구의 반지름에 따
라 결정되기 때문에 지표면 위에 모든 물체에 작용하는 중력은 모두
같다고 생각할 수 있다.

하지만 지구는 정확한 구 모양이 아니라 북극과 남극 쪽이 평평
하고 적도 부근은 불룩하게 튀어나온 타원체라는 것이 문제다. 지구의
자전 운동 덕에 적도 쪽의 반지름은 약 6378킬로미터로 극지방의 반
지름 약 6357킬로미터보다 0.3퍼센트 더 길다. 따라서 적도 지역의
중력은 극지방에 비해 작다. 실제로는 지구 중심에서 지표면까지의 거
리가 다른 것 외에도 지표면의 높이나 땅 속에 묻힌 광물이나 유전도
중력의 크기에 영향을 준다. 그래서 최근에는 인공위성을 통해 지표면
의 중력 차이를 측정하여 유전을 찾기도 한다.

중력의
과학

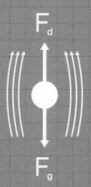

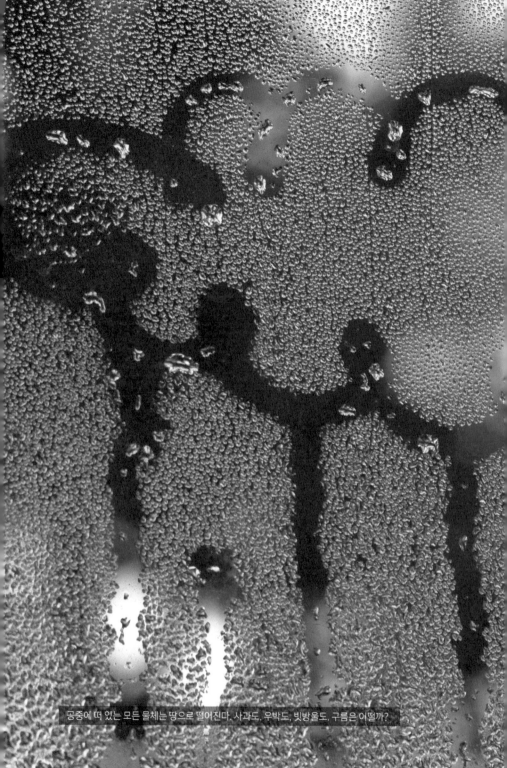

공중에 떠 있는 모든 물체는 땅으로 떨어진다. 사과도, 우박도, 빗방울도. 구름은 어떨까?

하늘의 구름은
왜 떨어지지 않을까?

한여름이면 하늘에 하얗게 핀 뭉게구름을 쉽게 볼 수 있다. 뭉게뭉게 피어오르는 하얀 구름을 보면서 근두운을 탄 손오공이 구름에 숨어 땅을 내려다보는 상상을 한다. 《서유기》 아니, 〈드래곤볼〉의 주인공으로 친숙한 손오공이 주문을 외면 나타나는 근두운은 타는 즉시 10만8천 리를 날아간다고 한다. 올라타면 바닥이 꺼지지 않을까 걱정도 되지만, 구름을 타고 날아다니는 건 너무나도 매력적인 일이다.

수천 톤의 물이
공중에 떠 있다?

구름은 이렇게 하늘에 떠 있지만, 우리가 아는 모든 물체는 땅으로 떨

크고 넓게 발달한 뭉게구름.

어진다. 아리스토텔레스는 무거운 물체가 떨어지는 것은 물체의 기본 성질이라고 생각했다. "사과는 왜 떨어지는가?"라고 묻는다면, 아마도 아리스토텔레스는 "사과를 이루는 흙과 물의 성분이 그 본질로 돌아가는 것이다"라고 답했을 것이다. 중력을 제대로 이해하지 못한 비과학적인 생각이지만, 아리스토텔레스의 관점에는 지구 상의 물체가 지구의 중심을 향해 떨어지는 현상에 대한 하나의 철학적 해석이 담겨 있다.

사실은 구름도 사과와 크게 다르지 않다. 구름은 공기 중에 떠 있는 작은 물방울이나 얼음 조각으로 이루어져 있다. 뭉게구름이 품고 있는 물방울이나 얼음조각의 양은 1세제곱미터당 1그램에 불과하지만, 구름의 크기를 고려하면 꽤 무거운 물체라고 할 수 있다. 뭉게구름은 해발 500미터부터 생기는데, 높이는 보통 2킬로미터 정도지만, 길게는 수백 킬로미터까지 퍼지기도 한다. 가로 세로 높이 1킬로미터의 아주 작은 뭉게구름 속에도 1천 톤이나 되는 물이 들어 있다. 동전처럼 작은 물체도 땅으로 떨어지는데, 1천 톤 이상의 무거운 물이 떨어지지 않는 이유는 뭘까?

**구름은 부력 때문에
떠 있는 것이 아니다**

부력은 배가 물에 뜨는 원리, 즉 아르키메데스의 원리에 의한 힘이다. 배가 밀어낸 물의 부피에 해당하는 물의 무게가 배를 밀어 올리는 힘으로 작용한다. 어떤 물체를 유체에 넣었을 때 받게 되는 부력의 크기는, 물체가 유체에 잠긴 부피만큼 해당 유체에 작용하는 중력의 크기와 같다. 앞에서 살펴본 빙산을 예로 들어보자. 얼음의 밀도는 물의 밀도의 약 90퍼센트 정도다. 빙산 전체의 무게는 빙산 부피의 90퍼센트에 해당하는 물의 무게와 같다. 그래서 빙산은 90퍼센트만 물에 잠겨도 물의 부력으로 떠 있게 된다.

그럼 이제 구름의 부력을 생각해보자. 작은 물방울이나 얼음 조각을 품고 있는 구름에서는 물방울이나 얼음 조각 부피에 해당하는 공기 무게가 부력으로 작용한다. 부피 1세제곱미터인 공기만의 무게는 약 1킬로그램, 즉 1000그램이다. 물방울이나 얼음조각이 1세제곱미터당 1그램이 있다고 했으니, 공기를 포함한 구름의 무게는 1001그램이다. 하지만 이 구름을 밀어 올리는 공기의 부력은 1000그램 밖에 되지 않는다. 공기의 부력으로 구름을 떠받치기에는 물방울의 무게 1그램이 부족하다. 구름 속의 물 1그램은 아주 적은 양이기는 하지만, 배드민턴에서 사용하는 셔틀콕의 무게가 약 5그램이라는 것을 생각하면 1그램에 작용하는 중력은 구름을 땅으로 떨어뜨리기에 충분한 크기다. 다시 말해, 구름은 중력에 의해 땅으로 떨어질 수밖에 없다.

1그램의 중력이 작용하는 1세제곱미터 구름의 낙하 운동을 이해하기는 그리 간단치 않다. 우선 구름 속의 물방울이 공기에 묶여 있지 않고 자유롭게 움직일 수 있기 때문에 구름 속 물방울의 운동은 공기의 흐름과 별도로 생각해야 한다. 그리고 물방울을 머금지 않은 공기만의 무게는 공기 자신의 부력과 같기 때문에 중력과 부력이 상쇄되

빙산은 전체 부피의 90%만 물에 잠겨도 부력으로 뜰 수 있다.

어 알짜힘은 없다. 구름 속의 물방울을 제외한 공기도 마찬가지다. 공기 자신의 부력이 중력을 상쇄해서, 물방울을 제외한 공기는 중력의 영향을 받지 않고 정지해 있을 수 있다.

그래서 1세제곱미터 구름에 작용하는 1그램의 무게는 고스란히 구름 속의 물방울에만 작용하게 된다. 주변의 공기는 정지해 있지만, 물방울은 중력에 의해 낙하 운동을 하게 된다. 물방울이 낙하 운동을 하게 되면 결국 물방울이 모여 만든 구름도 낙하 운동을 하는 것이다. 물방울의 낙하운동을 이해하려면 그전에 공기 중에서 물체가 떨어질 때 어떤 일이 일어나는지 알아볼 필요가 있다. 이제 문제를 간단히 하기 위해 우선 공기의 흐름이 없는 상태에서 물방울의 낙하 운동을 생각해 보자.

문제는 부력이 아니라
종단속력

비행 중인 항공기에서 낙하산을 타고 뛰어내려 목표 지점에 정확히 착지하는 스포츠를 스카이다이빙이라고 한다. 비행기에서 뛰어내린 스카이다이버는 낙하산을 펴기 전까지는 양팔을 벌리고 엎드린 자세로 낙하한다. 정지해 있는 공기를 가르며 낙하하는 스카이다이버의 운동은 구름 속 물방울의 운동과 같다. 이 스카이다이버에게는 중력과 부력, 그리고 공기 흐름에 의한 저항이 작용한다. 스카이다이버의 몸무게가 60킬로그램라고 하면, 이 사람에게 작용하는 공기의 부력

은 사람 부피에 해당하는 공기의 무게, 약 60그램중에 불과해서 무시해도 괜찮다.●

하지만 공기의 흐름에 의한 저항은 만만치 않다. 중력에 의한 몸무게의 크기는 일정하지만, 공기의 저항은 공기 흐름의 속력의 제곱과 바람이 맞닥뜨린 면적에 비례한다. 낙하 속력이 커지면 공기의 저항은 속력의 제곱에 비례하여 커진다. 비행기에서 뛰어내린 직후의 낙하 속력은 거의 0이지만, 중력에 의해 초당 10미터씩 가속을 하다 보면 시간이 갈수록 스카이다이버의 낙하 속력은 커진다. 그러다 일정 속력을 넘어서면 공기의 저항이 중력의 크기를 넘어선다. 스카이다이버를 밀어 올리는 힘이 중력을 능가하게 되는 것이다. 중력에 의한 몸무게의 크기와 공기의 저항이 같아지는 지점부터는 스카이다이버에 작용하는 알짜힘이 0이 되어 일정한 속력을 유지한다. 이를 종단속력 terminal speed이라고 한다.

낙하산을 펴지 않은 스카이다이버의 종단속력은 보통 초속 55미터(시속 약 198킬로미터)에 달한다. 낙하산을 펴면 종단속력은 초속 8미터(시속 약 28킬로미터)까지 줄어든다. 공기의 저항이 종단속력의 제곱과 바람이 닿는 단면적에 비례하기 때문에, 스카이다이버가 낙하할 때 공기를 가르는 단면적을 키우면 공기의 저항은 커진다. 낙하산을

● 사람의 밀도는 물과 거의 같아서 60kg인 사람의 부피는 대략 60리터, 즉 0.06m³로 어림할 수 있다. 공기의 밀도는 약 1kg/m³이기 때문에 몸무게 60kg인 사람의 공기에 의한 부력은 60g중이다. 하지만 스카이다이빙을 하는 높은 고도에서는 공기의 밀도가 낮기 때문에 스카이다이버의 부력은 60g중보다 작을 수도 있다.

스카이다이버가 양팔과 양다리를 펼치고 엎드린 채 낙하하고 있다.

펼쳤을 때 종단속력이 약 1/7로 줄어든다는 것으로부터 낙하산을 펼친 스카이다이버의 유효 단면적이 7의 제곱, 즉 약 50배 커진다는 것을 짐작할 수 있다.

사람은 낙하산을 이용해 공기와 맞닥뜨리는 면적을 조절할 수 있지만, 물방울은 단면적을 스스로 조절할 별다른 재간이 없다. 바람

70

의 영향으로 약간 찌그러지기는 하겠지만 대강 구 모양이라고 생각해도 큰 문제는 없다. 물방울의 무게가 부피에 비례하니까 물방울의 종단속력은 부피를 단면적으로 나눈 값의 제곱근, 즉 지름의 제곱근에 비례한다. 따라서 물방울의 종단속력은 물방울 지름의 제곱근에 비례한다. 크기가 작을수록 종단속력은 느려진다는 말이다. 앞서 〈초소형 인간, 있을 수 있나?〉에서, 정육면체의 면적과 부피의 관계를 통해 열심히 따져 봤던 제곱-세제곱 법칙이 여기서도 여전히 유효함을 알 수 있다.

물방울의 지름이 1밀리미터보다 약간 가는 가랑비 빗방울의 속력은 초속 4미터 정도다. 한여름의 먹구름은 큰 물방울을 머금고 있다. 물방울의 크기가 커지면서 종단속력이 커지고, 떨어지는 물방울이 다른 물방울을 삼키면서 더 큰 물방울을 만들기도 한다. 천둥 번개가 칠 때 내리는 굵은 소나기 빗방울은 지름이 4밀리미터가 넘는데,

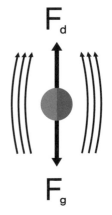

중력에 의한 아래로 향하는 힘 F_g와 공기 저항에 의한 위로 향하는 힘 F_d가 같아지는 지점부터 물체는 일정한 속력으로 낙하한다. 이 속력을 종단속력이라 한다.

하늘의 구름은 왜 떨어지지 않을까?

그래도 빗방울의 속력은 초속 8미터에 불과하다. 물론 지름 20밀리미터짜리 우박은 초속 18미터(시속 약 64킬로미터)가 넘어 농작물뿐 아니라 자동차에도 피해를 줄 수 있다.

구름은 떨어지고 있다.
단지 아주 느릴 뿐!

이제 낙하산의 원리를 구름 속의 물방울에 적용해 보자. 구름 속 물방울의 지름은 평균 5~15마이크로미터다. 앞에서 알아본, 종단속력이 지름의 제곱근에 비례하는 식을 그대로 쓰면, 10마이크로미터 물방울의 종단속력은 초속 0.13미터다. 보통 달팽이가 기어가는 속력의 열 배가 넘는다. 그런데 지름이 0.1밀리미터, 즉 100마이크로미터보다 작은 물방울이 움직일 때는 공기의 저항이 달라진다. 물방울의 단면적이 너무 작아 유선형 공기 흐름으로 바뀌게 되고, 공기 저항은 스토크스 법칙에 따라 물방울의 지름과 속력에 비례한다. 물방울의 무게는 부피에 비례하니, 종단속력은 부피를 지름으로 나눈 값인 지름의 제곱에 비례하게 된다. 물방울의 크기가 100마이크로미터에서 10마이크로미터로 크기가 10분의 1로 줄어들 때, 물방울의 종단속력은 10분의 1의 제곱인 100분의 1만큼 줄어든다. 이런 효과를 모두 따져보면 10마이크로미터 물방울의 종단속력은 실제로는 초속 1센티미터에 불과하다. 구름 속 물방울은 낙하산이 없어도 달팽이가 기어가는 정도로 천천히 떨어지고 있는 것이다.

중력의 과학

초속 1센티미터의 바람도 없는 날은 거의 없다. 미세한 온도 차이나 기압 차이로도 쉽게 바람이 만들어지기 때문이다. 구름 속 물방울을 둘러싼 공기가 초속 1센티미터로만 상승하게 되더라도 물방울은 낙하하는 것이 아니고 제자리에 머무르며 떠 있게 된다. 상승기류의 속력이 초속 1센티미터보다 크기만 하다면 구름 속 물방울은 쉽게 날아오른다. 바람만 불면 구름은 자유자재로 날아다닐 수 있다.

구름도 황사도
바람이 옮긴다

이런 낙하산의 원리는 마이크로미터 크기의 모든 입자에 적용된다. 매년 봄철 우리나라에 날아오는 황사의 흙먼지 크기가 2~10마이크로미터 정도다. 우리나라로 날아오는 황사의 근원지는 몽골과 중국

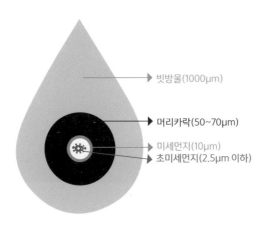

빗방울(1000μm)

머리카락(50~70μm)

미세먼지(10μm)
초미세먼지(2.5μm 이하)

미세먼지는 사람의 머리카락보다 훨씬 작아 미세한 공기 흐름에도 쉽게 올라타 이동할 수 있다.

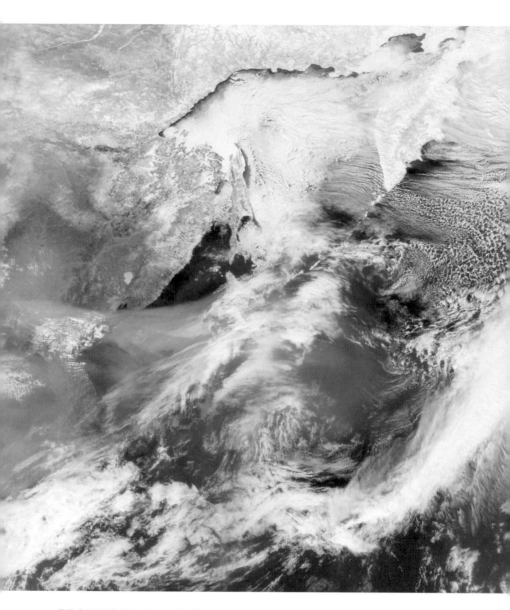

중국에서 발생한 황사가 우리나라와 일본을 지나 태평양으로 퍼져가고 있다.

의 접경지역에 걸쳐 있는 건조한 사막과 황토 고원이다. 처음 바람에 날려 올라간 흙먼지는 지름 1000마이크로미터의 큰 것도 있지만, 큰 입자는 수일 이내에 모두 땅에 떨어진다. 황사는 밀도가 커서 같은 크기의 물방울보다 무겁기 때문에 종단속력도 물방울보다 몇 배는 더 크다. 빗방울 크기의 흙먼지는 땅으로 서서히 떨어지는데, 구름 물방울 크기보다 작은 미세먼지는 구름처럼 바람을 타고 이동한다. 작은 물방울은 건조한 공기를 만나면 쉽게 증발해 없어지지만, 황사의 미세먼지는 습도와 상관이 없기 때문에 바람이 불기만 하면 얼마든지 멀리 이동할 수 있다. 편서풍 제트기류에 올라탄 황사는 매우 빠른 속력으로 날아 일주일 이내에 태평양을 횡단하는 경우도 있다.

황사의 미세먼지는 중금속과 각종 화학물질을 포함하고 있어 건강에 치명적인 대기오염 물질이다. 미세먼지처럼 바이러스도 공기 중 바람을 타고 쉽게 움직일 수 있다. 기침할 때 나오는 비말飛沫의 크기는 10마이크로미터 정도다. 일반적으로 바이러스는 0.3마이크로미터보다 작기 때문에 바이러스는 지름 10마이크로미터의 물방울에 쉽게 올라탈 수 있어, 물방울이 증발하지 않는 한 미세한 공기 흐름에도 쉽게 날아다닐 수 있다. 비말감염이 가능한 이유도 구름 물방울이 날아다니는 것과 같은 원리인 것이다.

공기의 무게가
얼마나 되길래?

지금까지는 1그램의 중력이 작용하는 1세제곱미터 구름의 낙하 운동을 구름 속 물방울의 운동에서부터 생각해 보았다. 이제는 물방울 말고 1세제곱미터 공기 자체에 대해 생각해 보자. 저울 위에 1세제곱미터의 공기를 얹고 그 무게를 재면 '0'그램이다. 물론 공기의 질량이 '0'은 아니다. 공기 중에서 측정하면 공기의 부력이 공기 질량에 의한 무게를 상쇄시켜 겉보기 무게가 '0'으로 나올 뿐이다. 그렇다면 공기의 질량을 재려면 어떻게 해야 할까?

답은 간단하다. 공기의 부력을 없애면 된다. 하지만 부력을 어떻게 없애느냐는 문제가 남는다. 공기의 질량을 재려면 우선 1세제곱미터 공기를 가둘 그릇이 필요하다. 풍선을 이용할 수도 있지만, 풍선에 공기를 가두면 외부 압력에 따라 부피가 변할 수 있다. 외부 압력을 견딜 수 있는 철제 상자에 1세제곱미터 부피의 공기를 담고 저울에 올려놓아 보자.

이제 상자와 저울 주변의 공기를 모두 제거해 진공 상태를 만든다. 아르키메데스의 원리에 따르면, 부력의 크기는 물체가 유체에 잠긴 부피만큼의 떠오르는 힘을 받는 것이기 때문에, 주변의 유체, 즉 공기를 없애면 부력도 없게 된다. 그러면 부력이 작용하지 않는 상자의 무게, 즉 상자 속 공기의 무게를 잴 수 있다.

그런데 이렇게 커다란 상자와 저울이 들어갈 만한 방 전체를 진

중력의 과학

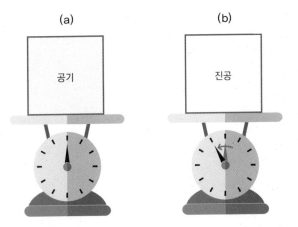

공기의 무게를 재는 방법.
(a) 공기가 들어 있는 상자를 저울에 올리고 눈금을 0에 맞춘다.
(b) 상자 안의 공기를 뽑아내 진공으로 만들었을 때, 마이너스 쪽으로 움직인 저울의 눈금을 확인한다.

공으로 만들기란 쉽지 않다. 사실 공기만의 무게를 재는 간단한 방법
이 있다. 공기 질량의 무게와 부력의 크기가 같다는 점에 착안해 부력
을 제거하는 대신 부력 자체를 재는 것이다. 저울에 철제 상자를 얹은
후, 저울을 '0'점에 맞춘다. 이제 상자 속의 공기를 뽑아내 진공으로
만들면 된다. 상자 속은 비어 질량은 '0'이 되지만, 상자가 차지한 부
피는 그대로 남아 부력은 변하지 않는다. 따라서 저울 눈금에 나타난
마이너스 숫자가 바로 공기 질량에 의한 무게가 된다.

진공 상태에서 깃털과 볼링공을 동시에 떨어뜨리면?
그 결과는 https://goo.gl/jBcMxa에서 동영상으로 확인할 수 있다.

진공에서는 모든 물체가
똑같이 떨어진다

미국 오하이오 주 항공우주국의 우주발전소NASA Space Power Facility에
는 세계에서 가장 큰 우주 시뮬레이션 진공실이 있다. 지름 30미터 높
이 37미터의 방을 통째로 진공 상태로 만든 시설이다. 앞서 얘기한 진
공 상태의 무게 측정 정도는 쉽게 할 수 있는 곳이다. 부력도 없을뿐
더러 공기 저항도 없다. 무거운 것은 가벼운 것보다 먼저 떨어진다고
했던 아리스토텔레스가 이 우주발전소의 진공실에서 떨어지는 깃털
과 볼링공을 보았다면 분명 생각이 바뀌었을 것이다(그림 참조). 아리

스토텔레스는 깃털에 작용한 부력과 공기 마찰의 효과를 미처 생각하지 못했기 때문에, 큰 물방울이 작은 물방울보다 빨리 떨어지고 무거운 물체가 가벼운 물체보다 먼저 떨어진다고 생각했던 것이다.

진공실에서 구름 물방울은 떠 있을 수 없다. 공기 저항이 없어 종단속력도 존재하지 않기 때문이다. 물체에 작용하는 힘은 중력 밖에 없어서 모든 물체는 자유낙하를 한다. 일정한 속력으로 떨어지는 것이 아니고 $9.8m/s^2$의 일정한 가속도를 갖고 떨어진다. 다음 글에서는 운동에 대한 기본 개념과 중력에 대한 뉴턴의 생각을 살펴보자.

부력은 어떻게 생기는 걸까?

물이나 공기와 같은 유체 내에서 물체가 뜨고 가라앉는 것은 부력으로
결정된다. 중력의 반대 방향으로 작용하는 부력의 크기는 물체가 유체
에 잠긴 부피만큼의 유체에 작용하는 중력의 크기와 같다. 다시 말하
면, 부력의 크기는 유체에 잠긴 물체의 부피에 해당하는 유체의 무게
와 같은 것이다. 이 원리는 약 2200년 전 아르키메데스에 의해 발견되
었다고 해서 아르키메데스의 원리라고도 한다. 여기서 부력의 크기가
왜 유체에 잠긴 물체의 부피와 관련되는지 알려면 우선 유체에 작용하
는 압력에 대해 살펴봐야 한다.

　　물은 네모난 그릇에 담으면 네모 모양이 되고, 원통 모양의 컵에
담으면 원통 모양이 된다. 하지만 물을 얼려 딱딱한 얼음이 되면, 그릇
에 담거나 접시 위에 올려놓아도 원래 생긴 모양을 그대로 유지한다.
이렇게 얼음처럼 딱딱한 물체의 상태를 고체라고 하는데, 형체를 유지
하지 못하는 유체와는 확연히 구분된다. 고체 물질은 자신의 모양을
유지하는데 유체는 왜 그렇게 못하는 걸까? 고체와 유체의 차이는 해
수욕장이나 놀이터 모래사장에서 모래성 쌓기 놀이를 해본 사람은 쉽
게 이해할 수 있다. 마른 모래를 이용해 네모상자 모양을 만들려고 하
면 쉽게 무너지지만, 물에 젖은 모래를 사용해 만들면 그 모양을 잘 유
지한다. 모래알 사이에 물이 채워져 물이 접착제와 같은 역할을 하기
때문에 표면의 모래알이 흘러내리지 않는 것이다.

　　고체를 이루는 분자 사이에는 서로 미끄러지지 않고 형체를 유지

하고 잡아주는 '전단응력'이라는 힘이 있다. 분자 알갱이들이 서로 미끄러지지 않고 잡아주기 때문에 표면이 흘러내리지 않고 모양을 유지한다. 반면 유체에는 분자 알갱이들이 서로 밀치는 힘만 작용하고 옆으로 미끄러지지 않도록 잡아 주는 힘이 없다. 유체는 전단응력이 없어 어떤 방향으로 힘이 가해도 쉽게 미끄러진다. 물에 젖은 바닥이 미끄러운 것도 역시 같은 이유다. 컵이나 그릇에 물을 담으면 물의 표면이 평평하게 되고 그릇을 약간 기울여도 수면의 높이가 항상 평평한 것도 바로 물 분자들 사이에 옆으로 미끄러짐을 막아주는 전단응력이 없음을 보여주는 예라고 할 수 있다.

그릇과 물이 서로 주고 받는 힘은 그릇의 표면에 수직한 방향으로 가하는 힘, 즉 압력만이 가능하다. 압력은 그릇과 유체 사이에만 있는 것이 아니다. 유체 내부에도 압력은 작용한다. 유체 속에 작용하는 압력을 이해하기 위해 간단한 생각 실험을 해보자(그림 참조).

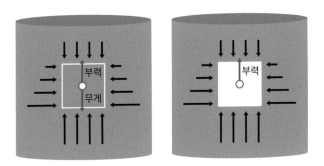

(왼쪽)투명상자 안쪽에 물을 채우고 물 속에 잠기게 했을 때 상자가 받는 압력을 표시했다. (오른쪽)투명상자에 물 대신 공기를 넣었을 때, 상자가 받는 압력이 나와 있다.

커다란 그릇에 물을 담고 그 속에 정육면체 모양의 작은 투명상자를 넣었다. 투명상자의 벽은 아주 얇고 가볍게 만들어져 상자의 알짜 무게는 무시할 수 있다고 하자. 무게가 없는 투명상자 속에 물을 가득 담아 그릇의 중간 위치에 놓으면, 상자는 가라앉지 않고 그 주변의 물도 움직이지 않는다. 상자가 움직이지 않는다는 것은 곧 상자에 작용하는 힘의 합이 '0'임을 의미한다. 이제 투명상자에 작용하는 힘을 근거로 상자 주변 유체 간에 작용하는 압력에 대해 추론해보자.

투명상자의 면을 경계로 상자의 안팎에 작용하는 압력을 따져 보자. 우선 상자의 옆쪽 면들은 서로 마주보고 있어, 각 면에 작용하는 압력은 같은 크기이면서 서로 반대 방향을 향해 상쇄돼 알짜힘이 없다는 것을 알 수 있다. 하지만 아랫면과 윗면에 작용하는 힘의 크기는 다르다. 투명상자 속의 물의 무게가 아랫면에 작용하고 있기 때문에 아랫면에서 밀어 올리는 힘이 윗면에서 누르는 힘보다 크지 않으면 투명상자는 낙하운동을 하게 된다. 그래서 투명상자의 아랫면과 윗면에 작용하는 힘의 차이는 정확히 상자에 담긴 물의 무게와 같아야만 한다. 다시 말하면 아랫면에 작용하는 압력은 윗면의 압력에 비해 상자 속의 물의 무게에 비례해 더 커야 한다. 상자 속의 물의 무게는 상자의 높이와 물의 밀도에 비례해 커진다. 투명상자의 윗면이 물의 표면과 같은 높이에 있다고 하면, 상자의 아랫면은 물의 깊이에 해당한다. 따라서 물 속의 압력은 물의 밀도와 깊이에 비례해 커진다는 것을 알 수 있다.

이제 투명상자에 작용하는 힘에 대해 생각해보자. 투명상자를 둘러싼 면에 작용하는 압력은 상자 속에 어떤 물체가 들어가든지 상관없이 주변 물의 압력에 의해 정해진다. 이때 상자 밖의 물이 작용하는 압력의 합은 상자 속에 물이 들어있을 때의 무게와 정확히 같다. 이것이 바로 아르키메데스가 발견한 '유체에 잠긴 물체의 부피에 해당하는 유체의 무게가 부력과 같은 크기의 힘'인 부력이다. 여기서 상자 속의 물을 다른 물체로 바꾼다고 해도 물의 압력에 의해 정해진 힘의 크기는 달라지지 않는다. 그래서 속이 비어 있는 투명상자, 즉 공기 방울은 부력에 의해 수면 위로 떠오르는 것이다.

이 원리는 상자 주변의 유체를 물 대신 공기로 바꾸고 상자 속에 물이나 다른 물체를 넣어도 똑같이 적용된다. 다만 공기의 무게가 물에 비해 턱없이 작기 때문에 공기 중의 상자에 미치는 부력의 효과가 미미할 뿐이다.

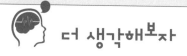

더 생각해보자

습한 공기와 건조한 공기, 어느 쪽이 더 무거울까?

깃털처럼 가볍다는 말이 있다. 깃털을 잘 살펴보면 아주 가는 대롱들이
서로 겹쳐져 있는 구조를 갖고 있다. 대롱 껍데기를 제외하면 깃털이
차지하는 대부분의 공간은 모두 공기로 채워져 있다. 공기가 깃털 부피
의 대부분을 차지하고 있기 때문에, 깃털의 무게와 공기의 부력이 거의
비슷한 크기로 상쇄되어 실제로 느끼는 깃털의 무게는 아주 작아진다.
아르키메데스의 원리에 따르면, 공기 중에 있는 물체는 그 부피에 해당
하는 공기의 무게가 부력으로 작용한다.

　공기는 기체다. 잘 가두어 두지 않으면 물처럼 마음대로 흘러 다니
는 유체이기 때문에 특정 개체로 구분해서 질량을 정할 수가 없다. 공
기와 같은 기체의 질량을 측정할 때는 항상 그 부피도 함께 정해줘야
한다. 질량의 크기가 부피에 비례하기 때문이다. 그래서 공기의 질량은
단위부피당 질량, 즉 밀도로 표시한다. 공기의 밀도는 섭씨 15도, 해수
면 높이에서 1m³당 1.225kg이다. 공기의 밀도가 온도와 압력에 민감
하게 변하기 때문에 밀도를 표시할 때는 온도와 고도를 함께 적어줘야
한다. 섭씨 0도가 되면 밀도가 1.292kg/m³로 커지고 섭씨 30도에서
는 1.164kg/m³로 작아지며, 해발 2000미터 높이에 오르면 공기의 압
력이 낮아져 밀도도 1.0kg/m³아래로 떨어진다.

　기체의 밀도는 압력에 비례하고 온도에 반비례하는 특이한 성질을
갖고 있다. 여기서 '온도에 반비례한다'고 할 때 온도는 우리가 일상 생
활에서 사용하는 섭씨 온도가 아니라 절대온도를 말한다. 절대온도는

열역학 법칙에 따라 정한 열역학 온도인데 이상적인 기체의 엔트로피가 최소가 되는 상태의 온도를 0K로 정한다. 절대온도 0K를 섭씨로 환산하면 영하 273.15도다. 이상기체에 작용하는 법칙을 다르게 적용하면, 단위부피에 일정한 개수의 분자로 채워진 기체의 압력은 절대온도에 비례한다고 해석할 수도 있다.

　1리터 물의 질량이 1kg이다. $1m^3$는 1000리터이므로, 물 $1m^3$의 질량은 1000kg이다. 같은 부피의 공기의 질량에 비해 820배 가량 더 크다. 물의 무게가 공기에 비해 훨씬 더 무겁다는 것은 평소 경험으로도 잘 알고 있는 사실이다. 그런데 물의 무게가 공기보다 훨씬 무겁다는 사실을, 습한 공기와 건조한 공기에 대해 그대로 적용하면 습한 공기가 건조한 공기에 비해 더 무겁다는 오류에 빠지게 된다.

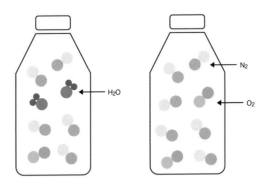

물 분자가 들어 있어 습한 왼쪽 병과 공기만 있는 오른쪽 병, 어느 쪽이 무거울까?

과연 습한 공기와 건조한 공기 중에 어느 쪽이 더 무거울까? 이 질문에 답을 하기 전에 우선 물과 공기가 어떻게 섞이는지를 먼저 살펴보자. $1m^3$ 부피의 상자에 물과 공기를 담아서 밀봉하면 이 상자 속에는 물과 공기만 존재한다. 상자 안에 물 $0.5m^3$와 공기 $0.5m^3$가 있다고 하면, 공기보다 무거운 물은 대부분 액체 상태로 상자의 아랫부분을 차지하고 나머지 윗부분의 공간은 공기가 차지한다. 겉보기에 액체인 물과 기체인 공기는 공간적으로 완전히 분리되어 있는 것처럼 보이지만, 자세히 보면 사정이 다르다. 물 분자 중에 일부가 물의 표면을 뚫고 날아가 수증기가 되어 공기 중에 퍼지게 되고, 반대로 공기 분자 중에 일부는 물 속으로 녹아 들어 물 분자들과 섞이게 된다. 예를 들어, 실제 섭씨 30도의 공기 중에는 $1m^3$당 최대 30g까지도 물 분자가 수증기로 채워질 수 있다. 비록 많은 양은 아니지만 물 분자들이 공기 중의 질소나 산소 분자를 대신해 부피를 채운다는 말이다.

'공기 중에 퍼진 물 분자'는 액체 상태의 물방울이 아니라 기체 상태의 수증기를 말한다. 1g 물의 부피는 $1cm^3$에 불과하지만, 1g 수증기의 부피는 거의 $1300cm^3$나 된다. 물 분자는 공기 중의 다른 분자들과 섞여서 공기의 일부가 된다. 질소 분자의 분자량은 28, 산소 분자의 분자량은 32인데 반해, 물 분자의 분자량은 18에 불과하다. 그래서 질소나 산소 분자들의 자리에 물 분자가 들어가면, 물과 질소 또는 산소 분자 간의 질량 차이만큼 전체 공기의 질량은 줄어든다.

공기 중의 질소와 산소의 비율이 약 4:1임을 고려하면, 평균적으로 각 공기 분자의 62.5퍼센트로 질량이 감소하는 효과가 생긴다. 따라서 $1m^3$ 상자 속에 10g의 물 분자가 퍼지게 되면, 공기 전체의 질량은 약 6g 정도 줄어들게 된다. 섭씨 15도 해수면에서 건조한 공기의 질

량이 1.225kg이라면 1m³당 10g의 습기를 머금은 습한 공기의 질량
은 1.219kg이다. 결과적으로 물기를 머금은 습한 공기가 건조한 공기
보다 더 가볍다. 액체 상태의 물은 공기보다 훨씬 무겁지만, 기체 상태
에 섞인 물 분자는 공기 분자보다 가볍기 때문이다.

영국 케임브리지 대학 트리니티 칼리지에 있는 뉴턴의 사과나무

달이 지구를 향해 떨어진다고?

사과나무 아래에서 졸고 있던 뉴턴의 머리 위에 사과 하나가 떨어졌다. 떨어진 사과를 집어 들고 "바로 이거야!" 라고 외치며 만유인력의 법칙을 깨우쳤다는 뉴턴의 이야기는 과학자의 천재성을 보여준 일화로 잘 알려져 있다. 그런데 머리에 사과를 맞은 뉴턴이 순간적으로 만유인력을 생각해냈다는 증거는 찾을 수 없다. 대신 영국 런던의 왕립학회가 공개한 자료에는 뉴턴이 떨어지는 사과를 보고 중력 이론에 대한 아이디어를 어떻게 궁리해 냈는지가 적혀있다.●

● 아이작 뉴턴의 친구인 윌리엄 스터켈리(William Stukeley)가 쓴 <뉴턴의 생애를 회고하며(Memoirs of Sir Isaac Newton's Life)>에 사과나무에 관한 이야기가 나온다. 영국 왕립학회 사이트(https://royalsociety.org/collections/turning-pages/)에서 관련 자료를 볼 수 있다.

사과는 떨어지는 데,
왜 달은 떨어지지 않을까?

뉴턴은 떨어지는 사과를 보면서 생각하기 시작했고, 나아가 사과와 달 사이에 어떤 차이가 있는지 궁금했다. 사실 그는 사과보다 달의 운동에 관심이 더 많았다. 당시 사람들은 천체는 신의 섭리에 따라 움직인다고 생각했다. 그런 천체의 운동에 관심을 갖고 있던 뉴턴은 달의 관점에서 떨어지는 사과를 바라보았다. 사과는 지구의 중심을 향해 떨어지는데 왜 달은 떨어지지 않고 하늘에 떠 있을까? "사과가 떨어지는 것은 중력 때문이다"라는 정답에 익숙한 사람에게는 뉴턴이 던진 "달은 왜 하늘에 떠 있나?"라는 질문이 조금 뜬금없게 들리겠지만, 여기서는 천재 과학자 뉴턴의 고민을 당시 그의 관점에서 한번 곱씹어 보자.

천상의 달은
지상의 사과와 다르다?

뉴턴은 갈릴레오 갈릴레이가 세상을 뜬 1642년에 태어났다. 갈릴레오는 실험에 의한 관찰과 수학적 표현을 이용해 운동 법칙을 세운 과학자다. 무거운 물체가 가벼운 물체보다 빨리 떨어진다는 아리스토텔레스의 이론을 갈릴레오는 논리적 추론과 관측을 통해 반박했다. 앞선 글 〈하늘의 구름은 왜 떨어지지 않을까?〉에서 언급한 것과 같은

중력의 과학

달은 어떻게 하늘에 떠 있을 수 있을까? 사과처럼 떨어지지 않고.

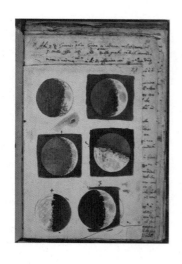

달은 오랫동안 매끄럽고 완벽한 '천상'의 존재로
여겨졌다. 하지만 갈릴레오가 망원경으로 실제 모습을
관찰하면서 지상과 같이 거칠고 울퉁불퉁하다는 것이
밝혀졌다. 그림은 1609년 갈릴레오의 달 표면 스케치.

진공실을 갖추고 실험을 한 것은 아니지만, 갈릴레오는 공기의 저항
과 중력의 힘을 구분해 떨어지는 물체가 등가속도 운동을 한다는 것
을 밝혀냈고, 뉴턴의 운동 법칙 중 제1법칙인 관성의 법칙도 제시했
다. 갈릴레오는 태양계의 중심이 지구가 아니라 태양이라고 주장하며
당시 종교계와 대립하였고 개량된 망원경으로 행성 운동을 관찰하여
엄청난 양의 과학적 증거와 이론을 내놓았다.

　이런 과학적 발견과 해석이 이미 자리를 잡은 시대에 태어난 뉴턴
은 분명 행운아였다. 갈릴레오가 정리한 관성의 법칙과 가속운동을 이
해한 뉴턴에게 떨어지는 사과의 등가속도 운동은 더 이상 고민거리가
아니었다. 사실 당시 뉴턴을 비롯한 많은 사람의 관심은 천체의 운동
에 있었다. 브라헤, 케플러, 갈릴레오 등 많은 과학자들은 태양계의 행

중력의 과학

성과 위성은 물론 은하수와 성운에 이르기까지 엄청난 양의 관측 데이터를 모아놓고 있었다. 이런 관측 데이터로부터 지구가 태양 주위를 돈다는 사실은 분명하게 드러나 있었다. 하지만 어떤 이유로 지구와 달, 행성들이 태양을 중심으로 정교하게 움직이는지에 대한 답은 여전히 찾을 수 없었다. 원 또는 타원처럼 완벽한 기하학적 모양의 궤적에 신의 섭리가 작용한다고 유추했을 뿐이었다. 그래서 당시에는 신의 영역으로 본 천체 중 하나인 달과 땅 위로 떨어지는 사과를 동일한 관점에서 볼 수가 없었다. 사과에 작용하는 지구의 인력이 신의 영역에 있는 달까지 미칠 수 있다는 것은 상상도 할 수 없는 일이었다. 하지만 뉴턴은 지구로 떨어지는 사과와 지구를 공전하는 달을 바라보며 큰 의문을 품었다. "달은 왜 사과와 달리 땅으로 떨어지지 않을까?"

사과를 던지면 포물선을 그리며 떨어진다.
더 힘껏 던진다면?

작은 나무든 키 큰 나무든, 나무에서 떨어지는 사과는 모두 지구 중심을 향해 떨어지는 운동을 한다. 땅 위에 있는 나무에서 떨어지는 모든 사과에는 지구의 인력이 작용한다는 것이 분명했다. 그러나 당시 많은 사람들과 마찬가지로 뉴턴 역시 구름보다 더 높은 하늘 위까지 지구의 인력이 작용할지는 확신이 없었다. 어스름 달빛이 비치는 사과나무 정원을 거닐던 뉴턴은 문득 '생각 실험'을 하기 시작했다. 구름보다 더 높은 산꼭대기에서 사과를 던지면 어떻게 될까? 팔 힘이 좋

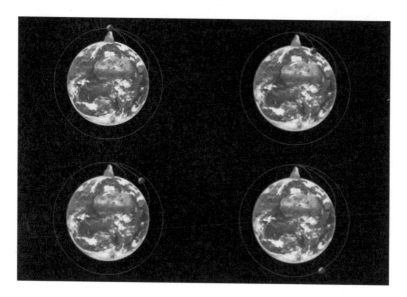

뉴턴의 생각 실험 속 사과 대포의 발사 궤적이다.

은 사람이 던진 사과는 포물선을 그리며 수십 미터를 날아간 후 땅에
떨어질 것이다. 뉴턴은 '생각 실험'을 하고 있었기 때문에 공기 저항
따위는 무시하고 던졌다. 다음에는 엄청나게 성능이 좋은 대포로 사
과를 쏘았다. 사과는 런던에서 대서양을 건너 미국 땅 한복판에 떨어
졌다. 그런데 이렇게 멀리 날아가는 사과가 그린 궤적은 더 이상 포물
선이 아니었다.

포물선은 중력의 크기가 일정한, 평평한 땅 위에서 날아가는 물
체가 그리는 궤적이다. 바다를 횡단해 지구 반대편으로 날아가려면
사과는 지구의 둥근 표면을 돌아가야만 한다. 그런데 지구 중심을 향

중력의 과학

하는 힘은 사과가 날아가는 동안 방향이 바뀌어야 하고, 또 땅의 모양도 한결같이 평평하지는 않다. 뉴턴은 정확한 계산을 하지 않고도 이 사과의 궤적이 포물선일 수 없다는 것을 알았다. 뉴턴은 생각 실험을 계속했다. 사과를 지구 반대편에도 떨어지지 않을 정도로 더 힘껏 던진다면 어떻게 될까? 지구 반대편 땅에 떨어지지 않고 계속 날아간 사과는 결국 지구를 한 바퀴 돌아 제자리로 돌아올 수 있지 않을까?

사과도 달처럼
지구 주위를 돌 수 있다

여기서 뉴턴은 사과의 속력을 잘 조절해 지구의 둥근 표면을 일정한 높이로 날아 정확한 원을 그리는 사과를 상상했다. 물론 실제 상황에서는 공기의 저항도 있고 높은 산에 가로막힐 수도 있지만, 뉴턴의 생각 실험에서는 가능한 일이다. 뉴턴은 이미 원운동을 하는 물체는 가속도의 크기가 일정하고 그 방향은 항상 원의 중심을 향한다는 것을 알고 있었다. 그렇다면 원을 그리며 지구 주변을 도는 사과는 항상 지구 중심을 향해 가속해야 하지 않을까? 생각 실험이 여기에 다다랐을 때, 하늘에 떠 있는 달을 바라본 뉴턴은 이렇게 외쳤다. "그래 바로 이거야! 달은 하늘에 떠 있는 것이 아니라 지구를 향해 떨어지고 있는 거였어."

　뉴턴은 곧바로 사과가 떨어지는 가속도와 달이 떨어지는 가속도를 계산해 보았다. 이미 상당히 정확한 천문 관측 데이터가 있었기

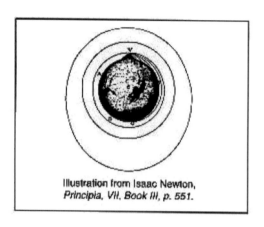

Illustration from Isaac Newton,
Principia, VII, Book III, p. 551.

아이작 뉴턴이 1687년에 펴낸 《자연철학의 수학적 원리》 3권,
551쪽에 실린 그림이다. 지구 주위를 도는 대포알의 궤적이
그려져 있다.

때문에 달의 지구 공전 가속도를 구하는 것은 어려운 일이 아니었다.
달의 공전 가속도는 0.0027m/s²로 지상의 중력 가속도 9.8m/s²보다
훨씬 작은 값이었다. 그런데 이 두 가속도의 비율은 공교롭게도 지구
반지름 6,371킬로미터와 지구와 달의 거리 384,400킬로미터의 비율
의 제곱과 같은 값이다. 뉴턴은 생각했다. "땅 위의 사과와 하늘의 달
이 같은 인력 법칙을 따르고, 그 인력의 크기가 지구와 사과, 지구와
달 사이 거리의 제곱에 반비례한다면, 사과와 천체를 비롯한 모든 물
체는 똑같은 힘의 법칙을 따른다"라고. 떨어지는 사과에서 출발한 뉴
턴의 생각 고리는 결국 신의 영역에 있던 달의 원운동을 자연의 법칙
으로 끌어들였고 나아가 전 우주의 모든 물질에 적용되는 만유인력

중력의 과학

카스피 해 상공에 떠 있는 국제우주정거장.

의 법칙으로 발전하게 되었다.

지구로 자유낙하하는
우주정거장

뉴턴의 생각 실험에 등장한 지구를 공전하는 사과는 사실 그렇게 터무니없는 얘기는 아니다. 우리에게 익숙한 국제우주정거장ISS, International Space Station은 지구 반지름의 약 6퍼센트에 불과한 높이인 지상 약 400킬로미터 상공에 떠 있으면서 하루에 15회 이상 공전하고 있다. 원운동을 하는 우주정거장의 가속도는 항상 지구의 중심을 향하고 있으며 그 크기는 지표면 중력가속도의 약 89퍼센트인 $8.7m/s^2$

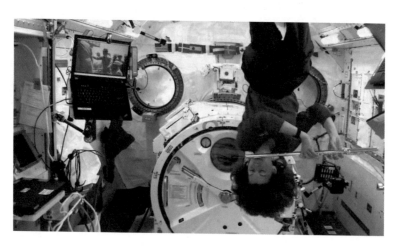

 '무중량' 상태에 있는 우주비행사. 공중에 떠서 유영을 하는 우주비행사의 동영상은 https://goo.gl/AVzl7r에서 확인할 수 있다.

중력의 과학

이다. 땅 위에서 떨어지는 사과의 가속도와 큰 차이가 없다. 뉴턴의 생각 실험 속 사과와 마찬가지로 우주정거장은 지구의 중심을 향해 떨어지고 있다. 다시 말해 우주정거장은 자유낙하를 하고 있는 것이다.

뉴턴의 생각 실험 관점에서 보면 우주정거장은 당연히 지상의 중력가속도에 버금가는 크기로 자유낙하하고 있어야 한다. 그런데 영화나 유튜브에 나오는 우주정거장의 내부는 완전 '무중력' 상태로 보여진다. 8.7m/s²의 가속도로 자유낙하하는 우주정거장은 우리가 알고 있는 상식과는 좀 다르다. 자유낙하하는 물체와 무중력 상태는 어떤 관계가 있을까?

인공위성 궤도로 올라가는 로켓이나 공전 궤도에 있는 우주정거장에 대해 보통 "지구의 중력에서 벗어나 무중력 상태에 도달했다"라고 말하는데, 이 표현은 '중력이 없음'을 의미하는 '무중력'이란 용어를 잘못 쓴 것이다. 우주정거장이 공전하는 궤도에서는 여전히 8.7m/s²의 중력가속도를 만들어 주는 중력, 즉 지구의 인력이 작용하고 있다. 중력이 작용하지 않는다면, 우주정거장은 원 모양의 궤도를 그리지 못하고 그대로 직진하여 우주 공간으로 사라져 버릴 것이다. 우주정거장의 공전 궤도에는 중력이 작용하고 있다.

**우주정거장 내부는
무중력이 아니라 무중량 상태**

그렇다면 우주선 내에서 둥둥 떠다니는 모습이 의미하는 것은 뭘까?

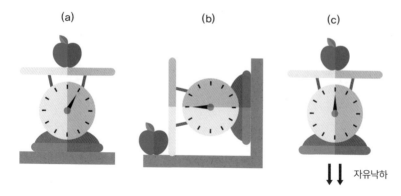

(a)   (b)   (c)

자유낙하

사과와 저울판 사이에 작용하는 힘이 무게다. (a) 사과의 무게 측정. 사과가 저울판을 미는 힘이 저울
눈금에 나타난다 (b)(c) 사과와 저울판 사이에 작용하는 힘이 없어 저울 눈금이 '0'을 가리킨다.

'무중력'에 대한 오해를 풀려면 '중력이 없다'는 것과 '무게가 없다'는
것을 구분해야 한다. 무게 또는 중량은 저울의 눈금으로 표시된다. 저
울 눈금은 저울판과 연결된 용수철의 길이가 늘어난 만큼 돌아가고,
용수철은 저울판에 가해진 힘의 크기만큼 늘어난다. 다시 말해서 저
울의 눈금은 저울판에 가해진 힘의 크기에 비례하는 것이다. 사과의
무게를 재기 위해 저울판 위에 사과를 얹어 놓으면, 저울판은 중력이
당기는 힘과 같은 크기로 사과를 밀어 올린다. 중력과 저울판의 힘의
합은 정확히 '0'이 되고, 저울판의 힘 덕분에 사과는 정지 상태로 있다.
따라서 무게를 잴 때 사과가 저울판에 가한 힘은 중력의 크기와 같고
저울의 눈금은 사과에 미친 중력의 크기, 즉 무게를 가리키게 된다.

결국 우리가 알고 있는 '무게'라는 것은 사과와 저울판 사이에 주
고 받는 힘이다. 사과와 저울판 사이에 주고 받는 힘이 없다면 무게도

중력의 과학

없다. 저울판을 수직으로 세우고 사과를 옆에 살짝 붙이고 있으면 저울의 눈금은 '0'이다. 저울판 위에 사과를 올려놓은 채 자유낙하를 시켜도 저울의 눈금은 '0'이다. 서로 주고 받는 힘이 없기 때문이다. 우주정거장 안에 있는 사과와 저울판은 그 안에 있는 모든 물체와 함께 자유낙하를 하는 중이다. 서로 주고 받는 힘이 없으므로 사과의 무게도 사람의 무게도 당연히 '0'이다. 무중력이 아니라 무게가 없는 '무중량' 상태라는 뜻이다.

우리 몸은 중력의 힘을
느끼지 못한다

저울과 마찬가지로 우리가 감각적으로 느끼는 힘은 중력이 아니라 무게다. 앉아 있으면 엉덩이가 떠받쳐지고, 서 있으면 발바닥이 밀쳐지는 힘을 느낄 수 있다. 우리는 엉덩이와 발바닥에 가해진 힘에 의한 자극을 알아차린다. 아이러니하게도 우리는 몸무게를 감지할 수는 있어도 중력을 느낄 수는 없다. 일상에서 우리가 경험하는 힘은 중력이 아니라 무게이기 때문이다. 만약 몸무게를 없애고 싶다면 우리 몸에 닿아 전달되는 힘만 없애면 된다. 그런데 이런 상황을 만들기가 쉽지 않다. 스카이다이버도 종단속력에 도달하면 공기 저항에 의해 무게를 느낀다. 한가지 가능한 방법은 진공실에서 자유낙하를 시도하거나 아니면 우주정거장이 있는 우주에서 자유낙하를 하는 것이다.

물체의 가속도는 작용한 힘에 비례한다. 뉴턴의 운동 법칙이다.

아주 간단한 법칙이지만 실제 생활에서 이 법칙을 경험하기란 쉽지 않다. 앞선 글 〈하늘의 구름은 왜 떨어지지 않을까?〉에서 생각해 본 것처럼 지구의 중력이 작용하고 있는데도 구름 속 물방울은 가속도 운동을 하지 않는다. 종단속력에 도달한 스카이다이버가 무게를 느끼듯이 물방울에 작용하는 중력에 공기의 저항이 더해지면서 알짜힘이 없어지기 때문이다. 가속도와 힘이 비례한다는 운동 법칙은 간단하지만 운동하는 물체에 작용하는 힘을 가려내기는 쉽지 않다. 다음 글에서는 운동 법칙에 대한 얘기를 해보기로 하자.

중력의 과학

 더 생각해보자

일정한 속력으로 운동을 하는데, 가속도가 있다고?

가속은 속도의 변화를 의미한다. 정지해 있는 물체의 속력은 0이다. 이 물체가 움직이기 시작하면 속력은 커진다. 이렇게 물체의 속력이 시간에 따라 변하는 것을 '가속한다'고 한다. 그런데 가속하는 물체 중에 속력이 변하지 않는 경우도 있다. 일정한 속력으로 원 모양의 궤적으로 따라 움직이는 물체는 속력의 변화는 없지만 가속 운동을 한다. 왜 그럴까?

일정한 속력으로 원운동을 하는 물체를 살펴보면, 속력의 크기는 일정하지만 물체가 움직이는 방향이 변한다. 원주 위를 움직이는 물체를 생각하자. 원점에서 보았을 때 각 0도의 위치에 있는 물체는 90

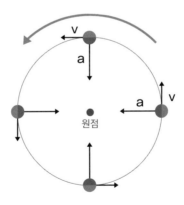

일정한 속력으로 원운동을 하는 물체의 속도와 가속도

도 방향으로 움직인다. 이 물체가 각 90도 위치의 원주에 도달하면 움직이는 방향은 180도 방향을 향하게 된다. 원주 위 물체의 운동 방향은 항상 원의 접선 방향을 향한다. 원운동을 하는 물체는 일정한 크기의 속력으로 운동하지만 그 방향은 변하고 있다. 물체의 움직임은 속력과 방향을 더한 속도로 표시된다. 실제로 원운동하는 물체의 가속도는 속력의 변화가 아니라 속력의 방향이 바뀌는 것에서 나온다. 가속도를 다시 정의하면 시간에 따른 속력의 변화가 아니라 속도의 변화인 것이다.

더 생각해보자

뉴턴이 발견한 만유인력의 법칙의 의미는?

나무에서 떨어지는 사과와 하늘에 떠 있는 달을 바라보던 뉴턴은 어느 순간, 사과와 달 모두 지구를 향해 떨어지고 있다는 것을 깨달았다. 그리고 곧바로 사과와 달이 지구를 향해 떨어지는 가속도의 크기를 비교해보았다. 그런데 이 두 가속도의 비율은 공교롭게도 지구의 반지름 R_E와 지구와 달의 거리 R_M간의 비율의 제곱과 같은 값이었다. 사과의 가속도를 a_a, 달의 가속도를 a_M이라고 하면, $a_a : a_M = R_M^2 : R_E^2$ 비례 관계가 성립한다.

이 결과를 보고 뉴턴은 다시 고민을 하기 시작했다. 사과와 달이 모두 지구를 향해 떨어지고 또 가속 운동을 한다는 사실은 지구가 사과와 달에 각각 당기는 힘을 작용한다는 것을 의미한다. 이 힘의 근원은 지구의 질량 M_E외에는 다른 변수가 있을 수 없다는 것을 알아챈 뉴턴은 사과와 달의 가속도를 비교해서 얻어낸 비례식을 다른 형태로 정리했다.

$$a_a R_E^2 = a_M R_M^2 = (일정).$$

지구가 당기는 힘에 의한 가속도와 거리의 제곱을 곱한 값은 항상 일정하고, 그 크기는 지구의 질량에만 의존한다는 것이다. 따라서 뉴턴은 지구 중심으로부터 거리 r에 있는 질량 m인 물체에 작용하는, 지구의 인력이 만들어내는 가속도 a는 $ar^2 = GM_E$으로 지구 질량 M_E와 중력

상수 G에 비례한다고 보았다. 따라서 만유인력의 힘은 $F=ma=G\dfrac{mM_E}{r^2}$ 의 법칙을 따라야 한다고 결론을 지었다.

운동의 과학

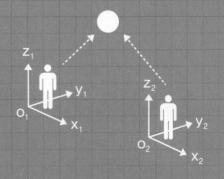

이 사진에서 보고 있는 공중부양의 실체는
동영상 https://goo.gl/1dypdR에서 확인할 수 있다.

공중부양이 가능하려면?

영화 속 주인공이 공중을 휘적휘적 날아다닐 수 있는 것은 가느다란 줄에 매달린 채 펼치는 '와이어 액션' 덕분이다. 줄에 걸린 힘이 배우의 몸무게를 지탱하기 때문에 가능한 것인데, 배우가 줄에 매여 있다는 사실을 자칫 깜빡 하면 공중부양하는 초능력을 현실에서도 찾으려 할지 모르겠다.

우리는 경험과 지식의 틀에서 조금이라도 벗어나면 이상하다 여기고, 자연의 법칙에서 벗어난 듯 보이는 모든 초자연적 현상에 호기심을 갖는다. 과학적으로 잘 설명되는 공중부양 현상인, '영구자석 위에 떠 있는 초전도체'도 충분히 신비감을 자아내는데, 하물며 가부좌를 틀고 앉은 채 공중에 떠 있는 사람의 모습은 가히 초자연적 경외감을 일으킬만하지 않는가?

중력을 거스르고
공중부양?

물체의 가속도는 작용한 힘에 비례한다는 뉴턴의 운동 제2법칙에 따르면, 공중부양의 조건은 명확하다. 공중부양 상태로 떠서 정지해 있다면 그 물체에 작용하는 힘이 없어야 한다. 그런데 앞서 〈하늘의 구름은 왜 떨어지지 않을까?〉와 〈달이 지구를 향해 떨어진다고?〉에서 생각해 본 것처럼 구름, 사과, 달, 그리고 사람에게도 지구의 중력이 작용하고 있다. 중력이 미치는 한 모든 물체는 지구를 향해 떨어진다. 공중에 정지한 상태로 떠 있으려면 '어떤 힘'이 지구의 중력을 떠받쳐 줘야 한다. 다시 말해, 정지해 있는 공중부양 물체에는 중력을 상쇄하는 '어떤 힘'이 합해져 합력의 크기가 '0'이 되어야 한다. 그렇다면 중력 외에 작용하는 '어떤 힘'의 정체는 도대체 무엇일까?●

공중에 자유자재로
떠 있는 드론

얼마 전 영국의 한 스시 레스토랑에서 드론으로 음식을 배달하는 영상이 화제가 된 적이 있다. 최근 많은 관심을 끌게 되면서 드론의 공

● 중력의 법칙을 거슬러 공중에 떠있을 수 있다는 초능력은 과학적 상식에 반하는 일이다. 실제로 이런 초능력을 과학적으로 증명하면 백만 달러를 주겠다는 "백만 달러 파라노말 챌린지(One Million Dollar Paranormal Challenge)"가 있지만, 아직까지 공중부양 초능력으로 상금을 탄 사람은 없다.

운동의 과학

 영국 런던의 한 식당에서 드론이 음식을 배달하고 있다. 동영상은 https://goo.gl/5pSJq에서 확인할 수 있다.

중부양 모습을 자주 접할 수 있다. 드론은 20세기 초반부터 군사용으로 개발된 무인항공기인데, 최근 몇 년 새 구글, 페이스북, 아마존 같은 IT 기업들이 새로운 기술에 뛰어들면서 소형 드론의 기술이 혁신적으로 발달하고 있다. 소형 드론은 무인택배 서비스뿐만 아니라 무인항공촬영, 대형창고의 물품 관리, 심지어 작은 앰뷸런스로까지 그 활동 영역을 점점 넓혀가고 있다.

소형 드론이 나오는 영상을 자세히 살펴보면, 드론에는 비행기나 헬리콥터에서 볼 수 있는 자기 몸집보다 훨씬 큰 날개가 달려 있지 않다. 대신 작은 선풍기의 날개 같은 프로펠러가 달려있을 뿐이다. 공중부양을 하려면 드론 역시 중력을 상쇄할 수 있는 힘이 필요하다. 드론에 줄을 매달아 날리는 와이어 액션이 아닌 이상, 드론의 무게를 떠받치는 힘, 즉 양력이 제공되어야 한다.

자, 그럼 드론 영상을 다시 한 번 살펴보자. 공중에 떠 있는 드론에는 회전날개가 돌고 있다. 땅 위에 정지한 드론과 비교했을 때 찾을 수 있는 유일한 차이점이다. 논리적으로 생각해보면, 드론의 양력은 회전날개의 회전에서 나올 수밖에 없다. 드론이 공중에 떠서 정지해 있을 때 그 주변에는 드론을 띄워 올리는 공기의 흐름은 없고 대신 회전날개가 아래쪽으로 밀어내는 바람이 있을 뿐이다. 그렇다면 회전날개의 바람에서 어떻게 그런 힘이 나오는 걸까?

사실 드론에 달린 날개도 헬리콥터의 날개와 마찬가지 역할을 한다. 물론 유체역학과 같은 꽤 복잡한 물리적 법칙과 원리를 동원하면 비행기나 헬리콥터의 날개가 만들어내는 양력을 설명할 수 있다. 하지만 이 글에서는 보다 근본적인 힘과 운동의 개념을 이해하려는 것인 만큼, 우선 여기서는 생각을 단순화시켜 보자. 공중에 떠 있는 드론에는 아무 것도 매달려 있지 않다. 드론에 영향을 미치는 것은 만유인력에 의한 중력과 회전날개가 아래로 밀쳐내는 바람, 그 두 가지가 전부다. 회전날개의 바람은 어떻게 드론에 양력을 주는 걸까? 여기서 생각의 전환이 필요하다. 회전날개에 의한 바람을 일종의 물체로 상

마주 보는 두 사람이 서로 손바닥을 맞대고 밀쳐내려고 한다. 이런 놀이를 해본 사람이라면, 한 쪽에서 상대편의 손바닥을 세게 밀쳐내면 같은 크기의 힘이 자신에게 되돌아온다는 것을 알고 있을 것이다.

상해 보는 것이다. 그렇게 생각하면 바람이라는 물체와 드론 사이에 힘을 주고 받는 과정을 그려볼 수 있다. 공을 던질 때 손에서 밀쳐져 나가는 공의 힘을 손으로 느끼는 것처럼 말이다.

드론을 뜨게 하는
작용-반작용 법칙

드론의 비행 원리와 유사하지만, 그래도 우리에게 좀더 익숙한 로켓

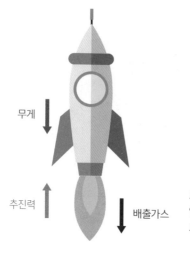

로켓은 연료를 태워 나온 배출가스를 분사하여
양력을 얻는다. 이 양력이 중력과 합쳐져 남는 힘이
로켓을 하늘 위로 날려보내는 추진력이 된다.

무게

추진력

배출가스

을 통해 드론을 띄우는 힘에 대해 생각해보는 것이 보다 쉬울 것 같
다. 드론이 회전날개의 바람을 이용해 나는 반면, 로켓은 연료를 태워
나온 배출가스를 빠르게 분사해 그 반작용으로 추진력을 얻는다. 뉴
턴의 운동 제2법칙은 하나의 물체에 작용하는 힘과 가속도에 대해 얘
기하는데, 로켓은 아래로 배출하는 가스와 위로 움직이는 로켓, 두 물
체의 운동을 동시에 생각해야 한다. 그리고 배출가스와 로켓, 그 둘
사이에 서로 힘을 주고 받는다는 점도 함께 고려해야 한다.

　　방송 예능 프로그램에 종종 등장하는 '손바닥 밀치기 게임'에 바
로 이 로켓의 원리가 숨어 있다. 마주 보는 두 사람이 자신의 손바닥
을 상대편 손바닥에 대고 서로 동시에 힘을 줘 상대편을 먼저 밀쳐 넘
어뜨리면 이기는 놀이다. 이 게임을 해본 사람이라면 상대방 손바닥
을 치면 같은 크기의 힘이 자기에게 되돌아오기 때문에 상대의 손바

운동의 과학

닥을 칠 때 자신도 충격에 대비해야 한다는 걸 알고 있다.

이렇게 한 쪽에서 다른 쪽으로 힘을 '작용'하면 같은 크기의 힘이 반대로 돌아오는 '반작용'이 있다는 것을 뉴턴의 운동 제3법칙, '작용-반작용의 법칙'이라고 한다. 몸무게가 비슷한 상대편과 밀치기 게임을 해본 사람이라면 작용-반작용의 크기가 같다는 것을 쉽게 받아들일 수 있을 것이다. 주고 받은 힘의 효과가 서로의 몸이 비슷한 정도로 뒤로 밀리는 현상으로 나타나기 때문이다.

힘과 가속도,
질량의 관계

그럼 이번에는 장소를 바꿔 미끄러운 얼음판 위에서 하는 손바닥 밀치기 게임을 생각해 보자. 이제는 바닥이 미끄러워 상대를 넘어뜨리는 게임이 아니라 상대를 밀어 멀리 보내는 게임이 된다. 같은 몸무게의 두 사람이 서로를 밀치면 각각 반대 방향으로 같은 크기의 힘이 작용한다. 두 사람은 반대 방향으로 똑같이 가속될 것이고 결과적으로 같은 속력으로 멀어지게 된다.

이제 게임의 규칙을 바꿔 보자. 한 사람이 같은 몸무게의 두 사람을 상대로 밀치는 게임이다. 사람 수는 다르지만 양쪽이 주고 받는 작용과 반작용은 같다. 그래서 혼자 있는 편의 사람은 상대편 두 사람이 받는 힘 각각의 합, 즉 2배의 힘을 받아내야 한다. 2배의 힘을 받은 사람은 결국 상대편 두 사람에 비해 2배의 속력으로 밀려나게 된다.

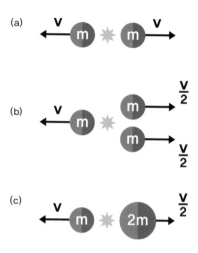

(a) 질량이 같은 두 사람이 서로 밀칠 때, (b) 질량이 같은 세 사람이 1대2로 편을 갈라 밀치기를 할 때, (c) 질량이 2배인 사람과 밀치기를 할 때, 각각의 경우 서로 밀려나는 속력과 방향이 나타나 있다.

상대편 두 사람을 꽁꽁 묶었다고 보면, 밀치기 게임의 결과를 사람 수 대신 몸무게로 생각할 수도 있다. 몸무게 차이가 2배인 사람 둘이 밀치기 게임을 했을 때, 가벼운 사람이 밀린 속력은 몸무게가 2배인 사람이 밀리는 속력의 2배가 되고, 무거운 사람의 속력은 절반이 된다. 다시 말해, 주어진 힘에 대해 가속도는 힘에 비례하고 동시에 몸무게에는 반비례한다는 것이다.

그런데 이 가속도와 몸무게의 관계가 좀 이상하다. 얼음판 위 밀치기 게임에서 사람들이 주고 받은 힘은 얼음판의 면과 나란한데, 사람의 몸무게는 지구 중심을 향해서 얼음판에 수직 방향으로 작용한다. 따라서 밀치기 게임의 실험 결과를 통해 우리는 몸무게가 아니라

운동의 과학

몸무게에 비례하는 어떤 양이 가속도에 반비례한다고 생각할 수 있다. 사실 비례하는 어떤 양을 우리는 '질량'이라고 하고, 앞서 〈킬로그램 원기는 다이어트 중〉에서 질량의 기준 설정에 대해 얘기한 바 있다. 그래서 뉴턴의 운동 제2법칙은 "물체의 가속도는 작용한 힘에 비례하고 질량에 반비례한다", 즉 몸무게를 질량으로 바로 잡아야 한다.

반대로 하나로 뭉쳐 있던 물체가 둘로 쪼개지는 경우로 생각해 보자. 두 개로 쪼개지는 과정은 폭발에 의해 갑자기 일어날 수도 있고 용수철 같은 것에 밀쳐지면서 서서히 일어날 수도 있다. 로켓이 가스를 분출하는 것도 작은 알갱이들이 하나씩 떨어져 나가는 것으로 분리해서 보면, 가스 알갱이가 로켓에서 분리되는 것을 뭉쳐진 물체가 둘로 쪼개지는 것으로 생각할 수 있다. 어떤 과정을 거치든 하나의 물체가 두 개로 쪼개질 때, 두 물체 사이에 서로 주고 받는 힘의 크기는 같다.

정지 상태의 물체가 두 개의 같은 질량으로 쪼개지면, 두 물체는 방향은 반대, 속력은 같은 크기로 멀어지게 된다. 쪼개진 질량의 비율이 1:2라면 멀어지는 속력은 질량에 반비례해서 2:1이 된다. 정지한 물체가 쪼개지는 과정에서 '운동량'이라고 하는 질량과 속도를 곱한 양, (질량)×(속도)를 도입하면, 재미있는 결론을 끌어낼 수 있다. 각 물체의 질량과 속력이 반비례하기 때문에 질량과 속력의 곱, 즉 운동량의 크기는 일정하며 방향은 반대가 된다. 쪼개진 각 물체의 운동량을 합하면, 쪼개지기 전 정지해 있던 물체의 운동량과 마찬가지로 '0'이 된다. 쪼개진 물체를 모두 합해서 생각하면 쪼개지기 전후에 전체 운동량은 변하지 않는다.

로켓의 추진력,
드론의 양력

이제 밀치기 게임의 원리를 로켓에 적용해 보자. 500킬로그램의 연료를 실어 총 질량 1000킬로그램인 로켓이 정지해 있다. 1킬로그램의 연료를 태워서 4000m/s의 속력으로 가스를 분사하면, 나머지 질량 999킬로그램의 로켓은 반대 방향으로 약 4m/s의 속력을 얻게 된다. 1초에 한 번씩 1킬로그램의 연료를 가스로 분사한다면, 로켓은 매초 4m/s씩 속력이 증가한다. 결과적으로 로켓은 $4m/s^2$의 가속을 하는 꼴이 되고, 가속도의 크기는 곧 가스 분사에 의한 힘이 된다. 분사하는 연료의 양을 늘리면 로켓에 작용하는 힘도 비례해서 증가한다. 로켓을 수직으로 세워 놓고 초당 2.5킬로그램씩 연료를 분사하면 약 $10m/s^2$의 가속도가 나오고 중력과 같은 크기의 양력을 만든다. 이보다 많은 연료를 태우면 로켓의 양력은 중력의 크기를 능가하게 되고, 중력과 합해져 남은 힘은 로켓을 띄워 올리는 추진력으로 작용한다.

    드론과 바람 사이에 작용하는 힘도 로켓과 분사가스의 관계와 마찬가지로 이해할 수 있다. 한가지 다른 것은 로켓의 분사가스는 연료를 태워 만들어지는 반면 드론 회전날개의 바람은 드론 내부가 아닌 주변의 공기를 끌어들여 밀어낸다는 점이다. 사실 드론 주변의 공기 흐름은 헬리콥터와 비슷하게 복잡하다. 그러나 복잡하게 얽힌 유체역학적 현상을 접어놓고 생각하면, 드론의 회전날개 바람을 로켓의 가스 분사에 대응시켜 볼 수 있다. 즉, 로켓의 반작용과 마찬가지로

운동의 과학

손으로 쥐고 있는 컵. 땅으로 떨어지지 않고 공중에 떠 있다. 속력이 0이고 가속도도 0이다. 이 컵에는 '뉴턴의 힘'이 작용하지 않는 걸까?

드론의 양력도 회전날개가 아래로 밀어내는 바람의 반대 방향으로 생긴다. 바람의 속력이 커지면 드론이 받는 반작용의 힘도 커져 무게를 상쇄하는 힘을 만들 수가 있다.

가속도가 0이라면
힘이 작용하지 않는 걸까?

이제까지 우리는 드론과 로켓을 통해, 힘과 질량, 가속도의 관계를 살펴보았다. 힘은 질량과 가속도의 곱에 비례한다. 매우 간단한 운동 법칙이지만 이 법칙을 잘 이해하기란 쉽지 않다. 많은 중고등학생들이 물리를 포기하는 데는 나름 이유가 있다. F=ma 공식만을 운동 법칙이라고 생각했다면 당연히 그럴 수밖에 없다. 수식만으로는 현상을 설명할 수도, 그 의미를 가려낼 수도 없기 때문이다.

뉴턴의 제2법칙을 쪼개 보면 그 안에는 '힘'과 '가속도'에 대한 개념이 들어있다. '가속도'는 물체의 움직임을 관찰하면 알 수 있는 양이다. 특별히 고민할 필요가 없다. 시간이 지남에 따라 물체가 움직인 거리와 방향을 재면 속도를 알 수 있고, 그 속도의 크기와 방향이 시간에 따라 변하는 정도를 구한 것이 가속도. 사실 문제는 힘이다. 힘은 가려내기가 쉽지 않다. 힘은 물체의 속성이 아니라 물체에 가해지는 '작용'이기 때문이다.

뉴턴이 운동 법칙을 세울 때 생각한 힘은, 물체의 가속도가 있어야만 확인할 수 있는 존재다. 힘이 작용한 결과로 나타난 '속도 변화'를 잰다는 말이다. 이렇게 얘기하면 곧바로 이런 질문을 듣곤 한다. "컵을 들어올려 가만히 쥐고 있으면 컵은 정지해 있고 가속도도 '0'입니다. 그런데 컵을 쥐고 있는 내 손과 팔에는 여전히 힘이 들어가고 있습니다. 컵을 쥔 내 손에서 느껴지는 힘은 뭔가요?"라고 말이다. 정말 좋은 질문이다. 한 발 더 나아가 "내가 느낀 힘은 '뉴턴의 힘'이 아닌가요?"라고 물을 수도 있다. 컵은 정지해 있고 가속도도 없으니 뉴턴의 힘도 당연히 없어야 한다. 그런데 컵을 쥔 손에는 힘이 들어간다.

여기서 생각을 정리해 보자. 컵은 정지해 있다. 가속도가 '0'이라

줄다리기에서 서로 반대 방향으로 당기고 있는 양 편의 힘이 팽팽하게 맞서 줄이 움직이지 않고
정지해 있다. 합력이 0이다.

는 것은 관측의 결과다. 컵이 정지해 있다는 사실은 바꿀 수 없다. 그
렇다면 모든 문제는 '힘'에 있다. 컵에는 중력이 작용한다. 그와 더불
어 컵을 쥔 손에 의한 힘도 작용한다. 그런데 만약 컵을 쥐고 있는 손
의 힘을 뺀다면, 컵에는 중력에 의한 힘만 남고, 운동 법칙에 따라 컵
은 바닥을 향해 떨어지는 가속도 운동을 한다. 즉, 컵이 정지해 있으
려면, 두 힘의 합이 '0'이어야 하는 것이다. 다시 말해, 뉴턴의 운동 법
칙에서 말하는 '힘'은 여러 힘이 합쳐진 합력이라는 말이다. 컵을 쥔
손에서 느끼는 힘은 중력을 상쇄하는 힘으로 작용하는 것이다.

　정지한 물체에 작용하는 합력이 '0'이라는 것을 이용해 중력의 힘,
즉 무게를 재는 도구가 바로 저울이다. 저울을 이용하면 합력 속에 숨
어있는 힘의 존재를 확인할 수 있다. 정확히 말하면 저울 속에 있는

용수철이 늘어난 길이를 재는 것이다.

하지만 용수철의 길이 변화를 잰다고 숨어 있는 힘을 직접 쟀다고 착각해선 안 된다. 가속도와 마찬가지로 힘의 '작용'에 의해 생긴 '변화'에 불과하기 때문이다. 용수철의 변화로 측정된 양은 물체의 가속도와 마찬가지로 분명하게 측정할 수 있는 양이다. 가속도 측정 결과가 물체에 작용한 힘의 합, 즉 합력을 말해주듯이, 저울의 용수철은 정지한 물체에 작용한 힘 중에, '용수철이 작용한 힘'이 상쇄하는, 다른 숨은 힘을 보여준다. 저울 용수철의 길이 변화는 중력의 힘, 즉 무게를 보여주는 것이다.

그래도 여전히 숨어있는 힘을 어떻게 가려낼지에 대한 숙제는 남는다. 저울의 용수철이 상쇄한 힘이 반드시 중력에 의한 힘만 있는 것이 아니기 때문이다. 실제로 저울 위에 올려진 물체에 작용하는 힘은 저울의 용수철과 지구의 중력 외에도 공기의 부력, 바람, 그리고 달의 인력도 작용하고 있다. 심지어는 지구가 자전하고 있다는 것도 고려해야 한다.

드론을 뜨게 하는
힘의 정체는?

다시 드론의 양력으로 돌아와 생각해 보자. 드론을 저울에 얹어 놓고 무게를 재면 드론에 작용하는 중력의 힘을 알 수 있다. 이 중력은 드론이 공중에 날아다닐 때도 항상 작용한다. 따라서 드론이 공중에 떠서 정지해 있으려면, 앞에서 살펴본 저울의 용수철이 작용하던 힘을 대신해 줄 다른 힘이 필요하다. 바로 드론의 회전날개가 밀어내는 바람의 반작용이 양력으로 작용하는 것이다. 바람의 운동량 변화가 힘으로 작용하고 있는 것이다.

이제껏 우리가 살펴본, "물체의 가속도는 작용한 힘에 비례하고 질량에 반비례한다"는 운동 법칙의 질량을 관성 질량이라 하고, 중력의 작용에 의해 무게를 결정하는 질량을 중력 질량이라고 한다. 관성 질량과 중력 질량이 반드시 같을 이유는 없지만 실험적으로 두 질량은 같다. 이번 글에서는 힘의 정체에 대해 살펴 봤지만 여전히 의문은 남는다. 다음 글에서는 뉴턴이 3개의 운동 법칙을 제시했을 때 어떤 가정을 했는지 살펴보기로 하자.

빠르게 회전하는 놀이기구에 매달린 사람들이 금방이라도 튕겨 나갈듯하다. 놀이기구에 매달린 이 사람들을 바깥으로 밀어내는 힘의 정체는 뭘까?

원심력은
가짜 힘

여름철 한반도를 지나는 태풍은 강풍과 폭우를 동반하며 우리에게 큰 피해를 준다. 보통 태풍이 하루에 발산하는 열에너지가 1년간 우리나라에서 만들어낸 총 전기에너지(2009년 기준)의 50배에 달할 정도로 강력하다고 하니 충분히 그럴 만도 하다. 이런 태풍은 우리 입장에서는 굳이 찾아오지 말아줬으면 하는 불청객이지만, 지구 전체로 보면 태풍은 적도 부근의 열을 극지방으로 옮겨 대기의 열적 불균형을 해소하는 중요한 역할을 맡고 있기도 하다.

태풍의 소용돌이에는
왜 뉴턴의 운동 법칙이 적용되지 않을까?

태풍의 움직임을 찍은 아래 위성사진을 한번 보자. 태풍의 소용돌이 구름 사진을 잘 보면 소용돌이가 시계 반대 방향으로 돌고 있다. 소용돌이의 무늬가 바람의 방향에 따라 만들어진다고 하면, 태풍 주변의 바람이 태풍 중심을 향하지 않고 빙빙 돌고 있는 것이다. 태풍 중심의 낮은 기압이 주변의 공기를 빨아들인다. 이때 작용하는 힘은 저기압의 중심을 향하기 때문에, 뉴턴의 운동 법칙이 작용한다면 바람의 방향은 태풍의 중심을 향해야 한다. 그런데 태풍의 바람은 중심을 향해 곧장 들어가지 않고 시계 반대 방향으로 돌아서 들어간다. 왜 굳이 이렇게 돌아가는 걸까?

그런데 이렇게 빙빙 돌아 들어가는 바람의 모습을 강력한 열대 저기압인 태풍에서만 볼 수 있는 것은 아니다. 일기예보의 기상도에 나오는 다른 저기압 주변의 바람도 마찬가지로 시계 반대 방향으로 돌아든다. 물론 이 회전 방향은 북반구에서만 유효하다. 호주와 같은 남반구의 기상도를 보면 저기압 주변의 바람은 북반구와는 달리 시계 방향으로 돌고 있다. 그럼 이런 지구 남반구와 북반구의 바람 방향의 차이는 어디에서 오는 것일까? 아니면 뉴턴의 운동 제2법칙이 들어맞지 않기라도 하는 걸까?

2005년 발생한 태풍 '나비', 소용돌이가 시계 반대 방향으로 휘어 돌아들고 있다.

바람을 휘게 하는 것은
코리올리의 힘이라는 가상의 힘

먼저 바람의 방향을 운동 법칙의 관점에서 한번 따져 보자. 이들 바람의 방향은 기압차에 의한 힘의 방향과 일치하지 않는다. 무언가 다른힘이 작용한다는 것을 짐작할 수 있다. 기상도에 나온 공기의 흐름을 살펴보면 기압차에 의한 힘의 방향에서 오른쪽으로 치우쳐 움직이고 있다는 것을 알 수 있다. 그래서 바람의 방향을 설명하려면 공기에 직접 작용하는 기압차에 의한 압력 외에, 오른쪽으로 휘게 하는, 코리올리의 힘이라 부르는 '가상의 힘fictitious force' 또는 '가짜 힘pseudo-force'이 추가로 필요하다. 이 힘을 '가상의 힘'이라 부르는 이유는 뉴턴의 운동 법칙에서 가속도와 힘의 관계를 정할 때 설정한 전제 조건과 관

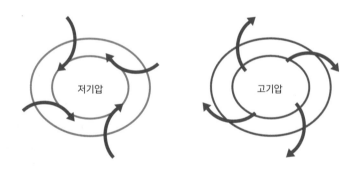

북반구에서 코리올리의 힘이 작용하는 방향. 북반구에서 바람의 방향은 기압차에 의한 힘의
방향에서 오른쪽으로 흰다. 그래서 바람의 방향을 설명하려면 공기에 직접 작용하는 기압차에 의한
압력 외에, 오른쪽으로 휘게 하는 코리올리의 힘이라 부르는 '가상의 힘' 또는 '가짜 힘'이 추가로
필요하다.

　　　　　　　　　　　　　　　　　　　　　　운동의 과학

련이 있기 때문이다.

관측자가 관성기준계에 있으면
가상의 힘은 없다

이 가상의 힘의 정체를 이해하기 위해 뉴턴의 운동 법칙을 좀 더 깊게 생각해 보자. 뉴턴은 제1법칙에서 "외부의 힘이 가해지지 않으면 정지해 있던 물체는 계속 정지해 있고 운동하는 물체는 계속 등속 직선 운동을 한다"고 제시했다. "관성은 물체가 정지 상태 혹은 일정한 운동 상태를 계속해서 유지하려는 성질이다"라는 정의에 익숙한 사람에게는 당연한 답으로 들릴지 모른다. 하지만 외부의 힘이 가해지지 않은 물체는 운동을 지속할 수 없다는 아리스토텔레스의 주장이 당연하게 받아들여지던 17세기에는, 뉴턴이 제시한 관성 운동이라는 개념은 하나의 획기적인 사건이었다. 갈릴레오가 개념적으로 관성 운동에 대한 아이디어를 제시했을 때에도, 아직 '정지해 있는 상태'와 '일정한 속도로 움직이는 상태'를 어떻게 구분하고 측정할 수 있을지 명확하게 알지 못하는 상태였으니 말이다.

그럼 뉴턴의 제1법칙으로 다시 돌아와, 정지 상태와 일정한 운동 상태를 모두 일정한 속도를 갖는다고 해석하면, 앞에서 말한 뉴턴의 제1법칙은 "외부의 힘이 가해지지 않으면 물체의 속도는 일정하다"로 바꿔 쓸 수 있다. 또한 이 명제는 뉴턴의 제2법칙에서 가속도가 '0'인 경우에 해당된다고 해석할 수도 있다. 그렇다면 제1법칙이 제2법칙의

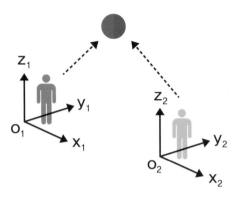

어떤 관측자가 측정하느냐에 따라 공의 위치와 운동 상태는 달라진다. 뉴턴은 물체의 위치와 운동을 측정하는 기준계로 관측자를 설정했다.

특별한 경우라는 말인데, 과연 천재 물리학자 뉴턴이 특별한 이유 없이 제1법칙을 군더더기로 끼워 넣었을까?

사실 제1법칙에는 모든 운동을 관측하고 이해하는 기본틀에 대한 개념이 담겨 있다. 관성기준계라고 정의한 이 기준틀은 뉴턴의 운동 법칙에서 정한 힘이 어디까지 유효한지 그 범위를 정해준다. 이 관성기준계는 데카르트가 뉴턴에게 준 큰 선물이다. 데카르트는 많은 사람들에게 "나는 생각한다, 고로 존재한다"라는 말로 유명한 철학자지만, 실제로 그는 직교좌표의 개념을 만들어 해석기하학을 창시한 수학자이며, 동시에 '기계적 철학'을 통해 입자와 운동이라는 개념을 정립한 과학자기도 하다. 데카르트의 좌표를 가져온 뉴턴은 관측자를 물체의 위치와 운동을 재는 기준계로 설정했다.

운동의 과학

비관성계에서는 뉴턴의 운동 제2법칙이
성립하지 않는다

자, 그럼 이제 뉴턴이 말한 관성기준계가 어떤 것인지 예를 통해 알아보자. 서로 다른 기준계의 관측자로 각각 뉴턴과 갈릴레오를 임명했다고 하자. 두 관측자가 기차역에 들어선다. 갈릴레오는 기차역에 서 있고, 뉴턴은 막 출발해 속도를 높이는 기차에 올라 탔다. 갈릴레오의 관측에 따르면 기차역은 정지해 있고 기차는 일정하게 가속하고 있다. 갈릴레오의 기준계에서 보면, 기차역의 가속도는 '0', 즉 기차역에 작용하는 힘은 없다. 하지만 기차에는 가속도에 비례하는 힘이 작용한다. 갈릴레오의 기준계에서 바라본 기차역과 기차의 운동은 뉴턴의 운동 법칙과 정확히 일치한다.

이제 뉴턴의 기준계로 가보자. 기차에 올라 탄 뉴턴의 좌표계에서 관측하면, 기차는 정지해 있고, 대신 기차역이 가속을 하며 멀어진다. 앞선 글 〈공중부양이 가능하려면?〉에서 논의한 바에 따르면, 우리가 힘의 존재를 확인할 수 있는 방법은 물체의 가속도밖에 없다. 따라서 뉴턴의 기준계에서 정지해 있는 기차에는 아무런 힘이 작용하지 않고, 가속하면서 멀어져 가는 기차역에는 제2법칙에 따른 힘이 작용해야 한다. 그런데 뭔가 이상하다. 갈릴레오가 관측한 기차의 가속도와 뉴턴이 관측한 기차역의 가속도가 방향은 반대인데 서로 크기가 같다. 즉 기차와 기차역이 주고 받은 힘은 일정한데, 뉴턴의 기준계에서는 기차에 비해 아주 무거운 기차역이 똑같은 가속을 하고 있다. 뉴턴

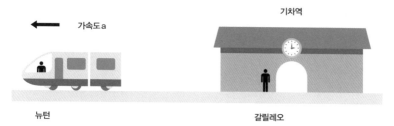

가속도a

기차역

뉴턴

갈릴레오

기차역 앞에 서 있는 갈릴레오와 기차를 타고 출발하고 있는 뉴턴. 갈릴레오와 뉴턴이 각자 자신의
좌표계에서 기차와 기차역의 운동을 관측한다.

	기차역의 가속도	기차의 가속도
갈릴레오의 좌표계에서 관측	0	a
뉴턴의 좌표계에서 관측	-a	0

의 운동 제2법칙이 관측자에 따라 다르게 적용되고 있는 것이다. 모순
이다.

　뉴턴은 이 기차역 문제를 알고 있었다. 뉴턴은 이 모순을 해결하
기 위해 '관성기준계에서 측정했을 때'라는 전제조건을 제1법칙에서
설정하고, 관성기준계, 즉 뉴턴의 관성계에서는 외부의 힘이 가해지지
않으면 물체는 정지 상태를 유지하거나 일정한 속도로 움직이는 상
태를 유지한다고 정했다.

　정지한 기차역에 서 있는 갈릴레오는 관성계의 관측자다. 갈릴레
오가 기차역에 정지해 있는 사과를 본다고 하자. 기차역에 정지해 있
든 가속하는 기차에 있든 사과에 외부의 힘이 가해지지만 않는다면
갈릴레오가 관측하는 사과는 일정한 속도를 유지한다. 그런데 가속
하는 기차에 탄 뉴턴의 관측은 다르다. 뉴턴이 기차역에 정지해 있는

운동의 과학

사과를 보면 기차역과 마찬가지로 가속 운동을 한다. 외부의 힘이 없는데도 말이다. 따라서 뉴턴이 올라탄 가속하는 기차는 관성기준계가 될 수 없다. 즉 이런 비관성계에서는 뉴턴 제2법칙의 가속도와 힘의 관계가 성립하지 않는 것이다.

움직이지 않는다고 생각한 지구의 지표면이
실제로는 회전하는 비관성계

이번에는 관측자인 우리가 발을 디디고 서 있는 지구는 과연 어떠한지 생각해 보자. 지구는 하루에 한 바퀴씩 자전한다. 사람들은 인공위성에서 내려다본 지구의 동영상을 통해 지구의 자전을 확인한다. 해와 달이 하루에 한 번 뜨고 지는 것도 역시 지구 자전의 결과다. 그렇지만 뉴턴이 제시한 기준계의 관측자 입장에서 지구의 자전을 증명하기는 쉽지 않았다. 분명히 회전하고 있기는 한데 하루에 1번 이하로 천천히 도는 것을 감지하기란 쉬운 일이 아니기 때문이다.

1851년에 프랑스의 물리학자 레옹 푸코가 거대한 진자를 이용해 지구가 자전을 하고 지표면은 회전기준계라는 것을 보이는 데 성공한다. 사실 지구는 구 모양에 남극과 북극을 잇는 자전축을 중심으로 회전하기 때문에, 지표면의 각 지점에서는 위도의 삼각함수 사인값에 비례하는 회전을 한다. 북극은 시계 반대 방향으로 하루에 1번 회전하고, 북위 30도에서는 이틀에 1번 회전한다. 남극에서는 북극과는 반대로 시계 방향으로 하루에 1번 회전한다. 위도 0도인 적도에서는

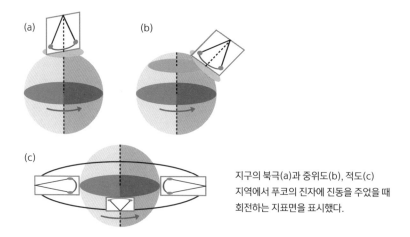

(a)

(b)

(c)

지구의 북극(a)과 중위도(b), 적도(c)
지역에서 푸코의 진자에 진동을 주었을 때
회전하는 지표면을 표시했다.

회전이 없다.

　비록 천천히 돌기는 하지만 지표면의 기준계는 회전하고 있다. 회전기준계의 대표적인 예는 놀이동산의 회전목마다. 북위 30도의 지표면은 이틀에 한번 회전하는 회전목마라고 할 수 있다. 회전목마에 고정돼 있는 목마는 놀이동산에 정지해 있는 관측자의 입장에서 보면 원운동을 한다. 원운동을 하는 물체는 매 순간마다 원 중심을 향해 운동 방향을 바꾸는 가속 운동을 하고 있다. 앞에서 살펴본 일직선 가속 운동을 하는 기차와 마찬가지로 회전목마의 기준계도 관성계의 조건을 갖추지 못한 비관성계인 것이다.

　비관성계에서 관측된 모든 운동은 가상의 힘, 즉 가짜 힘의 영향을 받는다. 우리에게 가장 친숙한 가상의 힘은 회전기준계에서 나타나는 원심력이다. 놀이동산 관성계에서 보면, 원운동을 하는 목마는 원 중심을 향해 가속 운동을 하고 있고, 그 가속도는 회전판이 목마

운동의 과학

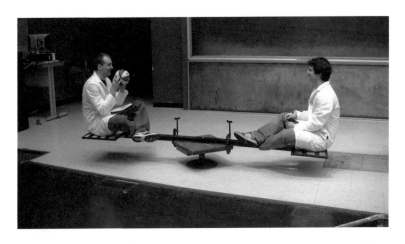

회전기준계의 운동에 대한 실험 장면. 해당 동영상은 https://goo.gl/98Ucqq에서 확인할 수 있다.

를 붙드는 힘에서 나온다. 관성계의 뉴턴 법칙이 정확히 들어맞는다. 이번에는 회전기준계에서 보자. 회전목마 위의 관측자가 본 목마는 정지해 있다. 뉴턴의 운동 법칙에 따르면, 가속도는 '0'이고, 목마에 작용하는 힘의 합력도 '0'이다. 그런데 우리는 회전판이 목마를 중심으로 당기는 힘을 가하고 있음을 안다. (이 힘을 '구심력'이라고 한다.) 회전판에 정지해 있는 목마가 뉴턴의 운동 법칙을 따르려면, 회전기준계의 합력을 '0'으로 만들어 주는 '가상의 힘'이 있어야 한다. 원운동에 필요한 구심력과 크기는 같고 방향이 반대인 '가상의 힘', 즉 '원심력'이 있으면 회전관성계에서도 뉴턴의 제2법칙은 유효하게 된다. 다시 말해 회전기준계와 같은 비관성계에서는 정지한 물체에 대한 관성의 법칙을 유지하기 위해 '원심력'이라는 가상의 힘이 존재하는 것이다.

비관성계에서 관성의 법칙을 유지하려면
가상의 힘이 필요

회전기준계에서 정지한 물체에 대해 관성의 법칙이 성립하려면 원심력이 있어야 한다는 것을 알았다. 그럼 이제 "일정한 운동 상태를 계속해서 유지하려는 관성"은 회전기준계에서 어떻게 나타나는지 살펴보자. 회전기준계인 회전판 중심에 있는 대포에서 쏜 대포알의 운동을 생각해 보자. 대포를 떠난 대포알에는 지구 중심을 향하는 중력 외에는 외부에서 어떤 힘도 작용하지 않는다. 따라서 회전기준계가 아닌 놀이동산 관성계에서 중력 방향의 운동을 빼고 보면 대포알의 진행 방향은 관성 운동과 마찬가지로 직진 운동이다. 그런데 시계 반대 방향으로 회전하는 회전판 위의 관측자가 본 대포알의 운동은 항상 운동 방향의 오른쪽으로 치우친다. 대포알이 직진하는 동안 회전판이 그만큼 회전해서 왼쪽으로 향하기 때문이다. 회전기준계에서 생긴 방향의 변화는 대포알에 작용하는 '가상의 힘'의 결과이고 이 비관성계 힘을 코리올리의 힘이라 한다. 이 관성힘은 회전목마의 회전기준계에서만 존재하고 놀이동산 관성계에는 존재하지 않는 가짜 힘이다.

회전기준계에 작용하는 코리올리의 힘은 회전판의 회전속력과 움직이는 물체의 속력에 비례한다. 따라서 회전목마처럼 빠르게 회전하는 회전판이나 먼 거리를 빠르게 움직이는 기상도에 표시된 바람에

운동의 과학

 돌고 있는 회전판 위의 대포에서 발사한 대포알의 운동 궤적을 볼 수 있다. 해당 동영상은 https://goo.gl/Mf9lfP에서 확인할 수 있다.

만 그 힘의 효과가 나타난다. 예를 들어, 야구장 역시 회전하는 비관 성계지만 야구 방망이로 때린 공이 날아갈 때 코리올리 효과를 기대 하기는 힘들다. 세면대나 화장실의 물이 내려갈 때 생기는 소용돌이 도 코리올리의 힘과는 상관 없다. 반대로 수백 또는 수천 킬로미터를 날아가는 장거리 대포나 미사일을 쏠 때는 코리올리의 힘을 고려해 비행 경로를 계산해야 한다. 마찬가지로 장거리를 움직이는 바람의 경로나 태풍의 소용돌이 움직임에서는 코리올리의 효과가 중요하다.

회전하는 지구에 작용하는 가상의 힘,
원심력과 코리올리의 힘

앞선 글 〈공중부양이 가능하려면?〉에서도 말했듯이 뉴턴의 운동 법칙에서 말하는 '힘'은 여러 힘이 합쳐진 합력이기 때문에 각 힘의 속성을 가려내기란 쉬운 일이 아니다. 사실 우리가 살고 있는 공간이 뉴턴이 설정한 관성계에 얼마나 가까운지 또 절대적인 관성계가 존재하는지 증명해 보이는 일도 쉬운 일은 아니다.

회전하는 지표면 기준계에서 코리올리의 힘과 원심력은 뉴턴의 운동 법칙에 가상의 힘으로 작용한다. 회전기준계에서 정지한 물체에 작용하는 원심력은 저울을 이용해 측정할 수 있다. 회전판 위에 놓인 사과에 저울을 대면 사과의 원심력이 저울의 눈금으로 나타난다. 회전기준계에 정지해 있는 사과에 작용하는 힘의 합력이 '0'이라는 운동 법칙에 따라 저울에 작용한 원심력을 알아낼 수 있는 것이다.

놀이동산의 회전목마에서 저울로 원심력을 측정할 수 있듯이, 가속하며 움직이는 기차에서도 정지된 사과에 작용하는 '가상의 힘'을 저울로 측정할 수 있다. 이 기차가 지구의 중력가속도와 같은 크기로 가속한다면, 사과가 저울에 작용하는 힘은 사과의 무게, 즉 중력과 같아진다. 아인슈타인은 비관성계의 가상의 힘이 물체의 질량에 비례한다는 점에 주목하였다. 한 발짝 더 나아가 자유낙하하는 관측자가 중력의 힘을 감지할 수 없다는 것에 근거해 자유낙하하는 기준계의 가상의 힘이 중력의 근원이 될 수 있음에 착안해 일반상대론을 제시하였다.

운동의 과학

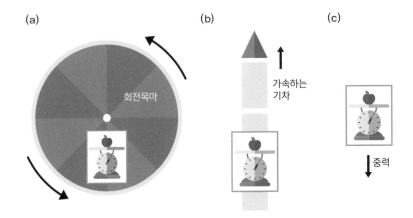

(a) (b) (c)

(a)돌고 있는 회전목마 위에 고정된 저울 위에 놓인 사과의 무게는 회전좌표계의 가상의 힘인
원심력을 측정하고, (b)가속하는 기차 안에 고정된 저울 위에 놓인 사과의 무게는 가속좌표계의
가상의 힘을 측정한다. (a)와 (b)는 모두 같은 원리에 의한 가상의 힘이다. 만약 (b)의 기차가
중력가속도의 크기로 가속한다면, 기차 안에 정지해 있는 사과에 미치는 가상의 힘은 (c)처럼 중력에
의한 사과의 무게와 같을 것이다.

 힘은 물체의 속성이 아니라 물체에 가해지는 작용이다. 물체에 작
용하는 힘 중에 우리가 일상에서 경험하는 현상의 대부분은 중력과
전자기력이 원인이다. 물론 비관성계 효과에 의한 가상의 힘들도 작
용한다. 다음 글에서는 전자기력에 대해 살펴보기로 하자.

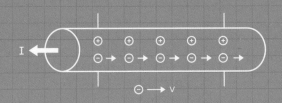

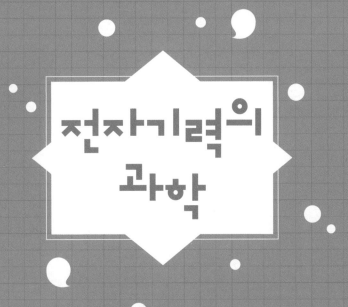

전자기력의 과학

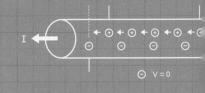

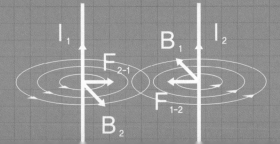

지상에서 구름으로 연결된 굵고 밝은 섬광을 볼 수 있다.

스마트폰 배터리 한 개로 들어올릴 수 있는 사람 수는?

누구나 한 번쯤 천둥 번개 소리에 놀란 기억이 있을 것이다. 번개는 인간이 관측한 가장 오래된 자연 현상 중 하나다. 원시인들은 천둥 번개 치는 어두운 밤, 번쩍이는 섬광과 귀를 찢는 듯한 굉음을 피해 동굴로 들어가 두려움에 떨었을 것이다. 큰 소리나 갑작스런 불빛에 움츠리고 피하는 것은 현대인도 마찬가지인데 아마도 위험에 대처하던 원시인의 본성이 남아 있기 때문일 것이다.

번개의 전기에너지를 모아서 재활용한다면

번개는 엄청난 양의 전기에너지를 갖고 있다. 번개 한 개의 평균 에너

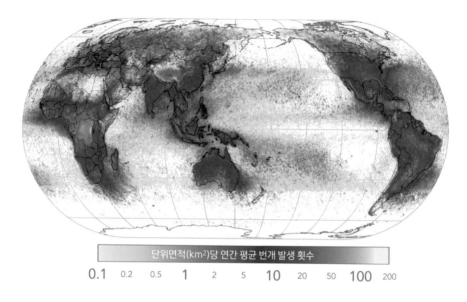

단위면적(km²)당 연간 평균 번개 발생 횟수

0.1   0.2   0.5   1   2   5   10   20   50   100   200

세계 지도에 단위면적(km²)당 연간 번개의 발생 횟수를 나타냈다. 푸른색은 연간 10회 미만
지역이고, 붉은색에서 노란색으로 표시된 곳으로 갈수록 번개 치는 횟수가 늘어난다.

지는 10억 줄(J) 정도다. 100와트(W) 전구를 약 6개월간 켤 수 있는
에너지다. 전세계적으로 매초 40~50개의 번개가 땅에 떨어지고 1년
이면 약 14억 개의 번개가 발생한다. 이렇게 많은 번개의 에너지를 모
아 재생에너지로 활용하면 좋겠다는 생각이 안 드는 것은 아니지만,
번개의 에너지를 모으기는 쉽지 않다. 우선 한반도는 번개가 많이 치
는 곳이 아니다. 제곱킬로미터당 1년에 발생하는 번개의 수가 불과
10개도 안 된다. 그보다 더 어려운 점은 번개를 통한 전기에너지가 천
분의 1초에서 백만분의 1초 사이에 방출된다는 것이다. 이렇게 짧은
시간에 흐르는 전류를 모으려면 엄청나게 큰 용량의 축전기가 필요

전자기력의 과학

하고 또 그 과정에서 발생하는 에너지 손실을 막기 어렵기 때문이다.

우리는 전기를 사용하는 데 익숙하다. 휴대전화, 컴퓨터, 전등, TV, 지하철, 자동차 등 일상 생활에 사용하는 거의 모든 물건이 전기와 연결돼 있다. 우리에게 필요한 대부분의 기계나 기기도 모두 전기에너지로 작동된다. 그런데 이런 전기로 일어나는 현상의 근원이 무엇인지 직접 확인하기는 매우 어렵다. 예를 들면, 번개 칠 때 나오는 섬광도 전기의 흐름 자체가 아니라 전기 흐름으로 발생된 열에 의한 빛이기 때문이다. 실제로 번개 불꽃의 푸르스름한 빛은 백만분의 1초의 짧은 시간 동안 약 5만 도 이상의 온도로 가열된 플라스마에서 나오는 것이다. 전기 흐름을 찾기가 어려운 것은 우리가 쓰는 가전제품에서도 마찬가지다. 스마트폰이나 컴퓨터의 전기 회로에 흐르는 전류를 직접 볼 수는 없다. 그렇다면 전기의 존재는 어떻게 확인할 수 있을까?

호박을 모피에 문지르면
깃털을 끌어당기는 힘이 생긴다

전기의 존재를 확인하는 일은 고대 그리스까지 거슬러 올라간다. 전기electricity를 띤 기본 입자를 전자electron라고 하는데, 그리스어로 '일렉트로elektro'는 나무진의 화석인 호박을 뜻한다. 고대 그리스인은 모피에 문지른 호박이 깃털을 끌어 당기는 현상을 발견했다. 물론 당시에는 이것이 호박과 모피 사이의 마찰로 생긴 전기에 의한 현상이라

나무진의 화석인 호박

마찰전기로 머리카락이 곤두선 아이.

는 것을 알지 못했지만, 고대 그리스인은 전기적 현상을 관찰했고 원인은 몰라도 호박으로 모피를 문지르는 과정에서 '어떤 힘'이 생겨난다는 것은 확인했던 것이다.

앞서 〈공중부양이 가능하려면?〉에서 살펴 본대로, 우리가 힘의 존재를 확인할 수 있는 방법은 물체의 가속도밖에 없다. 고대 그리스인이 목격한 전기의 존재는 마찰전기를 띤 호박이 깃털을 끌어 당겨 호박 쪽으로 가속시키는 '힘'으로 확인된 것이라고 할 수 있다. 물체를 가속시키는 '어떤 힘', 즉 전기력이 존재하려면 그 힘의 근원이 되는 '무엇'이 있어야 하는데, 그 존재가 바로 '전기'인 것이다.

호박에 발생한 전기력과
사과에 작용하는 만유인력의 차이

전기에 의한 힘, 즉 전기력을 체계적으로 분석할 수 있었던 것은 뉴턴의 운동 법칙 덕분이다. 17세기 말 뉴턴의 운동 법칙이 발표되기 전에는 힘과 운동에 대한 이해가 부족했고 당연히 전기력에 대한 이해도 미미했다. 당시 전기력은 마찰전기를 다룰 줄 아는 몇몇 사람들이 펼치는 마술사들의 전유물이라고 하는 편이 나을 것이다. 마찰전기를 만들어 작은 양의 전기를 몸에 담으면 중력을 거슬러 동전을 끌어올리는 일도 가능했기 때문이다. 사실 전기의 성질을 이해하는 데 가장 큰 걸림돌은 전기 자체의 정체를 파악하기가 어렵다는 점이었다. 전기는 우리 눈으로 직접 확인할 수 없지만, 만유인력의 근원인 물체의 질량은 눈으로 확인할 수 있다. 중력에 의한 힘, 즉 무게가 물체의 크기 또는 개수에 비례함을 직관적으로 알 수 있다. 예를 들어, 사과 2개의 질량은 사과 1개 질량의 2배가 된다는 식으로 이해할 수 있지만, 눈에 보이지 않는 전기에 대해서는 그런 크기나 양을 파악하기가 어렵다.

물질을 구성하는 최소 단위가 원자인 것처럼 전기의 분량에도 최소 단위가 존재하고 그에 대응하는 입자가 음전하를 띤 '전자'와 양전하를 띤 '양성자'임을 밝힌 일은 20세기 초에서야 겨우 이루어졌다. 그전까지는 물체가 띠고 있는 전기의 양을 '전하'로 정의하고, 같은 부호의 전하 사이에는 서로 밀치는 힘이 작용하고 다른 부호의 전하 사이에는 당기는 힘이 작용한다고 설명했다. 그리고 전하는 구리선과 같은 전도체를 통해 물처럼 흐를 수 있고 그렇게 이동하는 현상을 전류로 생각했다. 비록 전하를 품은 입자를 명확히 파악하지는 못했지만, 그런 가정을 통해 전기적 현상을 이해할 수 있었다. 이렇게 정의된 전하의 개념은 전기력을 정량적으로 이해하고 전하 간의 힘의 법칙을 세우는 데 큰 역할을 했다. 프랑스 물리학자인 샤를 어거스틴 드 쿨롱은 18세기 중반에 전하를 띤 물체 사이의 힘은 두 물체의 전하 크기의 곱에 비례하고 거리의 제곱에 반비례함을 밝혔다. 전하의 크기를 정확히 정하기 어려웠던 시절에 발표된 법칙이지만 '거리의 제곱에 반비례하는 힘의 법칙'은 정확도를 높여 측정한 최근 실험에서도 유효한 것으로 입증되었다.

전하의 크기는 결국
뉴턴의 힘을 기준으로 정한다

쿨롱 힘의 법칙을 증명하려면 전하의 크기를 정확히 알아야 하는데, 사실 전하의 크기는 국제단위계SI의 기준에 들어 있지 않다. 앞서 〈킬로그램 원기는 다이어트 중〉에서 잠깐 언급한 대로 국제단위계에서는 전하 대신 전류를 기준으로 삼는다. 전하의 기준은 전류와 시간의 기준에 따라 부수적으로 (전류)×(시간)으로 정해진다. 전하의 단위는 쿨롱(C)을 쓴다. 1암페어(A)의 전류를 1초 동안 흘려 모은 전하의 양이 1쿨롱의 전하다. 현재 국제단위계에서는 "1미터 떨어진 평행한 도선 사이에 작용하는 힘이 도선의 길이 1미터 당 $2 \times 10^{-7}N$이 되도록 하는 전류의 크기를 1A의 전류"로 정한다. 이 정의는 사실 힘의 단위 뉴턴(N)에 의존하는 것이다. 1N의 힘은 질량 1kg의 물체가 $1m/s^2$로 가속하게 하는 힘의 크기로 정의된다. 길이의 단위 미터와 시간의 단위 초가 물리적인 원리에 의해 정해진 것을 고려하면 킬로그램 기준의 중요성을 다시 새겨보게 된다.

국제단위계에서 대부분의 단위가 초기에는 임의의 경험적인 기준에 따랐듯이 전류의 기준도 본래는 경험적인 방법으로 정해졌다. 국제 기준이 정해지기 전에 전류의 기준 암페어는 전기화학적으로 질산은 용액에서 1.118밀리그램의 은을 침전시키는 데 필요한 전류의 양이었으며, 현재 국제단위계와는 0.015퍼센트 가량 차이가 난다.

수력발전소에서 떨어지는 물에 의한 운동에너지.

물체를 들어올려 에너지를 저장하거나,
전하에 전압을 걸어 에너지를 저장하거나

에너지는 일을 할 수 있는 능력을 말한다. 예를 들어, 질량 1kg인 물체를 들어 0.8m 더 높은 곳으로 옮겨 놓았다고 하자. 이 물체를 중력을 거슬러 위로 들기 위해서는 최소한 약 10N의 힘이 필요하다.● 10N의 힘으로 0.8m 높이 올려 놓는 작업을 '역학적인 일'이라고 한다. 물체를 천천히 들어올린다면, 들어올리기 전 물체의 속력과 올린 후 속력 모두 '0'으로 같지만, 들어올리는 과정에서 중력을 거스르며 들어간 힘은 올려진 상태의 물체에 위치에너지로 저장된다. 에너지의 단위 줄은 힘과 거리의 곱으로 정한, 일의 단위이기도 하다. 만일 0.8m 높이에 올려진 물체가 자유낙하 해서 다시 0m로 되돌아 낙하하면, 이 물체는 4m/s의 속력을 갖고 그 운동에너지는 $(\frac{1}{2}) \times (1kg) \times (4m/s)^2 = 8J$이 되고, 이 에너지는 올리는 힘 10N으로 0.8m 움직이는데 든 8J의 일과 같다. 중력을 거슬러 한 '일'은 '위치에너지'로 저장되었다가 자유낙하 후에는 '운동에너지'로 전환될 수 있다. 다시 말하면, 일은 위치에너지 또는 운동에너지로 전환될 수 있는 것이다.

힘과 운동을 통한 에너지 저장은 실제 물체를 움직일 때만 가능하지만, 전기에 작용하는 힘을 이용하면 훨씬 간편하게 에너지를 저장할 수 있다. 일상 생활에서 흔히 사용하는 전압이라는 말은 전기에

● 중력가속도 값은 통상 9.8 m/s²을 사용하지만, 편의상 10 m/s²로 가정했다.

스마트폰 배터리에 저장된 전기에너지 36kJ은 질량 3600kg 물체를 높이 약 1m 로 들어올릴 수 있는 에너지와 같다. 질량 3600kg이라면 평균 체중 72kg 성인 50명에 해당된다. 조그만 스마트폰 배터리에 성인 50명을 1m 높이로 들어올릴 수 있는 전기에너지가 들어 있는 것이다.

너지와 관련이 있다. 전압의 단위는 볼트(V)인데, 1C의 전하를 10V 전압 차이 만큼 옮겨 놓았을 때 저장된 에너지를 10J이라고 정한다. 10V 전압 차이에 저장된 1C 전하의 에너지는 1kg의 물체가 1m 자유 낙하 할 때 생긴 물체의 운동에너지와 거의 같다. 역학적으로는 물체에 힘을 가해 질량 1kg의 물체를 중력을 거슬러 약 1m 높이만큼 올려 놓아야만 에너지를 저장할 수 있지만, 전기에너지는 실제로 물체를 옮길 필요 없이 에너지를 저장할 수 있다는 말이다. 예를 들어, 최신형 스마트폰의 리튬이온전지 용량이 2000mAh라고 하면, 이 전지의 전하량은 2000mA의 전류가 1시간(3600초) 동안 흘러 모인 양, 7200C이 된다. 따라서 이 전하량을 5V의 전압차를 유지하는 배터리에 저장된 전기에너지는 36kJ이다. 질량 36kg 물체를 약 100m까지 들어올리거나, 질량 3600kg 물체를 약 1m 들어올릴 수 있는 에너지인 셈이다. 이 스마트폰 배터리에 충전된 전기에너지는 수력발전소에서 36kg의 물을 약 100m 높이 차이로 낙하시킬 때 생기는 운동에너지와 같다는 말이다.

하늘과 땅 사이 5천만 볼트의 전압에서 나오는 에너지가 바로 번개

전기에너지와 전압의 관계를 번개에 적용해 보자. 번개 칠 때 땅과 구름 사이에 전달되는 전하량은 평균 20쿨롱 정도라고 한다. 따라서 번개 한 개가 10억 줄의 에너지를 저장하려면 최소 5천만 볼트의 전압

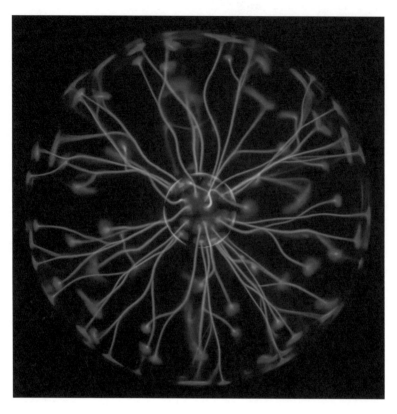

플라스마 램프.

차가 필요하다. 번개가 내리치려면 전하가 흘러가는 일종의 전류가
만들어져야 하는데, 구름과 땅 사이에는 부도체인 공기로 채워져 있
어 문제다. 일반적으로 공기는 부도체라서 전기가 흐르지 않는다. 그
러나 1미터 당 3백만 볼트의 전압이 걸리면, 공기에도 유전 파괴 현상
이 일어나 방전 스파크를 내며 전류가 흐를 수 있다. 번개가 일종의

전자기력의 과학

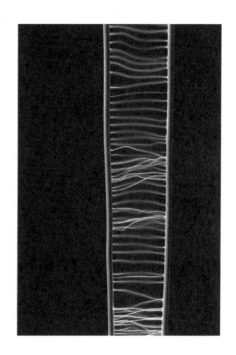

두 도선 사이에서 방전되고 있는
전기에너지. 마치 사다리가 연결된
듯하다.

방전 스파크 같은 전기 흐름이 되려면, 유전 파괴 조건을 만족해야 한
다. 5천만 볼트의 구름에서 땅까지 거리가 16미터 정도가 되어야 하
는데, 현실적으로 그렇게 낮게 떠있는 구름은 없다. 반대로 수백 수천
미터 높이에 떠 있는 구름에서도 방전을 할 수 없다.

　실제로 번개의 메커니즘은 매우 복잡하다. 번개가 만들어지는 초
기 과정에는 구름에서 땅 쪽으로 이온화된 기체들이 전도성 채널, 즉
일종의 전깃줄을 만들어 땅 근처까지 내려온다. 리더leader라고 하는
전도성 채널이 땅에서 16미터 높이까지 내려올 수만 있으면, 그 지점

부터 땅까지는 공기의 유전 파괴 조건을 만족한다. 구름에서 내려온 전깃줄과 땅 사이에 일어나는 방전은 천 분의 일초보다 짧은 시간에 구름에 쌓여 있던 전하를 모두 방출하게 된다.

유전 파괴에 의한 방전 현상은 '플라스마 램프'라는 신기한 장난감에서도 볼 수 있다. 네온 가스를 채운 이 램프에서는 유전 파괴 전압이 공기보다 낮기 때문에 테슬라 코일을 이용해 35kHz, 2~5kV정도의 고주파 교류를 이용해 플라스마 상태를 만들어 구 모양의 램프에서 번개 치는 모습을 재현한다. 물론 '플라스마 램프'에서 보여지는 번개같은 현상은 교류에서 발생되는 전자기장의 영향을 받은 전하 입자 때문에 생기는 것이라 실제 번개의 모습과는 많은 차이가 있고 그 메커니즘도 다르다.

지금까지는 전기의 전하, 힘, 그리고 에너지에 초점을 맞춰 얘기했다. 전기의 존재를 알 수 있는 유일한 방법은 힘이다. 전하의 크기를 정하는 기준인 전류의 국제표준은 전류가 흐르는 도선 사이에 작용하는 힘을 이용한다고 했는데, 정작 전류 사이의 힘이 왜 생기는지는 설명하지 않았다. 전류는 전하의 움직임이지만 겉보기에는 전하의 합이 '0'이기 때문에 힘이 나올 이유가 없다. 다음 글에서는 전류와 움직이는 전하 사이에 작용하는 힘에 대해 살펴보기로 하자.

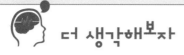

번개의 전하는 왜 축전기에 모으기 어려울까?

전하 간에 작용하는 쿨롱 법칙의 힘도 뉴턴의 만유인력의 법칙과 비슷하게 두 물체의 전하 크기의 곱에 비례하고 거리의 제곱에 반비례한다. 쿨롱 법칙과 뉴턴 법칙의 차이는 힘의 크기에 있다. 1kg 질량의 두 물체가 1m 떨어진 거리에 있을 때, 두 물체 사이에 작용하는 인력은 6.7×10^{-11}N으로, 그 크기는 거의 측정이 불가능할 정도로 작다. 반면 1m 떨어져 있는 두 개의 1C 전하 사이에 작용하는 힘은 9×10^9N이다. 약 1백만 톤의 무게에 달하는 힘이다.

번개는 1천분의 1초의 짧은 시간 동안 약 20C의 전하를 방출한다. 번개에서 방출된 전하를 담아 두려면 두 도체에 갇힌 전하에 의한 힘을 버티기 위해 최소 1백만 톤의 무게를 견딜 수 있는 축전기 구조가 필요하다. 또 축전기 주변 다른 도체와 거리를 멀찌감치 띄워 공기의 유전 파괴가 생기지 않도록 해야 한다. 실제로 실험실에서는 큰 용량의 전류를 만들기 위해 큰 전하를 가두는 장치를 만들기도 하지만, 순식간에 방출되는 번개의 전하를 담기에는 어려움이 많다.

우리가 일상적으로 사용하는 2000mAh 리튬이온전지에서 만들어 내는 전하의 양은 7200C에 달한다. 이 많은 전하를 한꺼번에 만들어 낸다면 주변 물체가 파괴되거나 과다 전류로 화재가 발생할 수도 있다. 다행히 우리가 사용하는 전자 기기는 큰 전하를 가두어 쓰는 것이 아니고, 화학적으로 저장된 에너지에서 작은 전류의 흐름을 만들어 필요한 전기에너지를 얻기 때문에 크게 걱정할 필요는 없다.

자석은 쇠붙이를 어떻게 끌어당기는 걸까? 그 힘의 정체는 대체 뭘까?

자석은 왜
철을 끌어당길까?

안드레 가임은 탄소 원자 하나의 두께로 벌집 모양을 이룬 이차원 결정인 그래핀을 발견한 공로로 2010년 노벨상을 받은 물리학자다. 하지만 그보다 훨씬 전인 2000년에는 자석을 이용해 개구리를 공중에 띄우는 기발한 실험으로 '이그노벨상'을 받기도 했다. '이그노벨상'은 미국 하버드대의 과학잡지 《에어AIR》가 과학에 대한 일반인의 관심을 불러 일으키기 위해 노벨상을 패러디하여 제정한 것으로 물리학, 화학, 의학, 경제학, 심리학 등 여러 분야에서 기발하고 독특한 연구 성과를 낸 사람에게 주는 상이다. 가임은 강력한 전자석을 이용해 개구리를 자석으로 만들 수만 있다면 개구리 자석과 전자석이 서로 밀치도록 만들어 공중부양에 필요한 힘을 얻을 수 있을 것으로 짐작했다. 하지만 자석이란 것은 서로 같은 극끼리 마주할 때만 밀치고 다른 극이 가까이 오면 당기기 때문에 자칫 잘못하면 개구리 자석은 공중에 뜨는 것은 고사하고 도리어 전자석에 달라붙을 수도 있을 것이다.

다른 극끼리는 끌어당기고
같은 극끼리는 밀쳐내는 자석

그럼 우선, 개구리 공중부양에 필요한 힘의 근원을 이야기하기 전에 자석이 어떤 성질을 갖고 있는지 먼저 알아보자. 자석을 의미하는 영어 단어 '마그네트magnet'는 고대 그리스의 '마그네시아magnesia'라는 현재 터키 서쪽 해안의 지명에서 유래한다. 그곳은 자철광이 많은 지역이라 자석 성질을 띤 돌이 철과 같은 쇠붙이를 끌어 당기는 힘이 관찰됐던 곳이라고 한다. 고대 그리스 철학자 탈레스는 자철석이 다른 자철석이나 쇠를 끄는 현상 혹은 호박을 모피에 문지른 후 깃털을 끌어 당기는 현상을 물체에 영혼이 깃들어 생긴 것이라고 생각했다. 우리가 쓰는 자석磁石이라는 단어는 본래 자애로운 돌이라는 의미의 자석慈石으로 쓰였다고 한다. 고대 중국에서는 자애로운 어머니(자석)와 자식(쇠)이 서로 끄는 힘으로 자석의 인력 현상을 설명했다고 한다. 자석의 또 다른 이름은 '지남철指南鐵'이다. 남쪽을 가리키는 쇠라는 뜻이다. 지구의 남북 방향을 알려주는 자석은 나침반의 핵심이다. 화약, 종이, 인쇄술과 더불어 중국의 4대 발명으로 강조되는 나침반은 세계 근대문명을 일으킨 원동력이기도 하다.

자석 주변에 쇳가루를 뿌리면 일정한 형태로 달라붙는다. 철을

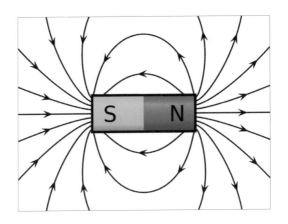

자석 주변에 쇳가루를 뿌리면 자석의 N극과 S극 주변 자기장의
분포를 확인할 수 있다.

잘게 부숴 만든 쇳가루는 보통 자석 성질을 띠지 않지만 자석을 가
까이 대면 쇳가루 조각이 자석의 성질을 띠게 된다. 막대 자석의 양쪽
끝은 N극 또는 S극이 되는데, 두 개의 막대 자석을 대면 같은 극끼리
는 서로 밀치고, 다른 극끼리는 끌어당기는 성질을 보인다. 자석의 N
극에 작은 쇳가루 조각을 붙이면, 쇳가루 조각 중에 자석의 N극에 닿
은 부분은 S극이 되고 반대편에 닿은 쇳가루는 N극인 자석으로 변
한다. 이 쇳가루 자석에 또 다른 쇳가루 조각을 붙이면 그 조각도 역
시 (S-N)극을 갖는 자석으로 변한다. 이런 식으로 작은 쇳가루 조각
을 연속해서 붙이면 막대 자석의 N극에서 출발해 (S-N)-(S-N)-...-
(S-N)으로 연결되는 기다란 줄을 만들 수 있고, 그 긴 쇳가루 줄의 끝
부분에 만들어진 N극을 막대 자석의 S극에 연결시킬 수도 있다.

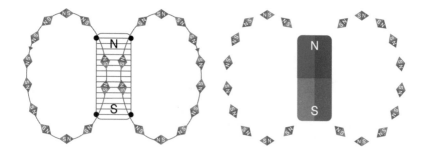

솔레노이드 코일과 자석 주변에서 자력선의 방향에 따라 쇳가루들이 (N-S)-(N-S)-……-(N-S)- 로 꼬리를 물고 늘어서 있다.

자기장의 흐름에 자석이 놓이면
힘이 작용한다

쇳가루가 만든 자석 줄의 모양을 보면 N극에서 뿜어져 나온 자성의 흐름이 S극으로 빨려 들어가는 모습이 연상된다. 이런 형태로 막대자석의 N극에서 S극으로 전달되는 자성의 흐름을 자기장이라 한다. 이 자기장의 흐름에 쇳가루 같은 작은 자석의 N극 또는 S극이 놓이면 흐름의 방향과 같은 방향 또는 반대 방향으로 힘이 작용한다.

사실은 지구도 거대한 자석이다. 지도상의 북극은 자석의 S극, 남극은 N극이라서 지구가 만든 자기장의 방향은 지표면에서 북쪽을 향하기 때문에 나침반의 N극은 북쪽을 가리킨다.

자석의 N극과 S극 사이에 펼쳐진 자기장에 다른 자석의 N극 또는 S극이 걸치면 힘을 받게 된다고 해석을 했지만 '왜' 그런 힘이 생기는지는 말해 주지 않는다. 전기 현상에서는 "전하를 띤 물체 사이의

전자기력의 과학

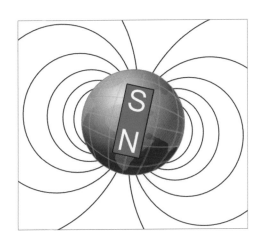

지구 자기장의 모습으로, 지리상의 북극은 S극, 남극은 N극이다.

힘은 두 물체의 전하 크기의 곱에 비례하고 거리의 제곱에 반비례한다"라는 것을 밝힌 쿨롱 법칙으로 전기의 존재와 힘의 연결고리를 찾을 수 있었다. 막대 자석 주변에 뿌려진 쇳가루의 형태를 자기장이라는 개념으로 연결시켜 볼 수 있다는 점에서 자석의 힘은 전기에 비해 시각적으로 수월하게 이해가 될 것이다. 그러나 여전히 이 자기장이라는 것의 정체는 수수께끼다.

자기장은 전기의 흐름인
전류에 의해서도 만들어진다

19세기 초 덴마크의 물리학자이자 화학자인 한스 크리스티안 외르스테드는 전선을 전지에 연결해 전류를 흐르게 해 전깃줄에서 열과 빛을 내게 하는 실험을 하던 중 언뜻 전기와 자기의 연관성에 대한 의문을 품었다. 그는 주변에 있던 나침반을 전류가 흐르는 전선에 바짝 가져다 댔고 나침반이 전류의 흐름에 반응하는 것을 보았다. 그 순간 외르스테드의 머리 속에서는 전류가 만들어낸 자기장의 모습이 펼쳐지기 시작했다. 우연히 일어난 일이지만 여기서 외르스테드는 자기력의 수수께끼를 푸는 실마리를 찾았던 것이다.

외르스테드가 실험 결과를 보고한지 일주일 만에 프랑스의 물리학자 앙드레-마리 앙페르는 외르스테드가 실험을 통해 얻은 전류와 자기장의 관계를 명확한 수학적 이론으로 정리한 암페어(앙페르의 영어식 표기)의 법칙을 발표했다. 외르스테드에 의해 자철석에만 국한되었던 자기장의 존재가 전류에서도 드러나게 된 것이다. 실제로 전깃줄을 원통 모양으로 감아서 만든 솔레노이드 코일에 전류를 흐르게 할 때 생기는 자기장의 형태는 원통 모양의 자석에서 나오는 자기장의 모양과 같다. 현재 우리가 사용하는 대부분의 전기 모터에 쓰이는 전자석은 바로 이 솔레노이드 코일을 기본 모델로 하고 있다. 암페어의 법칙은 전기의 흐름인 전류가 자기장을 만들어낸다는 것까지만 설명한다. 그러나 '왜 자기장에 놓인 N극과 S극에 힘이 작용하는 것인지' 또 '자기장에 의한 힘의 근원이 전기와는 어떤 관계가 있는지'는 여전히 설명이 필요하다.

전자기력의 과학

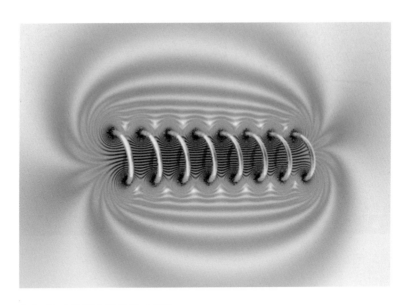

솔레노이드 코일의 전류가 만드는 자기장.

전류가 흐르는 두 도선 사이에 작용하는 힘과
자기장에 의한 힘은 서로 같은 원리

나란히 놓인 두 도선에 작용하는 힘의 방향은 도선에 흐르는 전류의 방향에 의해 달라진다. 두 도선에서 서로 전류 방향이 같으면 당기고 다르면 밀친다. 이 현상은 '자기장에 놓인 N극과 S극에 작용하는 법칙'과 일치한다. 두 개의 나란한 도선을 구부려 두 개의 원형 도선으로 만들면 각 도선은 한 번 감은 솔레노이드 코일, 즉 두 개의 고리가 된다. 여기에 전류가 흐르면 각 고리는 N-S극을 갖는 자석이 되는데,

 전류가 흐르는 도선 간에 작용하는 힘. 관련 동영상은 https://goo.gl/0o4JPg에서 확인할 수 있다.

같은 방향으로 전류가 흐른다면 두 고리 자석의 극은 (N-S)-(N-S)로 배열되어 N극과 S극이 마주보는 형태가 되면서 서로 당기는 힘이 작용한다. 반대로 한 쪽 고리의 전류 방향을 뒤집으면, (N-S)-(S-N) 형태가 되어 서로 밀치게 된다. 따라서 전류가 흐르는 도선 사이에 작용하는 힘은 자기장에 놓인 N극과 S극에 작용하는 것과 같은 원리임을 확인할 수 있다.

이제 첫머리에서 말했던 솔레노이드 자석 위에 떠있는 개구리로 돌아가 생각해 보자. 보통 쇳가루와 같은 상자성 물질● 은 자석을 가까이 대면 자기장의 방향과 같은 방향으로 N극이 생기는 자석이 된다. 그런데 물이나 구리, 흑연 같은 물질은 자기장의 방향과 반대 방향으로 N극이 향하게 되어 반자성 물질이라고 부른다. 생명체의 조

전자기력의 과학

전자석 위에 떠있는 살아 있는 개구리.

직을 이루는 단백질이나 유기물, 그리고 플라스틱은 모두 반자성 물질에 속한다. 하지만 이런 반자성 성질은 자화되는 크기가 너무 작아 웬만한 세기의 자석으로는 효과를 보기가 쉽지 않다. 개구리를 자석 위에 띄우려면 적어도 지구 자기장의 32만 배 크기인 16테슬라(T)의 자기장이 필요하다. 이 정도의 자기장을 만들기 위해서는 작은 수력

● 강자성은 외부에서 가한 자기장이 없이도 스스로 영구자석이 될 수 있는 물성을 의미한다. 외부 자기장에 의해 자성이 유도되는 물질 중 자석의 방향이 자기장과 같은 경우를 상자성 물질, 반대인 경우를 반자성 물질이라 한다. 반자성 물질은 대부분 자화된 자석의 세기가 상자성 물질에 비해 매우 작다.

발전소의 발전 용량에 버금가는 4메가와트의 전력이 들어가는데, 사실 이 전력은 대부분 코일의 저항으로 소비되어 버린다. 만일 개구리가 아니라 사람을 자석 위에 띄우려면 최소 40테슬라의 자기장을 만들어야 한다. 개구리 경우보다 1천 배 이상의 전력이 필요하다. 현재 기술로는 어려운 일이다.

그렇다면 막대 자석이 자기장을 띠는 이유는?
전자의 스핀

철과 같은 상자성 또는 강자성 물질을 제외하면 대부분의 물질은 외부 자기장을 걸어도 자석 성질을 띠지 않는다. 하지만 반대로 자철석이나 희토류 자석은 외부 자기장 없이도 상온에서 자석이 된다. 특히 희토류 원소인 네오디뮴과 철, 붕소를 섞어 만든 네오디뮴 자석은 자기력이 매우 강해서 컴퓨터 하드디스크, 자기공명영상MRI 장치, 스피커, 헤드폰, 자동차 전기모터 등 강한 자석이 필요한 곳에 유용하게 쓰인다. 앞에서 전류가 흐르는 솔레노이드 코일이 원통 모양 자철석 자석과 같은 형태의 자기장을 만든다고 했지만, 실제 자철석 자석의 내부에는 전류가 흐르지 않는다. 자철석이나 네오디뮴 자석이 자기장을 만드는 원리는 코일에 흐르는 전류가 자기장을 만드는 것과 다르다.

자철석과 같은 강자성 물질의 자성은 그 물질을 이루는 원자와 전자의 양자역학적 성질에 의해 결정된다. 특히 20세기 양자물리학

전자기력의 과학

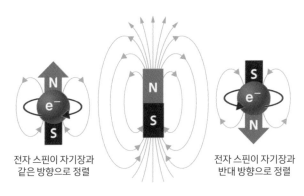

전자 스핀이 자기장과   전자 스핀이 자기장과
같은 방향으로 정렬   반대 방향으로 정렬

전자 스핀과 자석의 관계.

을 통해 확실히 알게 된 전자 스핀은 자성을 만드는 데 핵심적인 역할을 한다. 스핀spin은 음전하를 띤 전자가 제자리에서 회전하여 맴돌이 전류처럼 자기장을 만들어낸다는 것을 의미한다. 다시 말하면 전자의 스핀은 실제 공간에서 회전은 하지 않으면서 겉보기로만 회전하는 효과를 내는 양자상태로 자기장을 만든다. 자철석 내부에 있는 전자들의 스핀이 모두 같은 방향으로 정렬하게 된다면 전류의 흐름이 없더라도 각 스핀이 만든 자기장이 합쳐져 원통 모양의 자석에서 나오는 자기장을 만들 수 있게 된다.

움직이는 전하의 상대성 효과가
바로 자기장의 힘

자석으로 다른 물질을 자화시켜 힘을 주고 받는 현상은 모두 자석의

N극 또는 S극에 가해진 자기장의 힘으로 이해하면 된다. 그러나 이런 식의 해석은 여전히 자기장에 의한 힘이 전기에 의한 힘인 전기력과 어떤 관계가 있는지 분명하게 보여주지 못한다. 전기력과 자기력의 관계를 이해하려면, 아인슈타인의 특수상대성이론의 관점에서 흐르는 도선과 전하 사이에 작용하는 힘을 생각해 봐야 한다.

우선 전류가 흐르는 직선 도선을 생각해 보자. 단위길이당 같은 양의 양전하와 음전하로 채워진 전기줄 안에 양전하는 정지해 있고 음전하는 일정한 속도로 움직인다고 하자. 양전하와 음전하의 양이 같기 때문에 전하의 합은 '0'이다. 그러면 이제 도선에서 일정한 거리만큼 떨어진 거리에 음전하가 놓여 있다고 하자. 정지한 음전하 관성계에서 보면 도선의 전하량은 '0'이고 결과적으로 서로 주고 받는 전기력은 없다.

이제 도선 밖의 음전하가 도선 속의 음전하와 같은 속력으로 도선에 평행한 방향으로 움직이는 경우를 생각하자. 도선 밖의 음전하가 정지해 있는 관성계에서 보면, 도선 속의 음전하는 정지해 있고 양전하는 반대 방향으로 같은 크기의 속력으로 움직이게 된다. 아인슈타인의 특수상대성이론에 따르면 정지한 관성계에서 관측된 움직이는 물체의 길이는 운동 방향으로 줄어든다. 그래서 도선 속 움직이는 양전하 간의 거리가 줄어들고 양전하의 밀도가 음전하의 밀도에 비해 상대적으로 커지게 된다. 결과적으로 음전하가 정지해 있는 관성계에서는 도선 속의 양전하가 더 많아져 전하의 합이 양수가 되어 음전하를 당기는 전기력이 생긴다. 따라서 움직이는 음전하의 관성계에서

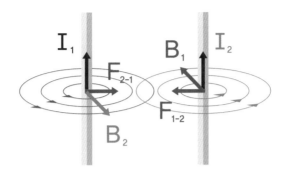

평행하게 움직이는 전하가 받은 힘을 도식적으로 나타낸 그림. 그림에서 I는 전하의 흐름, F는 힘, B는 자기장이다.

음전하는 도선 쪽으로 힘을 받아 가속도 운동을 하게 되는 것이다.

　도선 밖 움직이는 음전하와 도선 사이에 작용하는 힘은 음전하가 정지한 관성계든 도선이 정지한 관성계든 상관없이 존재하는 힘이다. 따라서 이제는 도선이 정지해 있는 관성계에서 도선과 움직이는 음전하 사이에 작용하는 힘을 설명할 '어떤' 힘이 필요하다. 앞선 글 〈원심력은 가짜 힘〉에서, 회전기준계에서 물체가 휘는 현상을 코리올리의 힘으로 해석한 것과 비슷한 논리를 적용할 수 있다. 음전하가 정지한 관성계에는 도선 전하의 합이 '0'이 되어 전기력은 사라지지만, 음전하가 움직이는 관성계에서 작용하는 전기력과 동등한 힘이 필요하다. 이 힘의 크기는 도선의 전류가 만들어낸 '자기장'의 크기와 움직이는 전하의 속도에 비례하고 또 힘의 방향은 도선을 향해야 하는 복잡한 형태를 띠지만, 결국 움직이는 전자가 자기장 안에서 받는 힘에 대한 법칙은 음전하가 정지해 있는 관성계에서 작용하는 전하 간의 힘

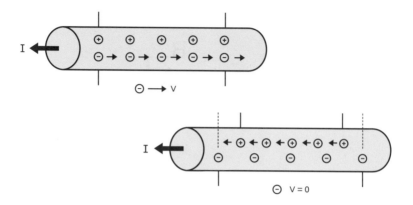

특수상대성이론에 의해 움직이는 전하가 본 상대편 전선의 전하 밀도가 달라지는 모습

을 다르게 표현한 것에 불과하다.

자기력은 일상에서 찾을 수 있는
상대성원리의 한 예

자기력의 근원에 대한 수수께끼는 20세기 초 아인슈타인의 특수상대
성이론에서 답을 찾을 수 있다. 맥스웰의 전자기파 방정식에 들어간
파동의 속력, 즉 빛의 속력의 절대성에서 힌트를 얻어 만들어진 특수
상대성이론을 통해 전기력과 자기력의 근원이 같다는 것을 보인 것이
다. 다음 글에서는 빛의 과학에 대해 살펴보기로 하자.

전자기력의 과학

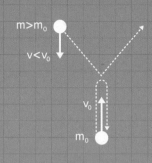

빛의
과학

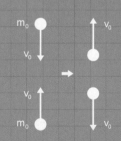

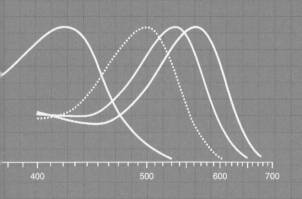

400　　　　　500　　　　　600　　　　　700

전구에 전류가 흐르면 필라멘트가 뜨거워지며 밝은 빛을 낸다. 노랗게 달궈진 필라멘트는 왜 빛을 내는 걸까?

전자가 움직이며, '빛이 있으라' 하니

늦가을 노랗고 빨간색으로 울긋불긋 물든 아름다운 산을 보며 다채로운 단풍의 절경에 감탄한다. 진한 노란색으로 뒤덮인 은행나무 가로수 길은 포근한 느낌이다. 단풍은 기온이 낮아지고 일조량이 줄면서 나뭇잎이 활동을 멈춰 나타나는 현상이다. 단풍잎의 색은 여러 색소의 조합에 의해 결정된다. 활동을 멈춘 잎의 엽록소가 분해되는 과정에서, 붉은 색소인 안토시안이 생성되는 잎에는 붉은색 또는 갈색 계열의 단풍이 들고, 안토시안이 생성되지 않는 잎은 엽록소의 녹색에 가려 보이지 않던 카로티노이드 또는 엽황소 색소가 드러나면서 노란 단풍이 든다.

노랑과 빨강으로 화려하게 물든 가을산.

우리 뇌에 새겨진
빛과 색의 감각

모닥불을 피울 때 타오르는 불꽃에도 단풍잎의 노랑, 빨강, 주황빛
이 묘하게 섞여 있다. 단순히 색깔의 관점에서 보면 불꽃의 노란색이

빛의 과학

나 단풍잎의 노란색은 같다고 해야겠지만 사실 같은 색은 아니다. 실제로 똑같은 색을 띤 물체를 찾기는 매우 어렵다. 심지어 같은 물체라 하더라도 조명에 따라 색조, 음영, 온도가 다른 색채가 나온다. 예를 들어, 색을 온도 관점에서 한번 보자. 노란색이나 주황색 계열의 색은 따뜻한 느낌을 주고, 빨간색은 뜨거움 또는 위험을 직감하게 한다. 디지털 사진의 경우 픽셀의 표현 방법을 조절하여 색조를 바꾸면 원본 사진을 따뜻하거나 차가운 느낌이 나게 만들 수 있다. 실제로 화가나 사진 전문가는 난색暖色, warm color과 한색寒色, cool color 계열의 색을 활용해 따뜻하거나 차가운 느낌을 표현해내기도 한다.

전기에너지를 이용한 전등이 발명되기 전까지 인간이 빛을 만들어낼 수 있는 방법은 불을 피우는 것이 유일했다. 색이 주는 온도에 대한 직관적 느낌은 아마도 원시시대부터 사용한 불에 대한 경험 때문일 것이다. 우리는 주황색 계열의 모닥불 불빛에서 따뜻함을 느낀다. 아마도 모닥불의 열기가 우리가 느끼는 색온도에 영향을 주었을 것이다. 비슷한 이유로 우리는 회색이나 푸르스름한 색에서 차가움을 직감한다. 흐리고 추웠던 날에 대한 경험이 차가운 색 느낌으로 전달된 것으로 생각할 수 있다.

스스로 빛을 내는 물체 중에 불꽃을 피우지 않고 뜨겁지도 않으면서 빛을 내는 광원이 있다. 차갑게 빛을 낸다고 해서 냉광冷光, cool light이라고 한다. 백열등의 달궈진 필라멘트나 모닥불 불꽃의 빛은 뜨거운 열에너지에서 발산되는 반면, 냉광은 대부분 전기에너지나 화학에너지를 전환시켜 빛을 낸다. 예를 들어 발광다이오드LED, Light

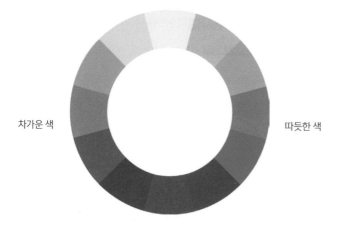

차가운 색   따듯한 색

노란색과 주황색은 따듯한 느낌을, 파란색과 보라색은 차가운 느낌을 준다.

몸에서 빛을 내고 있는 반딧불.

Emitting Diode는 전기에너지를 빛으로 바꾸는 냉광이고, 반딧불은 생체에너지를 빛으로 만들어내는 화학적 냉광이다. 다른 예로는 형광이나 인광처럼 빛에너지를 흡수하여 빛을 내는 경우인데, 형광등에 바른 형광물질은 가스 방전으로 만들어진 자외선을 가시광선으로 바꾸는 역할을 한다. 이런 식으로 뜨거운 열 없이 빛을 내는 냉광은, 열에너지와는 상관 없이, 빛을 내는 형광물질 또는 발광분자의 성질에 의해 정해지기 때문에 대부분 난색의 성분이 적어 차가운 분위기를 낸다.

단풍잎의 노랑, 빨강, 주황 빛깔은 햇빛을 받아 만들어진다. 단풍잎과 마찬가지로 물체의 색 대부분은 그 물체가 품고 있는 색소에 의해 결정된다. 색소는 물체의 색이 나타나게 해주는 성분으로 스스로 빛을 내지 않고 햇빛이나 전등과 같은 광원의 빛을 받아 빛깔을 만들어 낸다. 광원이 없으면 색소는 어떤 색깔도 낼 수 없다. 그럼 색소가 어떻게 특정 색을 내는지 알아보기 전에 빛이 만들어지는 과정을 먼저 생각해 보자.

빛의 뒤에는
전자의 가속운동이 있다

태양, 모닥불, 반딧불, 등잔불, 백열등, 형광등, 레이저, 발광다이오드, 유기발광다이오드OLED 등 광원이 빛을 내는 메커니즘은 매우 다양하다. 하지만 그 배경에는 모두 전자, 즉 전하 입자의 움직임이 있다. 앞선 글 〈스마트폰 배터리 한 개로 들어올릴 수 있는 사람 수는?〉에서 전하를 띤 물체의 전기에너지를 운동에너지 또는 위치에너지에 비교한 적이 있다. 전하에 전압을 걸어 에너지를 저장하는 것과 무거운 물체를 높이 들어 올려 위치에너지를 저장하는 것은 같은 원리다. 높은 곳에서 떨어지는 물체가 중력에 의해 가속되듯이 높은 전압에서 낮은 전압으로 움직이는 전하 입자는 두 전압 차이에 의한 전기장의 힘을 받아 가속 운동을 한다. 위치에너지가 운동에너지로 바뀌듯이, 높은 전압에 저장된 전기에너지가 운동에너지로 전환되는 것이다. 이 과정에서 빛이 만들어진다. 전자가 전기력을 받아 가속도 운동을 하는 과정에서 전기에너지의 일부가 전자기장 파동을 만들어 에너지를 내뿜기 때문이다. 전기에너지 중에서 운동에너지로 전환되지 않은 에너지 일부는 전자기장의 파동에너지로 변한다.

앞선 글 〈자석은 왜 철을 끌어당길까?〉에서 자석 주변에 뿌려 놓은 쇳가루가 만든 자석 줄의 모양에서 자기력의 흐름인 자기장을 연상할 수 있었다. 전하를 띤 물체 사이에 작용하는 전기력도 자기력의 흐름과 마찬가지로 전기장으로 표현할 수 있다. 전기장과 자기장은 처음에는 전기력이나 자기력 같은 힘의 흐름을 형상화한 것에 불과한 가상적인 개념이었다. 하지만 나중에 아무 것도 없는 공간, 즉 진공에서 퍼져 나갈 수 있는 전자기파의 존재가 밝혀지면서 전자기장의 실체도 확인되었다. 마치 호수에 돌을 던졌을 때 생기는 파문이나 바닷가 모래사장에 밀려오는 파도와 같이, 전하를 띤 입자가 가속 운동을 할 때 전자 주변에 전기장과 자기장의 파동이 만들어지고 그 전자기파는 공간 속으로 퍼져 나간다.

빛의 과학

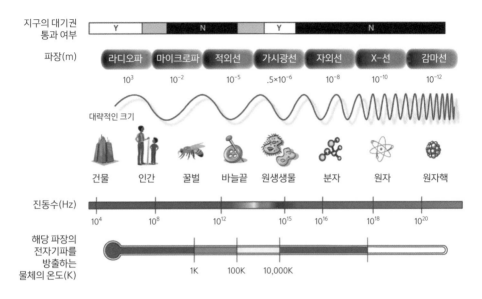

지구의 대기권 통과 여부	Y		N		Y		N	

파장(m)	라디오파	마이크로파	적외선	가시광선	자외선	X-선	감마선
	10^3	10^{-2}	10^{-5}	$.5×10^{-6}$	10^{-8}	10^{-10}	10^{-12}

대략적인 크기

건물	인간	꿀벌	바늘끝	원생생물	분자	원자	원자핵

진동수(Hz)							
10^4	10^8	10^{12}	10^{15}	10^{16}	10^{18}	10^{20}	

해당 파장의 전자기파를 방출하는 물체의 온도(K)

1K   100K   10,000K

전자기파 스펙트럼.

전자는 원자의 에너지 구조에 따라 빛에 서로 다른 색을 입힌다

빛은 가시광선 영역의 파장 또는 진동수를 갖는 전자기파다. 백열등이나 형광등, LED 전등은 모두 빛을 내기 위해 전기에너지를 소모한다는 공통점이 있다. 전자의 전기에너지가 열에너지와 빛에너지로 전환된다는 점에서 쉽게 이해가 간다. 그러나 LED에서는 빛을 내는 전자가 가속 운동을 하면서 전자기장에 파문을 남긴다고 말하기는 어렵다. LED 반도체 내부의 불과 수십 나노미터 공간에 갇혀 있는 전자는 실제로는 그 에너지 상태가 순식간에 바뀌는 양자역학적 전이과정을 통해 빛을 내기 때문이다. 개념적으로 전자의 가속 운동이 양자상태의 전이로 바뀌었을 뿐 전기에너지의 차이가 양자에너지의 차이로 전달되고 그 결과 전자기파인 빛이 만들어 진다는 원리는 여전히 유효하다. 다만 LED 반도체의 양자상태 에너지는 물질과 원자 구조의 특성에 의해 결정되기 때문에, 특정 LED는 그 안에 갇힌 전자 상태의 에너지 차이에 해당하는 특별한 파장의 빛만 낼 수 있다. 예를 들어 약 2.7전자볼트(eV) 에너지 차이의 양자상태가 존재하는 반도체 LED에 전기에너지를 공급하면 460나노미터 파장의 청색 빛이 나온다.

빛을 낼 수 있는 양자상태 구조가 LED에만 있는 것은 아니다. 루시페린 분자로 구성된 반딧불의 발광분자는 생화학적 에너지를 받아서 약 2.3eV의 에너지로 초록색 빛을 만들어낸다. 에너지 차이가 2.0eV 이하로 내려가면 파장이 길어져 640나노미터보다 긴 빨간색이나 적외선 빛이 나온다. 화려한 레이저 쇼에 사용되는 형형색색 레이저 빔의 원리도 이와 마찬가지다. 특정 물질의 양자상태 에너지 구조에 의해 빛의 색이 정해지는 것이다. 단풍잎의 색을 결정짓는 원리도 다르지 않다. 색소 분자의 양자상태 에너지 구조에 따라 노란색 또는 주황색, 아니면 빨간색 파장의 빛이 쉽게 흡수되거나 반사되기 때문에 색깔을 내는 것이다.

빛의 과학

푸른 빛을 내는 발광다이오드.

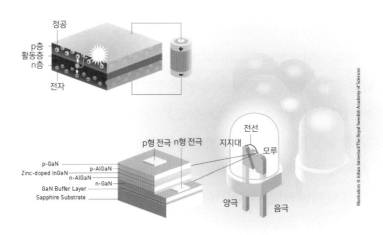

정공
p층
활동층
n층
전자

p형 전극 n형 전극 전선 지지대 모루

p-GaN
Zinc-doped InGaN   p-AlGaN
              n-AlGaN
              n-GaN
GaN Buffer Layer
Sapphire Substrate

양극   음극

청색 발광다이오드의 구조. 2014년 노벨물리학상은 청색 발광다이오드를 발명한 사람에게 주어졌다.

그런데 만약,
전자를 가둔 구조가 풀려 버린다면…

뜨겁지 않은 상태로 빛을 내는 LED나 반딧불 모두 빛을 만들어내는데 필요한 양자 에너지 구조를 갖추고 있다. 이런 양자 에너지 구조는 전기에너지든 생화학에너지든 외부 에너지만 제공되면 특정 파장의 빛을 쉽게 뿜어낸다. 그렇다면 성냥불, 가스불, 모닥불과 같은 뜨거운 불의 빛은 어떻게 나오는 걸까? 보통 주광색晝光色. dayglow color이라고 말하는 태양광은 여러 파장의 빛을 품고 있다. 프리즘을 통과한 햇빛이 무지개 스펙트럼을 보이는 것이 그 증거다. 무지개 스펙트럼에는 빨-주-노-초-파-남-보 일곱 색깔만 있는 것은 아니다. 잘 살펴보면 약 400나노미터 파장의 보라색에서 약 700나노미터의 빨강색까지 모든 파장의 색이 연속적인 스펙트럼을 이루고 있다. 더 정확히 말하면 햇빛에는 빨간색보다 파장이 긴 적외선과 보라색보다 파장이 짧은 자외선까지 포함돼 있다.

태양은 수소 원자를 태워 헬륨 원자를 만드는 핵융합 반응에서 얻은 에너지로 표면 온도를 섭씨 약 6200도로 유지한다. 이 온도에서는 거의 모든 물체가 녹아버리는 정도를 넘어 끓는 상태다. 태양 표면에서는 분자나 고체 형태의 물질은 존재할 수 없고 양성자와 전자가 분리된 플라스마 상태가 된다. 용광로의 철이 녹는 온도가 섭씨 1600도 정도에 불과하다는 것을 생각하면 얼마나 뜨거운지 쉽게 이해할 수 있다. 따라서 LED 반도체와 같이 특정 파장의 빛을 내는 양자 에

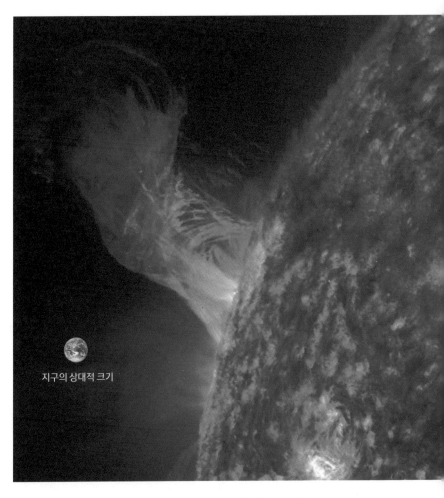

지구의 상대적 크기

플라스마 상태의 태양 표면에서 플레어가 솟구치고 있다. 크기를 가늠하기 위해 지구의 상대적 크기를 나타냈다.

너지 구조는 더 이상 존재하지 않는다. 대신 자유롭게 움직이는 전자와 양성자가 거의 모든 파장의 빛을 흡수하거나 방출하는 가속 운동을 하게 된다. 전자와 양성자가 서로 부딪치면서 흡수하고 방출하는 여러 파장의 전자기파가 섭씨 6200도에서 열적 평형을 이루어 방출한 결과가 무지개 스펙트럼의 빛으로 나타나는 것이다.

섭씨 6000도가 넘는 태양광은 노란색과 초록색 사이에서 최대 밝기를 유지하는데 반해, 백열등은 빨간색과 적외선의 밝기가 상대적으로 강하다. 백열등 필라멘트의 온도가 섭씨 2500도 정도로 낮아서 빨간색 쪽으로 스펙트럼의 분포가 쏠리기 때문이다. 백열등 필라멘트의 온도가 바로 색의 온도를 나타낸다. 우리가 느끼는 따뜻한 색은 광원의 온도로는 섭씨 2500도다. 그래서 섭씨 1000도 이하의 잿불과 섭씨 2500도의 백열등은 따뜻한 색으로 느껴진다. 하지만 섭씨 3000도 이상의 온도인 할로겐 램프는 색은 태양광의 색에 가깝지만 파란색 성분이 많아 오히려 차가운 느낌을 준다. 아이러니하게도 빛을 내는 광원의 온도가 낮을수록 따뜻한 난색의 느낌을 주고 반대로 온도가 높으면 차가운 한색으로 인식된다.

광원의 온도에 따라 달라지는
색채의 심리학

지금까지 빛이 만들어지는 메커니즘과 빛의 색에 대한 얘기를 했다. 하지만 우리가 어떻게 색을 인지하고 물체의 색깔을 구분해내는지 그

　　　　　　　　　　　　　　　　빛의 과학

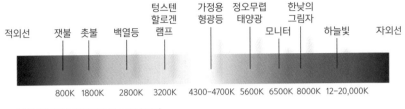

적외선　잿불　촛불　백열등　텅스텐 할로겐 램프　가정용 형광등　정오무렵 태양광　모니터　한낮의 그림자　하늘빛　자외선

800K　1800K　2800K　3200K　4300-4700K　5600K　6500K　8000K　12-20,000K

광원과 각각의 색온도가 표시되어 있다.

이유는 생각해 보지 못했다. 빨강, 초록, 파랑을 빛의 삼원색이라고
하고 이 삼원색의 조합이 만들어낸 색상환은 원형이다. 색상환에는
빨강색과 보라색이 이웃하고 있지만 태양의 무지개 스펙트럼에서 빨
강색과 보라색은 멀리 떨어져 있다. 다음 글에서는 세상을 바라보는
창으로써 빛이 어떤 역할을 하는지 살펴보기로 하자.

더 생각해보자

전기장과 자기장에서 나오는 파동에너지의 의미를 다시 한번 생각해 보자.

자기장은 자기력선으로 형상화된 추상적 개념이다. 자석 주변에 뿌려진 쇳가루가 정렬하는 모습에서 자석의 N극과 S극을 연결하는 '어떤 가상적 흐름'을 떠올리고 그 흐름의 방향으로 쇳가루 조각에 작용하는 힘이 존재한다는 추론이다. 사실 이런 아이디어가 처음 도입될 당시에 전기력의 개념은 이미 쿨롱 법칙으로 잘 이해하고 있는 상태라서 새로운 개념이 필요하지 않았고 자기장은 단순히 현학적인 개념에 불과했다. 하지만 자기력선 대신 전기력선을 도입하면서 전기장은 가상의 흐름이란 개념을 통해 전기와 자기가 서로 통할 수 있다는 상상력에 힘을 불어넣어 주었다.

전기와 자기에 대한 연구가 진행되면서 마이클 패러데이는 전자기 유도 실험을 통해 전기와 자기가 서로 연관되어 있다는 것을 보였고, 또 전선에 흐르는 전류가 아닌 전기장의 변화만으로도 자기장이 만들어진다는 것을 확인하였다. 전자기 유도 실험의 결과는 전기장이나 자기장이 단순히 힘을 기술하기 위한 가상적 개념이 아니라 전하나 전류와 동등한 물리적 개체임을 보여주었다. 그후 맥스웰 방정식을 통해 예측된 전자기파의 관측은 전기장과 자기장의 존재를 증명하는 결정적인 증거가 되었다.

용수철에 묶여 진동하는 전하 입자를 통해, 전자기 파동에 의해 전달되는 에너지를 한번 생각해보자. 전하 입자에서 뻗어 나온 전기장은 모든 방향으로 일정하게 퍼진다. 용수철에 의해 입자가 진동 운동을 하면 입자 주변의 전기장도 함께 흔들린다. 또 전하의 운동은 곧 전류가 되기 때문에 입자 주변에는 자기장도 만들어 진다. 전기장의 변화가 자기장을 만들고 또 자기장의 변화는 전기장을 만드는 과정이 반복되면서 외부로 퍼져나가는 전자기파가 생긴다. 이렇게 전자기파가 만들어지는 과정에서 용수철의 탄성에너지와 전하 입자의 운동에너지의 일부가 전기장과 자기장의 파동에너지로 전환되어 외부로 방출되는 것이다.

사람의 눈은 왜 가시광선 영역의 무지개색만 볼 수 있을까?

빛은 어떻게 색이 되는가?

햇빛은 무지개색을 품고 있다. 저녁 무렵의 석양은 햇빛 속에 붉은 기운이 숨어 있다는 것을 확실히 보여주지만, 한낮의 해는 너무 밝아서 색을 분간하기가 힘들다. 다행히 햇빛에 숨어 있는 색은 프리즘을 통과할 때 그 모습을 드러낸다. 투명한 삼각기둥 모양의 프리즘을 통과한 햇빛은 보라색에서 빨간색까지 연속적으로 펼쳐진 스펙트럼을 만들어 낸다. 소나기가 그치고 공기 중의 물방울에 반사된 햇빛에서도 빨-주-노-초-파-남-보 일곱 색깔의 무지개가 하늘 위로 둥글게 펼쳐진다. 프리즘에 의한 햇빛 스펙트럼과 물방울이 만든 무지개는 서로 다르지 않다. 아마도 무지개는 물방울 거울에 비친 태양의 얼굴이라고 할 수 있을 것이다.

파장이 다른 빛을 우리는 왜
서로 다른 색깔로 인식할까?

사실 무지개색은 우리 눈이 감지할 수 있는 전자기파의 파장에 의해
결정된다. 앞선 글 〈전자가 움직이며, '빛이 있으라'하니〉에서 빛이 만
들어지는 메커니즘과 빛의 파장, 색의 관계에 대해 얘기했다. 보라색
은 파장 400나노미터의 전자기파, 빨강색은 파장 700나노미터의 전
자기파다. 햇빛이 품은 무지개색은 우리 눈으로 식별이 가능한 가시
광선 영역에 해당된다. 400나노미터부터 700나노미터까지의 파장을
갖는 전기장과 자기장의 파동이 우리 눈에는 보라색에서 빨간색까지
연속적인 색조의 변화로 보인다. 좀 더 정확히 말하면 햇빛에는 빨간
색보다 파장이 긴 적외선과, 보라색보다 파장이 짧은 자외선까지 포
함돼 있지만, 눈으로 감지할 수 있는 파장의 한계가 무지개색을 그렇
게 결정하는 것이다.

먼셀의 색상환color wheel은 빨-노-파 삼원색의 조합으로 온갖 색
깔을 만들어 낼 수 있다는 원리를 나타내는 표다. 무지개색의 띠를 원
형으로 묶어 놓은 모양이다. 그림을 보면 빨간색과 파란색을 섞어 만
든 보라색이, 빨강과 파랑 사이에 들어가는 것이 자연스러워 보인다.
하지만 파장이 가장 짧은 보라색 옆에 파장이 가장 긴 빨간색이 위치
한 색상환의 배열은 어떻게 보면 이상하다. 가장 짧은 파장의 보라색
이 파장이 가장 긴 빨간색 옆에 있는 이유는 뭘까? 시각적 경험에서
나온 색상환은 왜 파장의 순서를 무시하는 걸까? '극과 극은 통한다'

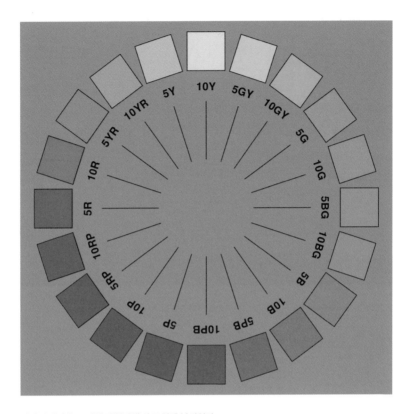

먼셀의 색상환. 보라색이 빨간색 바로 옆에 붙어있다.

는 역설의 미학이 과학적 사실을 넘어서는 걸까?

색을 느끼려면
특정 파장의 빛만 흡수하는 시각세포가 필요하다

색의 구성을 이해하기 위해 먼저 색의 인지 과정을 살펴보자. 빛이 우

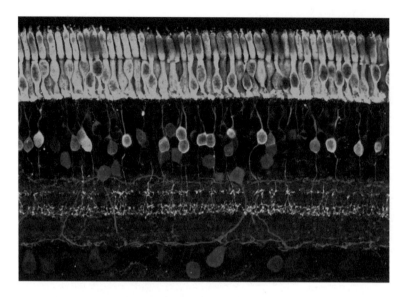

망막의 다양한 신경세포들. 위쪽 녹색 부분이 막대세포와 원뿔세포다.

리 눈의 망막 세포를 자극하면 시각세포에서 전기적 신호가 만들어지고 그 신호는 신경망을 통해 뇌에 전달된다. 그렇다면 빛이 품고 있는 색은 어떻게 구분되는 걸까? 원리적으로는 특별한 색의 빛이 자극할 수 있는 시각세포, 즉 특정한 파장의 빛만 흡수하는 시각세포가 있으면 된다.

앞에서 설명한 대로 단풍잎의 색은 색소 분자의 양자상태 에너지 구조로 정해진다. 전자의 에너지 차이가 빛의 파장을 결정한다는 말이다. 시각세포에서는 같은 원리가 거꾸로 작용한다. 눈의 망막에 흡수되는 빛의 파장이 시각세포 분자의 양자상태에 의해 결정된다. 특

빛의 과학

정 파장의 빛을 감지하려면 그에 해당하는 에너지 구조를 갖춘 시각세포가 필요하게 되는 것이다. 따라서 400나노미터에서 700나노미터까지 연속적으로 퍼져있는 파장의 색을 모두 구분하려면 각 파장의 빛을 흡수할 수 있는 여러 종류의 시각세포가 필요하다.

하지만 우리 눈의 망막에 퍼져 있는 시각세포 중에 빛의 파장에 민감하게 반응하는 시각세포는 세 종류의 원뿔세포뿐이다. 연속적인 색은 그만두고 일곱 색깔을 구분하기에도 턱없이 부족하다. 그렇다면 우리는 어떻게 3개의 원뿔세포로 가시광선 영역의 파장과 온갖 종류의 색을 구분할 수 있는 것일까?

인간의 시각세포는 3종류 뿐,
그럼 어떻게 수백만 가지의 색을 구별하지?

우리 눈의 막대세포(간상세포)는 빛의 파장에 둔감하고 주로 어두운 곳에서 명암을 구분하는 역할을 하는 반면, 원뿔세포(원추세포)는 특정 파장의 빛에만 반응한다. 막대세포는 약 1억 3000만 개의 세포가 망막 전체에 퍼져 있지만, 약 700만 개 정도인 원뿔세포는 물체의 상이 잘 맺히는 황반 부근에 많이 모여 있다. 각 원뿔세포는 일정 영역의 파장대에만 반응한다.

예를 들어, 파랑(B) 원뿔세포는 440나노미터 파장에 가장 민감하게 반응하지만 400~500나노미터 파장의 빛에도 반응한다. 넓은 영역의 빛에 반응하기 때문에 B 원뿔세포에 감지된 빛은 400~500나노미

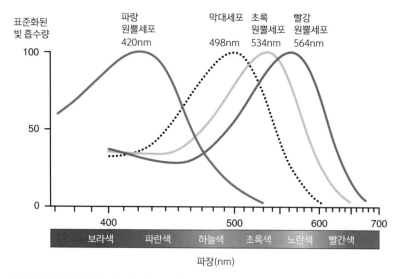

표준화된
빛 흡수량

파랑
원뿔세포
420nm

막대세포
498nm

초록
원뿔세포
534nm

빨강
원뿔세포
564nm

100

50

0

400   500   600   700

보라색   파란색   하늘색   초록색   노란색   빨간색

파장(nm)

R, G, B 원뿔세포의 분해능. 각 시각세포의 빛 흡수량이 같은 비율로 표준화되어 있다.

터 사이의 파장을 가졌다는 것 외에 다른 정보는 알 수 없다. 마찬가지로 초록(G), 빨강(R) 원뿔세포는 각각 450~630나노미터, 500~700나노미터 영역의 파장에 민감하게 반응한다. 따라서 R, G, B 원뿔세포는 각자의 영역에서 200나노미터 정도 이내의 파장 차이는 구분할 수가 없다. 색을 분해하는 능력으로만 보면 각각의 원뿔세포는 형편없는 성능의 측정장치에 불과하다. 비록 파장은 잘 구분하지 못해도 3개의 원뿔세포로 400~700나노미터 파장 영역의 빛을 볼 수 있다는 점은 그나마 다행이다.

원뿔세포가 색을 분해하는 능력이 좋지 않은데도 우리가 다양한 색을 감지할 수 있는 이유는 각 원뿔세포가 감지하는 빛의 파장 영역

빛의 과학

이 겹쳐 있기 때문이다. 특정 파장의 빛이 들어 오는 경우라도 두 개 이상의 원뿔세포가 동시에 반응할 수가 있다. 예를 들어, 500나노미터 파장의 빛이 들어오면 R, G, B 세 종류의 원뿔세포가 모두 반응하고, 550나노미터 파장의 빛에는 R, G 원뿔세포만 반응을 한다. 따라서 세 종류의 원뿔세포의 반응을 종합하면 50나노미터 차이의 빛도 쉽게 구분할 수 있게 된다. 실제로 원뿔세포들의 반응 정도에 따라 사람의 뇌는 다양한 색깔을 구분해낼 수 있다.

뇌는 원뿔세포의 RGB 신호를 조합해
색을 인식한다

색의 인지 과정을 다시 정리해 보면, 망막의 원뿔세포는 빛의 파장과 세기를 분해하는 센서이고, 뇌는 시각세포에서 전달된 신호를 처리하는 장치다. 하나의 파장 또는 여러 파장이 혼합된 빛이 들어올 때, R, G, B 세 종류의 원뿔세포에서 보내는 신호는 (r, g, b) 세 개의 값으로 뇌에 전달된다. 뇌가 인지하는 빛의 세기와 색은 사실 (r, g, b) 세 개의 값으로 표현된 RGB 신호에 불과하다. 예를 들어, 700나노미터 파장의 빛은 (r=1, g=0, b=0)으로, 400나노미터 파장의 빛은 (r=0, g=0, b=1)으로 변환된 정보가 뇌에 각인된다. 따라서 (r, g, b) 신호를 처리하는 뇌의 입장에서는 (1, 0, 0)과 (0, 0, 1) 신호, 즉 빨간색과 파란색 사이의 거리는 (1, 0, 0)과 (0, 1, 0), 즉 빨간색과 초록색 사이의 거리와 차이가 없다. 뇌에서 인식하는 빨강-초록, 초록-파랑, 파랑-빨강 간

(위)조르주 쇠라의 <그랑 자뜨 섬의 일요일 오후>. (아래)그림의 왼쪽 중간 풀밭에 앉은 남자를
확대한 모습.

의 거리는 서로 같아서 빨강-초록-파랑이 정삼각형을 이룬다. 이 때문에 줄자처럼 펼쳐진 무지개색의 파장이 우리 뇌에서는 원 모양의 색상환으로 재구성되는 것이다.

19세기에 빛과 색의 세계를 탐구한 예술가들의 3차원 색 공간에 대한 이해는 당시의 과학자들보다 앞섰던 것으로 보인다. 19세기 말 프랑스에 등장한 신인상주의는 과학적 이론을 예술적 기법으로 승화시켰다. 신인상주의의 독창적인 기법 중 하나가 바로 색채를 원색으로 환원하여 무수한 점으로 화면을 구성하는 점묘화법이다. 점묘화법의 대표작 중 하나인 조르주 쇠라의 〈그랑 자뜨 섬의 일요일 오후〉를 보면 작은 점들로 찍힌 색이 보는 거리에 따라 중간색으로 거듭나는 효과를 경험할 수 있다. 물감을 팔레트나 캔버스 위에서 혼합하여 색채를 구현하는 대신, 원색의 빛을 통해 시각세포의 (r, g, b) 신호에 혼합되도록 필요한 색채를 구현하는 방법인 것이다. 예를 들면, 청색과 황색의 작은 점을 수없이 배열해나가면 시각적으로는 녹색으로 보이게 된다. 현재 우리가 사용하는 첨단 IT 기기인 텔레비전, 컴퓨터, 스마트폰 모니터에 적용되는 RGB 픽셀과 같은 원리다.

**RGB 3개의 신호를 공간으로 펼치면,
빛과 색의 삼원색이 드러난다**

(r, g, b) 신호의 관점에서 재구성된 색의 공간을 3차원 좌표의 (x, y,

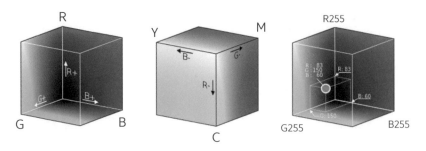

3차원의 색공간에 펼쳐진 색 정육면체. 각 꼭지점의 색을 확인할 수 있다.
맨 왼쪽 정육면체의 세 꼭지점에서 각각 빨강(R), 초록(G), 파랑(B)
을 확인할 수 있고, 가운데 정육면체에서 마젠타(M), 노랑(Y), 시안(C)을 찾을 수 있다.

z) 위치에 대응해 생각할 수 있다. 우리가 인지하는 색공간color space은 각 변의 길이가 1인 정육면체다. 여기서 세 개의 꼭지점에 해당하는 빨강=(1, 0, 0), 초록=(0, 1, 0), 파랑=(0, 0, 1)은 '빛의 삼원색'이고, 이 세 가지 색을 합친 결과는 꼭지점 (1, 1, 1)의 흰색이 된다. 반대로 꼭지점 (0, 0, 0)은 빛이 전혀 들어오지 않은 상태인 검정색에 해당된다는 것을 짐작할 수 있다. 마찬가지로 나머지 세 개의 꼭지점은 마젠타magenta=(1, 0, 1), 노랑=(1, 1, 0), 시안cyan=(0, 1, 1)으로 '색의 삼원색'이 된다. 이렇게 정육면체 3차원 색공간을 통해 보면, 1차원적인 색상환이나 2차원적인 색표계에서는 이해하기 어려운 '색의 삼원색'과 '빛의 삼원색'이 명확히 구분되고, 줄자처럼 펼쳐진 무지개색과 원 모양인 색상환의 관계도 분명해진다.

과학적으로 색은 빛의 파장을 의미하지만, 우리가 인식하는 색은 시각세포라는 '센서'에서 측정된 신호가 뇌에서 재구성된 결과다. 따

빛의 과학

라서 우리가 인지하는 색은 시각세포 '센서'의 성능에 따라 사람마다 달라질 수 있다. 만일 시각세포나 전달 기능에 이상이 생긴다면, (r, g, b) 신호로 인지하는 '색'은 달라지게 된다. 유전적 이상 또는 다른 이유로 R 또는 G 원뿔세포가 제대로 작동하지 못할 경우 적록색맹이 된다. 진화 초기단계의 포유류는 G와 B 원뿔세포 두 종류만 갖고 있는 경우도 많다.

눈이 볼 수 없는 것을
보고 싶다면 어떻게 해야 할까?

햇빛에는 가시광선 외에도 빨간색보다 파장이 긴 적외선과 보라색보다 파장이 짧은 자외선까지 포함돼 있지만, 우리 눈은 시각세포가 반

맨눈으로 보았을 때(가장 위), 적외선으로 찍은
사진(가장 아래)

동일한 지역을 위는 일반 카메라, 아래는 근적외선 카메라로 항공사진을 찍었다.

응하는 가시광선 파장의 영역으로 시각적 측정이 제한돼 있다. 뱀은 시각세포 외에도 적외선 열 감지 센서를 갖추고 있어 5~30마이크로미터 파장의 빛을 인지할 수 있다. 우리도 적외선 파장의 전자기파를 흡수해 전류를 만들어 주는 전하결합소자CCD, charge-coupled device를 이용하면 적외선 영역을 볼 수 있다. 비슷한 원리가 적용된 것이 군용 야간투시경이나 적외선 망원경이다.

시각세포가 빛을 전기에너지로 바꾸는 원리는, 디지털 카메라의 CCD라는 전하결합소자에 그대로 적용된다. 만일 CCD 소자의 반응 영역을 바꿀 수 있다면 세상을 전혀 다르게 보는 창을 열 수 있다. 예를 들어, 병원에서 건강검진시 사용하는 CT 검사나 X-선 촬영은 원자 크기에 해당하는 0.1나노미터 파장의 전자기파를 사용한다. 가시광선으로는 인체 내부의 뼈, 조직, 혈관을 볼 수가 없지만, X-선은 인체 내부를 투과해 이들을 볼 수 있기 때문이다. 천체망원경으로 X-선 또는 적외선 사진을 찍기도 한다. 가시광선을 이용하는 광학망원경으로는 볼 수 없는 천체를 볼 수 있기 때문이다.

우리 눈은
빛의 존재를 확인하는 입자검출기

색을 인지하는 일련의 과정은, '빛'이라는 입자의 존재를 확인하는 '입자검출기' 실험장치의 메커니즘과 같다. 시각세포를 자극하는 '무엇'이 바로 '빛'의 존재를 의미하기 때문이다. 시각세포를 대신할 CCD

소자를 이용하면 '보는 것'의 영역이 확대되고, 동시에 자연을 탐구하는 창이 넓어진다. 20세기 이후 과학의 발전은 우리 인지 능력의 한계를 지속적으로 확장시키고 있다.

19세기까지 우리의 시각적 관측은 눈의 시각세포가 감지할 수 있는 가시광선 영역으로 제한되었지만, 이제는 전자기학과 양자역학의 발전에 따라 가시광선보다 훨씬 긴 파장의 마이크로파를 측정할 수도 있고, 가시광선보다 훨씬 짧은 파장의 X-선과 감마선까지도 관측할 수 있을 정도로 측정 영역이 넓어졌다. 심지어 전자기파가 아닌 전자의 파동성을 이용해 측정하는 전자현미경이나 원자현미경도 개발되어 인간의 눈으로는 볼 수 없었던 자연의 '이미지'를 시각화하는 것도 가능하다. 다음 글에서는 빛을 통한 시간과 공간의 개념에 대해 살펴보기로 하자.

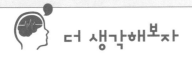

더 생각해보자

시각세포는 어떻게 빛을 흡수하고 인식하는 걸까?

시각은 주변의 물체에 반사된 빛이 우리 눈의 망막을 통해 이미지로 해석되는 과정이다. 눈의 수정체를 통해 망막에 도달한 빛은 망막 세포의 이성질화를 통해 신경망을 통과하는 전기 신호를 만들어 우리 뇌에 전달되는 복잡한 과정을 거친다. 여기서 가장 중요한 부분은 망막의 막대세포에 있는 분자가 빛을 흡수할 때 분자 궤도가 변하고 그 결과 분자 내 원자 배열이 회전하여 이성질체로 전환되는 메커니즘이다. 이 과정을 통해 흡수되는 빛의 에너지의 크기는 빛을 흡수하는 분자의 종류와 막대세포의 옵신 단백질 구조에 의해 결정된다.

우리 눈의 망막에는 R, G, B 세 종류의 원뿔세포가 있어, 빨강, 초록, 파랑 파장 영역의 빛을 흡수한다. 빛을 흡수하는 분자는 막대세포나 원뿔세포의 종류에 따라 다른 색원체 화합물로 이루어져 있다. 이들 화합물 분자를 구성하는 원자의 종류나 구조에 따라 전자의 에너지 준위가 다르다. 분자가 빛을 흡수하려면 전자의 에너지 준위의 차이가 빛 알갱이의 에너지와 짝이 맞아야 한다. 그래야 빛 에너지를 전달받은 전자의 분자 궤도가 변하고, 그 변화에 의해 이성질체로 변하는 과정이 가능하기 때문이다.

달리는 자동차에 매달린 시계를 멀리 서서 지켜본다면, 시간은 천천히 간다.

움직이는 시계는 느리게 간다

사람이 맨눈으로 우주를 볼 수 있는 창은 밤하늘이다. 낮에는 공기에 반사된 햇빛이 너무 밝기 때문에 별이나 은하에서 오는 빛을 구분할 수 없다. 사실 요즘 대도시에서는 밤에도 별을 보기가 쉽지 않다. 도심의 불빛이 너무 밝아 웬만한 밝기의 별이 아니면 보이지도 않는다. 그래서 별똥이 많이 떨어진다는 뉴스라도 나오면 사람들은 으레 도심을 벗어나 외진 시골까지 찾곤 한다. 하물며 은하수라도 볼라 치면 주변 불빛의 방해를 받지 않는 아주 깊은 산에 오르는 수밖에 없다. 까만 밤하늘을 수놓은 무수한 별을 올려다 보는 것은 언제나 신기하고 흥미로운 일이다. 어린 시절에 익힌 북두칠성과 카시오페아 별자리를 찾으면 금세 북극성이 눈에 들어오고, 해와 달이 지나간 자리를 살피면 금성과 화성도 쉽게 알아볼 수 있다.

빅뱅, 우주의 시작이면서
시간의 시작

튀코 브라헤, 요하네스 케플러, 갈릴레오 갈릴레이 같은 위대한 과학자들은 망원경을 만들어 태양계의 행성과 위성은 물론 은하수와 성운까지 엄청난 양의 관측 데이터를 모았다. 신의 섭리가 작동한다고밖에는 달리 생각하기 힘든 완벽한 기하학적 모양의 천체 운동은 우주의 신비를 그대로 보여주었다. 이렇게 모아진 17세기 중반의 천체 관측 데이터를 이용해 뉴턴은 지구의 인력이 땅 위의 사과나 천체 중하나인 달 모두에 똑같은 만유인력으로 작용한다는 사실을 밝혔다. 그 배경에는 앞선 글 〈달이 지구를 향해 떨어진다고?〉에서 언급했던 대로 천체의 운동은 더 이상 신의 섭리에 따른 것이 아니고 과학적 운동 법칙에 따라 결정된다는 뉴턴의 생각이 깔려 있다.

21세기 천체 관측은 상상할 수 없을 정도로 규모가 커졌고 범위도 넓어졌다. 우주를 보는 창은 가시광선 영역에서 자외선, 적외선, 심지어 X-선 영역까지 확장되었다. 과거에는 지상의 망원경에만 의존했지만 최근 인공위성 기술의 발달에 따라 허블 망원경을 비롯한 수많은 천체우주관측 인공위성이 우주 관측의 한계를 넓혀가고 있다. 현재 천체 관측 결과는 별, 은하, 성운을 넘어, 별의 탄생과 죽음은 물론 우주의 시작점에 근접한 천체의 이미지까지 제공하고 있다. 우리가 알고 있는 137억년이라는 우주의 나이도 지금까지 축적된 천체관측 결과에서 나온 것이다.

허블 우주망원경이 2014년 10월에 포착한 독수리 성운의 모습(일부). '창조의 기둥'이라고도
불린다. 기둥 꼭대기의 밝게 빛나는 부분에서 별이 탄생하고 있다.

우주의 기원에 대한 의문은 인류 최대 관심사 중 하나다. 우주는 '빅뱅'에서 시작되었고 약 137억년 정도로 오래 되었다는 얘기는 이제 상식이다. 우주 탄생의 비밀은 단지 물리학이나 천문학을 전공하는 사람만의 관심거리가 아니다. 그것은 과학을 넘어 철학이나 종교에서도 중요한 이슈다. 137억년이라는 우주의 나이는 관측에 의한 결과로 그대로 받아들일 수 있지만 여전히 의문은 남는다. 우주가 만들어진 '빅뱅' 이전에는 무엇이 있었을까? 시간은 계속 흘러가고 있으니, 빅뱅이 일어나기 직전의 시간에도 무엇인가 있어야 하지 않을까? 시간은 과거에서 현재로 그리고 미래로 무한히 뻗어가는 것 아닌가? 끝없이 이어지는 질문들의 답을 찾기 전에 먼저 시간이 무엇인지 곰곰이 생각해 보자.

시간은 규칙적으로 반복되는
사건의 연속

현대인에게 시간은 숫자다. 스마트폰이나 컴퓨터에는 항상 기지국과 연결된 표준시간이 표시된다. 지금처럼 IT 기술이 발달하지 않았을 때는 대부분의 시계가 조금씩 느리거나 빨랐다. 몇 초나 몇 분 틀린 시계는 흔히 볼 수 있었다. 시계가 없을 때도 우리는 해를 보고 시간을 짐작하곤 했다. 앞선 글 〈킬로그램 원기는 다이어트 중〉에서 국제단위계SI의 시간 기준은 원자량 133의 세슘 원자의 진동수에 둔다고 했다. 처음 기준을 정할 때는 천문학적으로 정한 평균태양일을

빛의 과학

추가 일정한 시간 간격으로 규칙적으로 움직이고 있다.

24시간으로 정했지만, 시간 측정이 정밀해지면서 불규칙한 지구의 자전 문제가 제기되었다. 결국 1967년 국제도량형국은 지구 자전에 따른 천문시 기준을 버리고 원자시로 시간 기준을 변경하였다. 시간의 기준이 지구의 자전이 아니라 원자 속에서 일어나는 진동으로 바뀐 것이다. 물리적인 법칙이 변하지 않는 한, 1초당 원자의 진동수도 불변할 것이라는 원칙에 따른 정의다.

천문시든 원자시든 시간을 정하는 기준의 기본 원칙은 같다. 규칙적으로 반복되는 사건으로 기준을 삼는 것이다. 매일 아침 해가 뜨는 일은 일정하게 반복되고, 줄에 매달린 시계추는 일정한 주기로 흔들린다. 해가 뜨는 일은 지구의 자전이 일정하게 이루어지고, 시계 추의 진동 주기는 중력이 일정하기만 하면 항상 같은 간격을 유지한다. 세슘 원자의 진동수가 일정하게 유지되는 것이 자연의 법칙에 따르는 것과 같은 원리인 것이다. 따라서 지구의 자전 주기, 시계추의 진동 주기, 원자의 진동 주기가 일정한 정도를 비교하여 '규칙적으로 반복되는 사건'의 기준으로 어떤 것이 적절한지 판단할 수 있다. 하지만 지구의 자전 주기는 밀물과 썰물의 마찰만으로도 변하게 되고, 시계추의 진동 주기도 적도와 극 지방에서 차이가 난다. 지구의 나이가 45억 5천만 년인 것을 감안하면, 지구가 없었던 50억 년 전에는 해시계나 진자시계는 쓸모 없는 기준이다. 세슘 원자의 진동수를 기준으로 삼는 원자시계는 해시계나 진자시계보다는 좀 낫지만, 이것도 역시 세슘 원자가 존재하지도 않았던 초기 우주에서는 쓸 수 없는 기준인 것이다. 그렇다면 영원히 변치 않는 시간의 기준은 어떤 것이 있을까?

변하지 않는 기준,
빛으로 시계를 만든다면?

빛은 자연이 만들어낸 특별한 존재다. 앞선 글 〈킬로그램 원기는 다이어트 중〉에서 빛의 속력이 일정하다는 것에 근거해 길이의 표준을 "빛이 진공에서 1/299,792,458초 동안 진행한 거리"로 정의한다고 했다. 빛의 속력은 항상 일정하다. 현재까지 관측 결과에 위배된 적이 없어, '빛의 속력'은 물리법칙의 상수로 정해져 있다. 빛은 우주의 탄생과 더불어 존재하고, 또 우주 공간 어디에도 있기 때문에 빛을 이용한 시계를 만들 수 있다면 언제 어디서나 쓸 수 있는 완벽한 시계가 될 수 있다.

빛의 과학

시계를 만들기 위해서는 '규칙적으로 반복되는 사건'이 필요하다. 빛을 이용한 시계는 일정한 거리를 두고 서로 마주 보는 두 개의 거울이 있으면 충분하다. 두 거울 사이를 '일정한 빛의 속력'으로 왕복하는 빛 알갱이가 있다고 하면, 이 빛 알갱이가 양쪽에 부딪히는 '사건'이 반복될 것이고 그 사건들 사이의 간격도 일정하다. 물론 이 시계에 사용된 거울은 빛을 조금도 흡수하지 않고 완벽히 반사한다는 가정이 필요하다. 비록 상상 속에서나 가능한 실험이지만, 거울 사이의 거리로 정해진 '빛으로 가는 시계'는 언제 어디서나 일정한 시간 간격을 제공하는 완벽한 시계가 될 수 있다. 각 시계의 거울 간 거리만 정확히 정한다면 여러 시계의 시간을 맞추는 일도 쉽게 할 수 있다.

빛으로 가는 시계도 누가 무엇을 보는가에 따라 시간은 달라진다

예를 들어, 정지해 있는 관측자인 뉴턴과 갈릴레오에게 '빛으로 가는 시계'를 하나씩 주었다고 하자. 물론 두 시계의 거울 간 거리는 같다. 따라서 뉴턴이 관측한 빛 알갱이와 거울이 충돌하는 사건의 간격과 갈릴레오가 관측한 충돌 사건의 간격은 일정해야 한다. 정지한 상태에서는 뉴턴과 갈릴레오의 시계 모두 정확히 같은 시각을 가리키고 있다. 이제 뉴턴은 정지한 상태에 있고, 갈릴레오가 뉴턴에 대해 상대적으로 일정한 속도로 움직인다고 하자. 뉴턴과 갈릴레오는 정지 상태를 유지하거나 일정한 속도로 움직이는 상태를 유지하고 있기 때

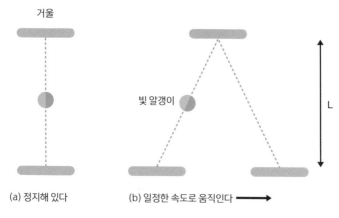

거울

빛 알갱이

L

(a) 정지해 있다   (b) 일정한 속도로 움직인다 ⟶

(a) 뉴턴의 빛으로 가는 시계 (b) 뉴턴이 바라본 갈릴레오의 빛으로 가는 시계

문에 각자 들고 있는 시계도 빛 알갱이와 거울이 충돌하는 사건을 일정하게 연속적으로 유지하고 있다.

하지만 이때 뉴턴은 자신의 시계와 갈릴레오의 시계를 비교하다가 이상한 점을 발견한다. 자기가 들고 있는 시계에서는 이미 빛과 거울이 두 번째 부딪혔는데, 갈릴레오의 시계에서는 두 번째 부딪히는 사건이 일어나지 않은 것이다. 거울 사이의 거리를 L이라고 하면, 뉴턴 시계의 빛 알갱이는 2L의 거리를 날아 갔다. 빛의 속력이 일정하기 때문에, 갈릴레오의 시계 속에 있는 빛 알갱이도 역시 같은 시간 동안 2L의 거리를 날아간 것은 분명하다. 그러나 문제는 뉴턴이 바라본 갈릴레오의 시계에서는 빛 알갱이와 더불어 거울도 함께 움직이고 있다는 것이다. 뉴턴이 볼 때, 갈릴레오 시계의 빛 알갱이는 분명히 2L의 거리를 움직였지만, 거울의 위치가 갈릴레오와 함께 움직이고 있어

빛의 과학

두 번째 충돌 사건이 일어나려면 좀 더 시간이 필요한 상황인 것이다.

빛과 거울이 두 번 부딪치는 사건의 간격을 1초라고 정하면, 정지한 뉴턴의 시계가 1초를 가리킬 때, 일정한 속력으로 움직이는 갈릴레오의 시계는 1초보다 느린 시각을 가리킨다. 정지한 뉴턴의 시계보다 움직이는 갈릴레오의 시계가 느리게 간다는 것이다. 여기서 입장을 바꿔 갈릴레오가 자신의 시계와 상대적으로 움직이는 뉴턴의 시계를 비교해 본다면, 갈릴레오의 시계가 1초를 가리킬 때 뉴턴의 시계는 1초보다 느린 시각을 가리키게 된다. 정지한 갈릴레오의 시계보다 움직이는 뉴턴의 시계가 느리게 가는 것이다. 이렇게 관성계의 상대속도와 관점에 따라 시간의 기준, 즉 사건의 간격이 달라지는 현상을 다룬 것이 아인슈타인의 특수상대성이론이다.

비록 이해하기 쉽지 않은 개념이지만, 사실 뉴턴과 갈릴레오가 서로 움직이는 상대방의 시계가 느리게 가는 것을 관측하는 것 자체는 모순이 아니다. 시간의 기준이 달라졌다 해도 그 기준을 정하는 사건의 순서, 즉 두 개의 시계에서 만들어진 빛과 거울이 충돌하는 사건의 순서가 서로 뒤바뀌지 않는 한, 인과관계에는 아무런 영향을 미치지 않기 때문이다. 뉴턴과 갈릴레오가 서로 힘을 주고 받는 일이 없다면, 뉴턴과 갈릴레오의 관성계의 시간 기준을 논의하는 것도 사실 별 의미가 없을 수 있다. 그러나 뉴턴과 갈릴레오 관성계의 물체가 서로 힘을 주고 받는 일이 생긴다면 시간의 기준은 매우 중요한 역할을 하게 된다.

 빛으로 가는 시계가 움직일 때, 빛 알갱이는 어떻게 움직일까? 동영상은 https://
goo.gl/LLlWsl에서 확인할 수 있다.

시간이 다른 두 관성계의 공이 부딪치면,
공의 질량이 달라진다?

앞선 글 〈공중부양이 가능하려면?〉에서 힘은 질량과 가속도의 곱에
비례한다는 뉴턴의 운동 제2법칙에 대해 논의한 적이 있다. 뉴턴과 갈
릴레오가 모두 정지해 있으면서 서로 마주 본 상태로 질량 m_0인 공을
같은 속력 v_0으로 던졌다고 하면, 두 공은 중간 지점에서 충돌한 후
작용-반작용 법칙에 의해 같은 힘을 주고 받아 서로 반대 방향으로
되돌아 갈 것으로 짐작할 수 있다. 충돌 시 주고 받은 힘은 $p_0=m_0v_0$
의 운동량을 $-p_0$로 바꾸는 작용을 하기 때문이다.

빛의 과학

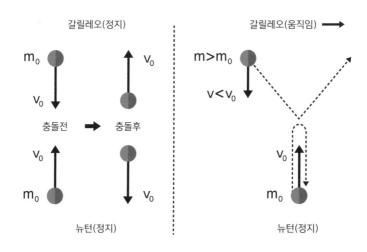

갈릴레오(정지)

m_0

v_0

충돌전 ➡ 충돌후

v_0

v_0

m_0

v_0

v_0

뉴턴(정지)

갈릴레오(움직임) ➡

$m > m_0$

$v < v_0$

v_0

m_0

뉴턴(정지)

뉴턴과 갈릴레오가 각각 던진 두 공이 부딪쳤을 때 힘의 변화를 나타냈다.

　　이제 뉴턴과 갈릴레오가 상대적으로 움직이는 상태에서 같은 질량 m_0의 공을 던져 마찬가지로 중간 지점에서 두 공이 부딪치게 되는 사건을 생각해 보자. 공을 충돌시키려면 공을 던지는 방향은 관성계가 움직이는 방향에 수직 방향이어야 한다. 중간 지점에서 충돌이 일어나게 하려면 뉴턴이나 갈릴레오 모두 자신이 정지한 관성계에서 같은 속력 v_0로 공을 던져야 한다. 각자의 관성계에서는 공의 속력이 같다는 말이다. 그런데 정지한 관성계에서 뉴턴이 관측한 움직이는 갈릴레오의 시계는 느리게 가고 있다. 다시 말하면, 뉴턴이 관측한 갈릴레오가 던진 공의 속력은 v_0 보다 느리게 움직이는 것이다. 뉴턴의 입장에서는 갈릴레오가 던진 공이 느리게 날아와 자기가 던진 공과 충돌한 후 반대 방향으로 되돌아 간다고 할 수 있다..

뉴턴의 공이 받은 힘의 작용은 $2p_0=2m_0v_0$ 그대로인데 뉴턴이 관측한 갈릴레오의 공이 받은 작용의 크기는 $2p=2m_0v < 2p_0$, 즉 $2p_0$보다 작아진다. 그렇다면 뉴턴의 작용-반작용의 법칙에 위배되는 것이 아닌가라는 의문을 제기할 수도 있다. 하지만 두 개의 공이 주고 받은 힘의 크기가 다를 수 없다는 점을 고려하면, 움직이는 갈릴레오가 던진 공의 뉴턴 쪽으로 다가오는 속력이 느려져, 결국 갈릴레오가 던진 공의 질량이 늘어난다고 해석할 수밖에 없다. 뉴턴이 관측한 갈릴레오 공의 속력이 느려진 만큼 그 질량이 m_0보다 커져서 변화된 질량과 속력의 곱이 같아져야 한다. 즉, 뉴턴의 입장에서는 움직이는 갈릴레오의 관성계에 있는 공의 질량이 커진다는 말이다.

시간의 기준을 사건의 순서로 정하고 보면, 사건을 관측하는 관측자의 상태에 따라 시간이 달라지고 심지어 물체의 질량도 달라질 수 있다. "물체의 가속도는 작용한 힘에 비례하고 질량에 반비례한다"는 뉴턴의 운동 제2법칙에서 정한 질량도 결국 관측자의 시계에 의해 달라지는 양이 되는 것이다.

시간이 달라지면
결국 길이와 질량도 변한다

국제단위계에서 길이의 기준은 "빛이 진공에서 단위 시간 동안 진행한 거리"로 정의했기 때문에 정지한 뉴턴과 움직이는 갈릴레오의 시계 차이가 거리에도 그대로 반영된다는 것을 쉽게 이해할 수 있다. 정지한 뉴턴이 자신의 1미터짜리 자를, 움직이는 갈릴레오의 자와 비교한다면 갈릴레오 자의 길이가 더 짧다. 그렇지만 여기에도 역시 상대성 원리가 그대로 적용되어, 갈릴레오가 자신의 자와 상대적으로 움직이는 뉴턴의 자를 비교하면 마찬가지로 뉴턴의 자가 짧아진 것으로 보인다.

정지한 물체의 길이를 측정하는 것은 개념적으로 쉽다. 측정하려는 막대의 끝에 거울을 매달고 빛이 왕복하는 데 걸리는 시간을 빛으로 가는 시계의 시간 간격과 비교하면 그만이기 때문이다. 하지만 움직이는 막대의 길이를 측정하려면 정지한 시계와 움직이는 시계의 사건 간격이 다르기 때문에 막대 양쪽 끝 지점을 동시에 측정하는 방법이 필요하다.

빛으로 가는 시계를 통해 생각해 보니 상대적으로 움직이는 관성계 사이에 시간, 길이, 질량의 크기가 변한다는 것을 알았다. 우주 공간과 물질을 이해하기가 쉽지 않다는 것을 말해 준다. 관측하는 사람이 정지했을 때와 움직일 때 보는 공간이 달라진다면 팽창하는 우주의 모습은 어떻게 되는 것일까? 만일 빛으로 가는 시계가 가속하는 로켓 속에 있다면 어떻게 달라질까? 다음에는 중력 속에서 빛으로 가는 시계와 공간에 대한 개념을 살펴보기로 하자.

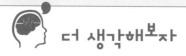

더 생각해보자

관측자에 의해 질량이 달라진다고 하니 이제까지 알던 '질량'의 개념과 혼동된다. 이 질량은 우리가 저울로 측정하는 질량과 다른 것일까?

우리는 일상생활에서 저울을 이용해 질량을 측정한다. 체중을 잴 때 저울 위에 올라가 정지한 상태로 저울 눈금을 읽는다. 저울판 위에서 정지해 있다는 것은 우리 몸의 가속도가 0이고 힘의 합도 0이라는 말이다. 그런데 지구 상의 모든 물체에는 중력이 작용한다. 중력이 작용하고 있음에도 정지해 있을 수 있는 것은 저울판이 우리 몸에 가하는 힘이 중력을 상쇄하기 때문이다. 저울판이 가하는 힘이 바로 저울의 눈금을 통해 나타나는데, 이것이 체중이다. 결국 저울이 측정하는 것은 질량에 작용하는 힘을 측정하는 것이다.

뉴턴의 운동법칙에 따르면, 관성계에서 질량은 힘과 가속도의 비례 관계로 정의된다. 1N의 힘을 가했을 때, $1m/s^2$의 가속도가 생기는 물체의 질량을 1kg으로 정한다. 질량을 정하는데 가장 중요한 요소는 힘과 가속도다. 주어진 물체의 질량은 가해진 힘에 의한 가속도를 측정해야 결정된다. 따라서 뉴턴과 갈릴레오가 정지한 관성계에 있다면, 1kg 질량의 물체에 대해 1N의 힘을 가했을 때 정확히 $1m/s^2$의 가속도가 측정된다. 이 측정 과정은 저울을 이용해 측정한 질량과 다르지 않다. 반대로 뉴턴과 갈릴레오는 이 과정을 통해 1N의 힘의 크기에 대한 기준을 정할 수도 있다.

이제 뉴턴과 갈릴레오가 상대적으로 움직이는 관성계에 있는 경우를 생각하자. 각자의 관성계에서 뉴턴과 갈릴레오가 측정하는 질량은 여전히 각자의 시간과 길이, 힘의 기준으로 정해진다. 만일 뉴턴이 갖고 있는 물체의 질량과 갈릴레오가 갖고 있는 물체의 질량을 비교하려면, 두 물체 사이에 같은 힘을 주고 받도록 충돌시킨 후 두 물체의 가속도를 비교하는 것 외에는 다른 방법이 없다. 힘의 기준이 정해져 있다면, 뉴턴과 갈릴레오는 충돌 실험을 통해 각 물체의 질량을 비교할 수 있다. 정지한 관성계에서 같은 질량으로 측정된 물체가 상대적으로 움직이는 관성계에서 다른 질량으로 되는 이유는 같은 힘을 주었을 때 가속된 크기가 다르다는 것을 의미하는 것뿐이다.

사람들 등에 빨간 핀이라도 꽂은 걸까? GPS는 내 위치를 어떻게 그렇게 정확히 찾아낼까?

GPS의 위치는 시계가 결정한다

현대 사회는 시계와 함께 돌아간다. 출퇴근 시간은 물론 버스, 기차, 비행기 모두 정해진 시간표에 따라 움직인다. 평소에는 일 분 일 초가 크게 느껴지지 않지만, 컴퓨터나 휴대전화로 인터넷에 접속해 일을 할 때면, 단 일 초의 차이도 크게 다가오는 경우가 있다. 귀성 기차표 예매나 주식 거래를 할 때면 만분의 1초 차이로도 성패가 갈릴 수 있기 때문이다. 약속 장소에 시간 맞춰 가야할 때만 시계가 필요한 것은 아니다. 이제는 지구 반대편 미국이나 유럽의 거래처 사람과도 실시간 화상통화를 하기 위해 시간을 맞춘다. 이렇게 전 세계 사람들 모두가 같은 시계에 묶여 생활하고 있다. 거미줄처럼 얽혀있는 전 세계의 휴대전화 기지국은 국제협정시UTC, Universal Time Coordinated에 동기화되어 있고, 사람들이 갖고 다니는 휴대전화의 시간은 휴대전화 기지국의 시계에 맞춰져 있다. 전 세계의 시계는 모두 국제원자시와 윤초 보정을 기반으로 표준화된 국제협정시에 동기화되어 움직이고 있다.

GPS의 핵심은 시간,
모든 시계는 똑같이 움직여야 한다

지구상 어디에서나 위치를 결정할 수 있는 시스템을 GPSGlobal Positioning System라고 한다. 범 지구 위치결정 시스템인 GPS는 본래 1970년대 군사적 이용을 염두에 두고 미국 국방성에서 인공위성을 이용하여 개발을 시작했지만, 현재는 GPS 인공위성에서 보내는 신호를 받을 수 있는 수신기만 있으면 누구나 사용할 수 있다. 당초 GPS는 지상에서 약 2만 킬로미터 떨어진 원 궤도를 하루에 2번 공전하는 24개의 인공위성으로 구성됐지만, 현재 운영되는 인공위성은 보조 위성을 포함하여 30여 개나 된다. 노후 위성의 교체와 새로운 위성 발사 등의 유지와 연구개발에 매년 1조 원 가까운 비용이 들어가는 GPS 시스템을 전 세계에서 무료로 사용할 수 있게 된 데는 1983년 구소련 전투기에 의해 격추된 KAL 007기 사고가 결정적인 역할을 했다. 당시 미국 대통령인 로널드 레이건이 KAL 007기와 같은 사고가 재발하지 않도록 당시 개발 중이던 GPS 체제가 완성되면 GPS 신호를 민간인에게도 개방할 것을 선언했기 때문이다.

GPS의 핵심은 시간이다. 인공위성에 탑재된 원자시계는 모두 같은 시간에 맞춰져 있고 지상의 국제협정시와도 동기화되어 있다. 정

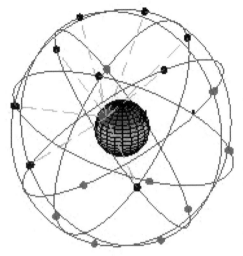

관측위성의 수 = 12

지구 주위를 6개의 궤도로 나눠, 각
궤도당 4개의 인공위성이 돌고 있다.
기본적으로는 총 24대의 위성이
공전하고 있다. 북위 45도 지점을
관측하는 GPS 위성의 수가 나와 있다.

해진 원 궤도를 일정하게 공전하는 인공위성은 GPS 신호에 자신의
위치와 시간을 담아 전자기파 형태로 지상에 보낸다. 전자기파는 빛
과 속력이 같고 진공 상태에서 항상 일정한 속력으로 전파된다. 따라
서 GPS 신호의 발신 시간과 수신 시간을 알면 두 지점 사이의 거리를
정확히 알 수 있다. 예를 들어, 1번 인공위성의 위치와 발신 시간이 담
긴 정보가 포함된 신호를 GPS 수신기가 받은 수신 시간이 정해지면,
1번 인공위성과 수신기의 거리는 발신-수신 시간의 차이에 빛의 속력
을 곱해서 구할 수 있다. 2번 인공위성의 위치와 시간을 수신하면 2번
위성과 수신기의 거리를 알게 되고, 마찬가지로 3번 위성과의 거리도
정확히 알 수 있다. 지구를 둘러싼 공간에서 각 인공위성의 위치를 중
심으로 일정한 거리의 원을 그리면, 세 개의 원이 만드는 교점이 두 개

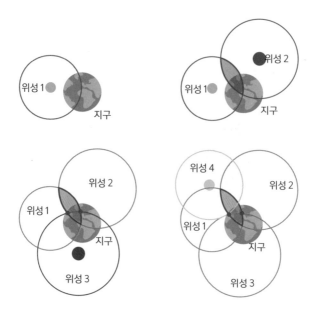

GPS는 인공위성을 활용한 일종의 삼각측량법으로 지상의 위치를 파악한다. 첫 번째 위성에서 지상의 해당 영역을 확인하고, 두 번째 위성과 교차되는 영역으로 위치를 좁힌다. 세 번째 위성이 교차되는 영역과 겹쳐지는 두 개의 지점으로 위치를 특정하고, 네 번째 위성이 그중 한 지점을 최종 확정하는 방식이다.

가 생기는데, 이 중 하나가 지표면 근처에 있게 된다. 지상에서 지형을 측량할 때 쓰는 삼각측량법과 같은 원리다.

만일 인공위성의 시간과 GPS 수신기의 시간이 모두 정확히 동기화 되어 있고, GPS 신호가 주변 환경의 방해 없이 정확히 도달했다면 1, 2, 3번 위성에서 전달된 3개의 신호만으로도 충분히 위치를 결정할 수 있다. 하지만 실제로는 GPS 수신기의 시간이 정확히 동기화되지 못하기 때문에 더 많은 인공위성으로부터 GPS 신호를 받아 수정하는 것이 필요하다. 여러 개의 GPS 위성에서 지속적으로 보내는 신호

빛의 과학

를 받은 지상의 GPS 수신기는 자신의 위치와 더불어 시간까지 정확하게 계산할 수 있다. 우리가 일상 생활에서 사용하는 스마트폰이나 자동차 내비게이션에 장착된 GPS 수신기가 자신의 위치를 정확히 찾아내는 것은 모두 GPS 시스템의 시간 덕분이다.

그런데 움직이는 시계가 느려진다면,
인공위성의 시계도 느려지는 걸까?

빛의 속력은 초속 30만 킬로미터다. 빛의 속력에 시간 차이를 곱해 거리를 측정하는 방법을 쓰기 때문에 비록 작은 값이라도 시간에 오차가 생기면 큰 낭패를 볼 수 있다. 예를 들어 100만분의 1초만큼 오차가 나면 측정 거리는 0.3킬로미터, 즉 300미터나 차이가 난다. 그래서 GPS 위성의 원자시계는 10억 분의 1초 이내로 정확도를 유지하도록 고안되었다. 거리로 환산하면 30센티미터다. 이 길이가 GPS를 이용해 위치를 측정할 때 측정된 위치의 정확도를 의미한다.

　앞선 글 〈움직이는 시계는 느리게 간다〉에서 언급한 대로 아인슈타인의 특수상대성이론에 따르면 움직이는 시계는 느리게 간다. 지상 2만 킬로미터 고도에서 공전 주기 12시간으로 움직이는 GPS 위성의 속력은 초속 3900미터에 달한다. 지표면의 GPS 수신기에 비해 엄청나게 빠른 속력으로 움직이는 GPS 위성에 있는 시계는, 특수상대성이론에 따라 계산해보면 하루에 약 100만분의 7초 정도씩 느려진다. 만일 GPS 시계의 시간을 그대로 쓴다면 매일 2.1킬로미터씩 오차가 발생하는 셈이다. 인공위성의 움직임에 대한 상대적인 오차 수정이 필요하다는 것을 의미한다.

그런데 재미있는 사실은, 인공위성의 시간은 실제로는 느리게 가지 않고 빠르게 움직인다는 것이다. 그것도 특수상대성이론에서 예측한 100만분의 7초가 아니고 100만분의 38초나 빨리 가고 있다. 그 이유는 빠른 공전에 의한 속력 효과보다 지구 중력에 의한 감속 효과가 더 크게 작용하기 때문이다. 중력에 의해 시간이 달라진다는 말이다. 그렇다면 과연 중력과 시간은 무슨 관계가 있는 것일까?

중력과 등가원리인 가속하는 엘리베이터로 시간과 중력을 알아보자

앞선 글 〈달이 지구를 향해 떨어진다고?〉에서 저울판을 이용한 중력 측정을 설명했다. 사과의 무게를 재기 위해 저울판 위에 사과를 얹어 놓으면, 중력과 저울판의 힘의 합은 정확히 '0'이 되고, 저울판의 힘 덕분에 사과는 정지 상태로 있다. 다시 말하면 저울판 위에 정지한 물체의 무게는 중력을 의미한다. 이제 엘리베이터에 저울을 놓고 사과의 무게를 잰다고 해보자. 지상에 정지해 있는 엘리베이터 내부에서 측정된 사과의 무게는 지구의 중력가속도와 사과의 질량을 곱한 값이다. 하지만 엘리베이터가 위로 가속 운동을 하면 중력에 엘리베이터의 가속도가 더해져, 저울의 사과 무게는 정지해 있을 때보다 무거워질 것이다.

가속도 g로
움직인다

크기가
g인 중력

(왼쪽)지구의 중력가속도 g와 같은 크기로 위로 가속운동을 하는 엘리베이터. (오른쪽)지구 위에
놓여져 크기 g의 중력이 작용하는 엘리베이터

이번에는 엘리베이터를 중력이 전혀 작용하지 않는 우주 공간에
가져다 놓았다고 가정해 보자. 주변에 당기는 힘이 없기 때문에 저울
위에 놓인 사과에 작용하는 힘은 없다. 따라서 정지한 사과의 무게 또
한 '0'이 된다. 여기서 엘리베이터가 지구의 중력가속도와 같은 가속
도로 움직인다면, 사과도 엘리베이터와 같은 가속도로 운동해야 하
고, 결과적으로 저울이 사과에 가한 힘은 지구 상의 사과 무게와 같아
야 한다. 따라서 저울의 눈금은 지구 상의 사과 무게와 같은 숫자를
가리키게 될 것이다.

엘리베이터 밖에서 어떤 일이 벌어지는지 알 수 없는 엘리베이터
내부의 관측자 입장에서는, 사과와 저울이 주고 받는 힘의 크기, 즉
저울 눈금이 유일한 측정 결과다. 엘리베이터 안에 있는 관측자는 지
구 상에 정지한 엘리베이터와 지구의 중력가속도와 같은 크기로 가

속하는 엘리베이터를 구분할 수 없다는 말이다. 아인슈타인은 이렇게 가속하는 비관성계와 중력의 관계를 등가원리로 설명하였다.

빛은 중력장에서
휘어진다

앞선 글 〈움직이는 시계는 느리게 간다〉에서 관측자의 움직임에 따라 시간의 흐름이 달라지는 것을 빛으로 가는 시계를 통해 생각해 봤다. 중력이 작용하는 공간에서 시간과 빛의 움직임을 이해하기 위해 우선 일정하게 가속하는 비관성계에서 빛의 움직임을 생각해 보자. 빛은 관성계에서 항상 일정한 속도로 움직이기 때문에 정반사를 해서 방향을 바꾸는 경우를 제외하면 속도의 변화가 없다. 예를 들어, 가속하는 로켓을 생각하자. 수직 방향으로 움직이는 로켓에 수평 방향으로 빛을 쏘면, 로켓 밖에 있는 관성계의 관측자가 보는 빛의 경로는 수평 방향으로 직선 경로를 그린다. 로켓의 반대편에 부딪힌 빛은 처음 입사된 위치보다 가속해서 움직인 만큼 아래 부분에 도달하게 된다.

하지만 관성계에서 직선으로 움직인 빛의 경로를 가속하는 비관성계, 즉 로켓 내부에 있는 관측자가 볼 때는, 입사된 빛의 위치와 반대편에 도달한 위치의 높이 차이 만큼 빛의 경로가 휘어지는 것으로 관측된다. 이때 빛의 경로는 직선이 아니라 가속 운동 때문에 포물선과 비슷한 모양으로 나타난다. 가속하는 로켓에서 휘어진 빛의 경로를 중력장에 정지해 있는 로켓에 적용해 보면, 중력이 작용하는 공간

빛의 과학

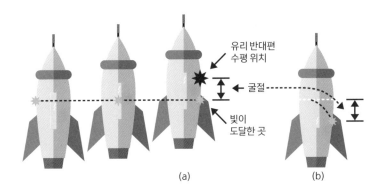

유리 반대편
수평 위치

굴절

빛이
도달한 곳

(a)

(b)

가속 운동을 하는 로켓의 한쪽 벽에서 반대편 벽으로 빛을 보냈다. 로켓 외부의 관찰자는 (a)와 같이
빛이 반대편 벽의 아래쪽에 도달하는 것을 본다. 하지만 로켓 내부의 관찰자는 (b)와 같이 로켓이
가속한 만큼 빛이 휘어지는 것을 본다.

에서 중력의 방향으로 빛이 휘어짐을 쉽게 상상할 수 있다.

앞선 글 〈원심력은 가짜 힘〉에서 살펴본 대로 가속하는 로켓은
뉴턴의 관성기준계의 기준에서 벗어나는 공간이다. 중력이 작용하는
공간에서 빛이 휘어진다 해도 빛의 절대성이 바뀌는 것은 아니다. 중
력이 작용하는 공간에서도 빛은 여전히 직선으로 일정한 속력으로 움
직이고 있지만, 공간 자체가 휘어져 있어 직진하는 빛이 휘어진 것처
럼 관측되는 것일 뿐이다.

중력이 강하면 시간은 느려지고,
중력이 약하면 시간은 빨라진다

휘어져 가는 빛만큼이나 중력과 시간의 관계도 복잡하게 얽혀있다.

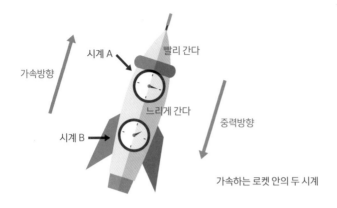

시계 A
빨리 간다
가속방향
느리게 간다
중력방향
시계 B

가속하는 로켓 안의 두 시계

중력에 의해 시간이 어떻게 바뀌는지 보기 위해, 가속하는 로켓 안에 있는 두 개의 시계를 비교해 보자. 똑같은 원자시계를 로켓의 앞쪽에 시계 A, 그리고 뒤쪽에 시계 B를 매달아 놓고, 매 초마다 다른 쪽에 있는 시계를 향해 불빛 신호를 보내도록 만든다. 로켓이 가속하지 않고 일정한 속도로 움직일 때는 시계 A에서 B로 보낸 신호의 간격과 B에서 A로 보낸 신호의 간격이 정확히 일치한다. 두 시계 A, B는 동기화된 상태에 있다.

이제 로켓을 시계 A 방향으로 가속한다고 하자. 시계 A에서 신호를 보내는 순간 로켓의 속력과 같이 움직이는 관성계에서 보면, 시계 B를 향해 움직이는 신호는 빛의 속력으로 움직이고 있고 동시에 시계 B는 가속 운동을 하는 로켓과 더불어 A에 접근하게 된다. 결과적으로 A에서 B로 움직이는 신호가 로켓이 등속 운동을 할 때보다 더 짧은 시간에 도착하게 된다. 시계 B의 입장에서는 시계 A의 1초가 더 짧게 측정되는 것이다. 반대로 시계 B에서 떠난 신호는 시계 A에

도착하는 시간이 지연되어 시계 A에서 측정된 시계 B의 1초는 더 길어진다. 결과적으로 시계 A의 시간은 시계 B보다 빨리 가게 되는 것이다. 가속하는 로켓의 앞쪽 시계가 뒤쪽 시계보다 빨리 간다는 것은 중력이 작용하는 공간에서 중력 방향 쪽의 시계가 더 느리게 간다는 것과 같다. 중력에 의해 시간이 느려진다는 뜻이다.

그래서 지표면보다 중력이 약한
하늘 위 인공위성 시계는 빨리 간다

중력에 의한 시간 지연효과를 계산해 보면, GPS 인공위성이 위치한 하늘 위 중력이 지표면의 중력보다 작아서 하루에 약 100만분의 45초 정도 빨라진다. 빠른 속력으로 움직이는 특수상대성 효과보다 중력의 효과가 크게 작용해서 특수상대성과 일반상대성 효과를 모두 합해 매일 100만분의 38초의 차이가 생긴다. GPS 위성에서 상대론적인 효과는 GPS 시스템을 디자인하는 단계부터 시험을 거쳐 확인되었고, 상대론적인 차이는 위성에 탑재되는 원자시계에 이미 보정되어 있다. 실제로 위성의 원자시계의 시간 간격은 지상에서 발사하기 전에 매일 100만분의 38초씩 느리게 가도록 맞추어 궤도에 올린다.

GPS 인공위성과 지상의 수신기 간의 중력 차이는 사실 크지 않다. 하루에 1만분의 1초보다 작은 차이는 사실상 27년에 1초 차이에 불과하기 때문에 실생활에서는 거의 느끼지 못한다. 하지만 지구의 중력보다 중력이 훨씬 큰 별에서는 시간의 효과가 매우 커진다. 예를

지구의 질량과 회전에 의해 지구의 시공간이 왜곡되면서 인공위성의 시간이 달라진다.

들어, 중성자별의 표면에서 중력의 크기는 지구 중력의 10^{11}배에 달해서 시간이 매우 느려지고 빛이 휘는 정도도 커진다. 중성자별보다 중력이 더 커지면 블랙홀이 되는데, 블랙홀 근처에서는 시간이 거의 정지하게 되고 빛도 휘어지는 정도가 심해 빠져나오지 못한다.

　다음 글에서는 시간과 공간에 펼쳐진 파동의 과학에 대해 살펴보기로 하자.

소리의
과학

아이는 그저 신기하다. 남들 하는 대로 귀에 헤드폰을 가져갔더니, 음악이 흘러나온다. 소리의
진동이 귀를 간지럽힌다. 아이가 웃는다. 귀에서 무슨 소리가 들리는 걸까?

파장으로 보고, 진동수로 듣는다

콘서트홀에서 오케스트라의 연주를 들을 때면 여러 악기들이 어우러져 만들어내는 선율과 화음에 언제나 감탄하게 된다. 바이올린, 첼로, 콘트라베이스와 같은 현악기 소리에 오보에와 클라리넷의 관악기 소리가 더해지고, 피아노와 북소리까지 겹쳐지면서 환상적인 교향악이 탄생한다. 여러 악기 소리가 섞인 연주를 듣고 있으면 서로 다른 음정을 내는 소리들이 잘 어울리는 동시에 각 악기의 소리도 구분되어 들린다는 사실에 또 놀라게 된다. 마치 여러 사람들이 떠드는 시끄러운 장소에서 친구의 목소리를 구분해내는 것처럼 말이다.

모든 악기의 소리는 자기 만의 색깔, 즉 음색이 있다. 바이올린과 피아노의 소리는 음악에 아무리 문외한이라도 확실히 구분할 수 있다. 바이올린과 첼로 소리도 웬만하면 쉽게 구분한다. 전문가라면 수

현악기, 관악기, 타악기 등의 다양한 악기로 구성된 오케스트라.

작업으로 만들어진 다른 바이올린에서 나는 소리도 구분할 수 있다. 바이올린 울림통의 미묘한 차이가 서로 다른 소리를 만들기 때문이다. 우리 목소리가 사람마다 다른 것도 같은 이유다. 그런데 악기들이 서로 다른 음색으로, 또 서로 다른 음높이로 만들어낸 소리가 환상적인 화음으로 어우러져 아름답게 들리는 것은 왜일까?

소리의 과학

우리는 소리의
진동수를 듣는다

앞선 글 〈빛은 어떻게 색이 되는가?〉에서 빛이 품고 있는 색을 우리가 어떻게 구분하는지 살펴 보았다. 빛의 색을 인지하는 과정은 눈의 망막에 있는 시각세포가 특정 파장의 빛에 반응하고 그 시각세포에서 만들어진 전기적 신호가 신경망을 통해 뇌에 전달되는 것이다. 그렇다면 소리의 색은 어떻게 구분하는 걸까? 우리 몸에서 소리를 듣는 기관은 귓속에 있는 달팽이관이다. 외부에서 전달된 소리가 귓속의 고막을 흔들면, 고막과 달팽이관을 연결하는 세 개의 작은 귓속뼈가 흔들리고, 그 움직임이 달팽이관으로 전달된다. 결국 소리의 진동은 달팽이관에 가득 찬 림프의 흔들림을 통해 청각유모세포라는 가는 실 모양의 신경세포를 자극해 생성된 전기신호로 뇌에 전달된다.

　달팽이관의 림프와 유모세포의 구조는 소리 진동의 주파수(진동수)에 따라 서로 다른 위치에서 공명하도록 만들어져 있어, 각기 다른 위치에 있는 청신경은 그 위치에 대응하는 소리의 주파수에 반응하게 되어 있다. 다시 말하면 우리의 귀는 고막을 두드리는 연속적인 소리의 흐름 자체를 듣는 것이 아니고, 소리의 진동을 주파수별로 성분을 가려낸 후 그 주파수 정보를 신경망을 통해 뇌에 전달하는 것이다. 실제 우리 귀로 구분할 수 있는 소리의 진동수는 초당 20회에서 2만 회, 즉 20~20,000Hz 사이에 있다. 소리의 진동에서 주파수를 분해해 낸다는 점에서, 우리 귀는 R, G, B 원뿔세포가 빛의 파장을 분해하는 센

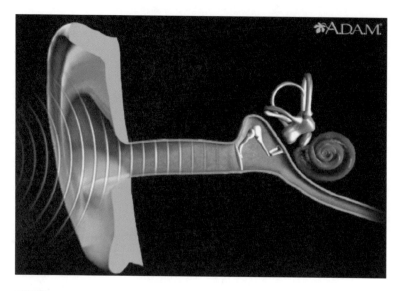

 바깥귀길을 통해 들어온 소리의 파동이 고막을 거쳐 귓속뼈를 흔들고, 이 흔들림이 난원창을 통해 달팽이관으로 전달되어 청신경을 거쳐 뇌로 전달된다. 귀에서 소리를 듣게 되는 동영상은 https://goo.gl/45udxJ에서 확인할 수 있다.

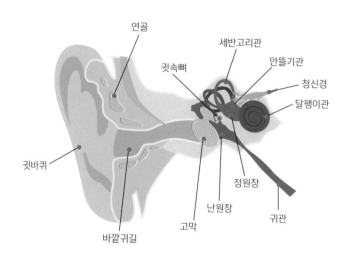

사람 귀의 내부 구조. 보라색 부분이 달팽이관이다.

물결이 퍼지면서 만들어지는 수면파.

서 역할을 담당하는 눈의 망막과 닮아 있다.

아주 얇은 막으로 이루어진 우리 귀의 고막은 작은 압력 변화에도 민감하게 반응한다. 공기의 압력 차이가 만드는 작은 힘에 의해서도 막이 흔들린다. 그렇다면 고막을 흔드는 공기의 압력 변화는 어떻게 만들어지고 우리 귀까지는 어떻게 전달되는 것일까?

확성기나 스피커에서 소리가 나올 때 스피커에 손을 대보면 작은 흔들림을 느낄 수 있다. 우리가 말을 하거나 소리를 낼 때 목의 성대 주변에 손을 얹어도 같은 진동을 확인할 수 있다. 흔들리는 부채가 바람을 일으키듯이 진동하는 얇은 막은 주변 공기에 힘을 작용해 일시적으로 공기 압력을 늘리거나 줄인다. 스피커의 막에 한번 압축된 공기는 그 옆 공간의 공기에 힘을 작용한다. 바로 옆에서 힘을 받은 공기는 다시 그 옆에 있는 공기에 힘을 전달하고, 그 힘은 또 다시 그 옆 공간의 공기에 힘을 전달되는 식으로 끊임없이 퍼져 나가게 된다. 이렇게 퍼져 나가는 공기 압력 변화의 전파는 호수에 돌을 던졌을 때 수면에 이는 물결이 퍼지면서 만드는 수면파 메커니즘과 같다. 물결의 파동이나 소리의 파동 모두 일정한 주기로 흔들리는 진동 주기와, 공간적으로 일정하게 반복되는 모양의 파장을 갖고 있다.

악기의 소리는 줄에 가한 장력이 만들어낸
울림통의 진동

악기가 내는 소리도 스피커에서 나오는 소리와 마찬가지로 악기의 떨림이 공기로 전달되는 과정을 거쳐 만들어진다. 피아노의 건반을 누르면, 건반에 연결된 작은 나무망치가 강철 프레임에 고정된 피아노 줄을 때려서 소리를 만든다. 실제로 우리가 듣는 소리는 피아노 줄에 연결되어 흔들리는 피아노 케이스가 울림통이 되어 공기를 흔들어서 생겨난 파동이다. 바이올린의 줄을 활로 문질러 소리를 낼 때 나는 소리 역시 바이올린 울림통의 진동이 만들어낸 파동이다. 따라서 악기의 음색은 울림통이 만들어내는 진동에 의해 결정된다고 할 수 있다. 그렇다면 우리 귀로 구분해내는 소리의 주파수 성분과 악기의 음색은 어떤 관계가 있는 걸까?

소리의 과학

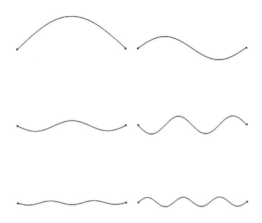

양쪽 끝이 고정된 줄이 6가지 모드로 진동하고 있다.

　　피아노와 바이올린은 서로 다른 울림통과 음색을 갖고 있지만, 두 악기 모두 줄의 진동을 이용해 울림통의 진동을 만들어 낸다. 줄의 진동과 울림통의 진동 사이의 관계를 알아보기 위해 고무줄 실험을 한번 해보자. 양쪽 끝을 팽팽히 묶어 놓은 고무줄의 가운데 부분을 옆으로 살짝 잡아당기면, 고무줄이 늘어난 만큼 양쪽 끝에 걸리는 힘, 즉 장력이 커진다. 이때 줄을 놓으면 고무줄은 진동을 한다. 진동하는 중에 고무줄의 모양은 수면파의 모양처럼 구불구불 휘어진 모양을 이루지만, 일시적으로 판판히 펴진 상태가 되는 경우도 있다. 구부러진 고무줄의 길이가 펴진 줄의 길이보다 길기 때문에, 구부러진 고무줄의 장력은 펴진 줄의 장력보다 크다. 고무줄 진동에 의한 줄의 길이 변화는 고스란히 줄의 장력 변화로 전달된다. 고무줄을 울림통에 묶어 놓고 진동을 주면, 고무줄의 진동이 줄의 장력으로 전달되고, 장력의 변화가 울림통을 흔들어 소리가 만들어진다.

바이올린은 굵기가 다른 4개의 줄을 매달아 서로 다른 음높이의 소리를 낸다. 줄이 굵을수록 낮은 진동수의 소리가 난다. 바흐의 관현악 모음곡 3번 라장조 2악장은 19세기 후반 유명한 바이올리니스트인 아우구스트 빌헬미가 바이올린에서 진동수가 가장 낮은 G선으로만 연주가 가능하도록 조옮김을 해서 연주를 했다는 일화가 있다. 제목도 익숙한 〈G선 상의 아리아〉다. 이를 보면 바이올린은 4개의 줄이 아니라 1개의 줄 만으로도 연주가 가능하다. 한 개의 줄이라도 그 길이를 조절하면 음계를 정할 수 있다는 의미다.

바이올린 줄이나 피아노 줄을 고무줄로 바꿔도 같은 원리가 적용된다. 바이올린 줄의 길이와 음의 높이를 고무줄의 진동으로 생각해보자. 고무줄의 길이 변화를 최소로 하면서 진동하는 경우를 기본 모드라 하고 그 진동수를 기본진동수라고 한다. 양쪽 끝이 묶인 줄에서는 기본진동수의 배수에 해당하는 진동 모드만 가능하다. 각 배수 모드는 진동수의 배수만큼 마디가 생기는데, 마디는 줄의 움직임이 고정된 점을 의미한다. 2배수 모드의 진동수는 기본모드의 두 배이고 줄 길이의 1/2 지점에 마디가 생긴다. 다시 말해, 길이를 반으로 줄인 줄의 기본진동수는 원래 줄의 기본진동수의 2 배가 된다. 마찬가지로 줄의 길이를 1/3로 줄이면 기본진동수가 3배로 늘어난다.

소리의 과학

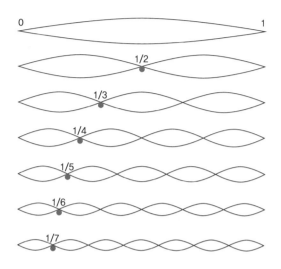

(위) 배음과 옥타브의 관계
(아래)피타고라스가 종,
현악기, 관악기 등을 이용해
음계를 실험하고 있다.

바이올린은 4개의 줄로 연주를 하지만, 우리에게 익숙한 <G선상의
아리아>는 가장 굵은 G선 하나만으로 모든 소리를 만들어 낸다.

서양음악의 7음계는
진동수에 따라 나눈 피타고라스의 조화수가 바탕

서양음악의 기초가 되는 7음 음계의 시작은 고대 그리스의 수학자 피
타고라스가 제안한 조화수다. '도-레-미-파-솔-라-시-도'라는 음
계를 결정하는 가장 중요한 요소가 배음과 옥타브의 관계인데, 그 근
원에는 숫자들 사이의 단순한 비례가 자리한다. 예를 들어, 가운데 도
(C4)의 진동수는 261.6Hz인데, 그보다 한 옥타브 위 도(C5)의 진동수
는 C4의 2배인 523.3Hz다. 한 옥타브 위의 음높이는 진동수가 2배가
된다. 한 옥타브의 음정 차이는 고무줄의 기본 모드와 2배수 모드의

소리의 과학

관계와 같다. 만일 C4의 진동수와 같은 기본진동수를 가진 바이올린 줄을 활로 문지르면, 이 줄의 진동은 C4에 해당하는 기본진동수만이 아니라 2배, 3배, 4배, 5배의 진동수를 갖는 배음들의 진동도 나올 수 있다. 이 진동을 살펴보면, C4 진동수의 2배음은 한 옥타브 위의 도 (C5)이고, 4배음은 그 위 옥타브의 도(C6)가 됨을 알 수 있다. 2배음, 4배음 모두 같은 도 음을 내기 때문에 별 문제가 없다. 그런데 2배음과 4배음 사이에 있는 3배음은 무엇일까?

피타고라스는 3배음의 한 옥타브 아래 음높이, 즉 3/2배 진동수의 음을 5번째 음높이인 솔(G4)로 정하고, 5배음의 두 옥타브 아래 음높이인 5/4배 진동수의 음을 3번째 음높이인 미(E4)로 정했다. 이렇게 보면 C4의 기본진동수를 갖는 줄에서 나오는 소리는 자연스럽게 도-미-솔 으뜸화음이 된다. 결국 피타고라스는 여러 실험을 통해 3배음과 5배음이 어울리는 음계를 제안한 것이다.

피타고라스가 제안한 3/2 배음을 음계의 5번째 음높이로 정하는 방법을 순정률이라고 하는데, 이 방법을 적용하면 모든 음이 옥타브와 배음의 비율로 정확하게 정해지지 않는 경우가 발생한다. 물론 현악기를 중심으로 연주하는 오케스트라의 경우에는 화음을 좋게 표현하기 위해 순정률을 택하는 경우도 있지만, 불규칙한 음 간격 때문에 피아노나 전자음향기기에 적합하지 않은 음 간격이 만들어지기도 한다. 특히 최근 전자음악의 발달에 따라 MIDI Musical Instrument Digital Interface 등의 전자음향의 기준을 정할 때는 배음의 관계를 유지하는 순정률 보다는 일정한 음 간격을 유지하는 평균율을 이용해 128개의

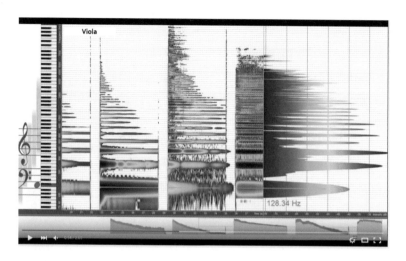

128.34 Hz

같은 진동수의 음정이라도 악기의 종류에 따라 다양한 음색이 나타난다. 해당 동영상은 https://goo.gl/E9XO1o에서 확인할 수 있다.

음을 표준으로 정했다. 현재 국제표준으로 정해진 음높이의 기준은 라(A4)의 진동수 440Hz다. 물론 이 기준은 연주자에 따라 다르게 적용하기도 한다.

같은 진동수라도 악기마다 음색이 독특한 것은 배음의 구조 때문

악기가 내는 특정 음의 음높이는 기본진동수가 결정한다. 예를 들어 A3=220Hz의 음은 낮은 라 음에 해당되지만, 실제 악기로 내는 소리는 A3의 2배음, 3배음, 4배음, 5배음이 모두 섞여 나온다. 경우에 따라

소리의 과학

서는 배음이 아닌 진동수가 섞일 수도 있다. 악기마다 다른 색깔의 소리가 나는 이유는 바로 배음의 구조가 다른 데 있다. 이렇게 서로 다른 배음 구조를 갖는 악기의 소리가 우리 귀의 달팽이관에 도달하는 순간 진동수의 스펙트럼으로 분석되어 우리 뇌에 전달된다. 사람의 성대도 일종의 악기로 생각하면 우리가 어떻게 사람의 목소리를 구분하는지도 이해할 수 있다.

소리를 시간에 따라 변하는 공기의 압력으로 보지 않고 파동의 진동수로 분해해서 보는 방법은 컴퓨터의 발전과 더불어 음악의 저장과 전송에 매우 중요한 역할을 한다. 다음 글에서는 MP3 음악 파일에 숨어 있는 파동의 과학에 대해 살펴보기로 하자.

귀에서 이어폰을 빼자 음악 소리가 새어 나온다. 손가락만한 기계 안에 노래 수만 곡과
영화 수십 편이 들어 있다. 요즘에는 노래 몇 소절만 들어도 곡명을 바로 찾아주기도 한다.
이어폰을 다시 낀다. 아직도 들어야할 곡은 너무나도 많다.

소리는
파동의 겹침

1877년 토머스 에디슨은 주석으로 감싼 원통 표면에 홈을 파 소리의 진동을 그려 넣었다. 이 홈을 따라 움직이는 바늘의 진동에 확성기를 연결하여 본래의 소리를 재생해 냈다. 바로 축음기다. 에디슨의 축음기는 소리를 저장하여 원할 때면 언제나 다시 들을 수 있게 한 중요한 발명이었다. 하지만 음향의 질이나 저장 매체의 성능은 사람들의 기대에 미치지 못했다.

그 이후 원통형 축음기의 단점을 보완하여 딱딱한 비닐 재질의 원판에 소리의 진동을 기록하는 LPlong play판이 개발되었다. 직경 30 혹은 25센티미터의 LP판에 아주 미세한 홈을 만들어 파동을 그려 넣었다. 분당 78회전 또는 33과 1/3 회전하는 턴테이블과 직경 25마이크로미터의 가느다란 바늘을 이용하여 소리를 재생할 수 있었다.

순식간에 공간에 퍼져 사라지는 음악을 재생해 들으려면, 불과 20년 전만 해도 금속이나 플라스틱 판에 소리의 진동을 새겨 넣는 것 외에는 별다른 방법이 없었다. 하지만 지금은 작은 휴대폰에 몇백 곡의 노래를 담아 언제라도 들을 수 있다. 우리는 이런 연속적인 소리의 진동을 어떻게 디지털 기기에 기록할 수 있는 걸까? 그리고 얼마 되지 않는 작은 용량의 디지털 파일에 어떻게 압축해 넣을 수 있는 걸까? 우선 그 이야기를 하기 전에 우리는 눈에 보이지 않는 소리의 진동을 어떻게 시각화하여 표현할 수 있는지부터 생각해봐야 한다. 숫자로 표현할 수 있어야 기록이든 재생이든 처리든 할 수 있을 테니 말이다.

파동이란,
그리고 파동이 겹쳐진다는 것은 어떤 의미인가?

잔잔한 호수에 돌을 던지면 파문이 생긴다. 가만히 관찰해 보면, 돌이 떨어진 자리에서 요동치던 물방울은 금새 가라앉고 사방으로 파동이 퍼진다. 수면에 인 파문은 일정한 파장을 갖고 동심원을 그리며 멀리 퍼져 나간다. 수면의 파동은 물 표면의 높이가 진동하는 현상이다. 파동은 떨어진 돌의 충격으로 생긴 에너지를 물 표면의 진동 에너지로 바꿔 멀리 퍼져 나가게 한다. 방금 던진 돌 주변에 또 하나의 돌을 던지면 새로운 파동이 생긴다. 돌이 떨어진 자리를 중심으로 두 개의 동심원을 그리는 파동은 서로 겹쳐지면서 멋진 무늬를 만든다. 각 파동에 의한 물 표면 높이의 진동이 서로 겹치며 더해진다. 그런데 파동이

호수 표면에 생긴 동심원 파문에 다른 파문이 겹쳐지고 있다.

서로 더해진다는 것은 어떤 의미일까?

사과의 덧셈과 파동의 덧셈은
어떻게 다른지 알아보자

우선 우리가 알고 있는 덧셈을 살펴보자. 사과 1개가 놓인 접시에 다른 사과 1개를 올려 놓으면, 접시 위에 있는 사과의 개수는 2개가 된다. 1+1=2는 자명하다. 여기에 또 다른 사과 1개를 더하면, 접시 위에 놓인 사과 개수의 합은 1+1+1=3개다. 이렇게 사과의 개수를 셀 때는 각 사과의 질량 차이는 생각하지 않는다. 사과의 개수가 중요하지, 작은 사과가 몇 개이고 큰 사과가 몇 개인지는 가리지 않는다는 말이다.

하지만 사과의 질량에 대한 덧셈을 하려면 각 사과의 질량을 알아야 한다. 예를 들어, 두 번째 사과의 질량의 크기가 첫 번째 사과의 두 배라면, 접시 위에 있는 두 사과의 '질량'을 더하면 그 값은 3배가 된다. 다시 말해, '1(한 사과의 질량)+2(다른 사과의 질량)=3(두 사과의 질량)'이 되는 것이다. 접시 위에 사과 2개를 놓고 덧셈을 하는데, 어떤 때는 1+1=2, 또 다른 때는 1+2=3이 가능하다. 여기서 더 나아가 각 사과의 색깔까지 더하면 어떤 식의 덧셈이 될지 한번 생각해보자. 엄청나게 많을 것이다.

그럼 이제 파동의 덧셈을 시도해보자. 사과는 서로 공간적으로 떨어져 있어, 각 사과가 차지하는 영역이 구분되기 때문에 사과 하나하나를 낱개로 셀 수 있다. 하지만 파동은 공간에 퍼져있기 때문에, 다른 파동이 웬만큼 멀리 떨어져 있지 않으면 각 파동을 낱개로 구분해 내기가 쉽지 않다. 더욱이 인접한 두 개 이상의 파동이 서로 겹친 경우라면 더욱 난감하다. 낱개로 셀 수 없는 파동에는 사과처럼 개수를 세는 '1+1=2'라는 덧셈 규칙은 아무 쓸모가 없다.

파동은 서로 겹쳐지고 더해지는 성질이 있다. 겹쳐진 파동을 잘 관찰해 보면 각 지점에서 파동의 높이가 서로 더해지거나 빼지는 것을 알 수 있다. 사과의 경우 각 사과의 개수 대신 질량을 더할 수 있었던 것처럼 겹쳐진 파동에서는 주어진 위치에서 각 파동의 높이를 더해지는 양으로 생각할 수 있다. 여기서 사과와 파동의 차이점에 유의할

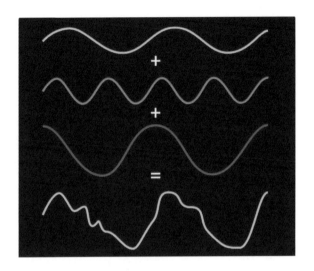

파동을 서로 더하면, 어떨 때는 커지고, 어떨 때는 작아진다. 파동의 덧셈은
공간적으로 떨어져 있는 낱개의 물체를 더하고 뺄 때와는 다르다.

필요가 있다. 사과의 질량은 하나의 숫자인데 반해, 파동의 높이는 공
간의 한 지점 'x'에서 일정한 크기 'A'가 주어지는 함수 A(x)가 된다.
따라서 파동의 높이를 더하는 작업은 단순히 두 숫자를 더하는 것이
아니다.

  파동 A의 높이와 파동 B의 높이를 더한다는 것은 모든 점에서 두
함수 A(x)와 B(x)의 값을 더하는, 즉 A(x)+B(x)라는 두 함수를 서로
더한다는 것을 의미한다. 사실 공간에 넓게 퍼져있는 파동의 높이를
더한다는 것은 생각만 해도 엄청난 일이다. 설사 모든 지점 x에서 높
이의 크기를 모두 더했다 하더라도 그 결과가 무엇을 의미하는지 파
악하기도 여전히 쉽지 않을 것이다.

사과의 운동은 위치와 속도로,
그럼 파동의 운동은?

파동의 겹침 현상을 추상적인 함수의 덧셈 대신 좀 더 직관적으로 표현할 수 있는 아이디어를 생각해보자. 사과와 같이 낱개로 구분이 되는 물체는 그 위치를 분명히 정할 수 있다. 시간에 따른 위치의 변화를 알면 그 운동을 정확히 기술할 수 있다. 뉴턴의 운동 법칙은 이렇게 낱개로 구분되는 물체의 운동에 적용되는 법칙이다. 그렇다면 공간에 퍼져있는 파동의 상태는 어떤 변수로 기술할 수 있을까? 물체의 운동을 위치와 속도로 나타내듯이 파동의 운동을 표현하는 방법이 필요하다.

파동의 특징은 주기성이다. 공간에 퍼진 모양이나 시간에 따른 진동 모두 주기적으로 이루어진다. 주기적인 운동을 하는 대표적인 모델은 물체의 원운동이다. 반지름 r인 원의 원주를 따라 속력 v로 움직이는 물체는 원의 한 점에서 출발하여 시간 $T=2\pi r/v$가 지나면 다시 원래 자리로 돌아온다. 일정한 주기 T마다 같은 운동을 반복하는 것이다. 원의 중심과 물체의 시작점을 잇는 직선을 기준으로 각 θ에 위치한 물체의 높이는 삼각비에 따라 $h=r\sin(\theta)$로 표시된다. 따라서 이 물체가 회전하면 θ 값이 증가하고, 높이 방향으로 투영된 물체의 높이는 사인함수의 값이 주기적으로 변하듯이 상하 운동을 반복한다. 이와 같은 특성은 주기적인 진동을 하는 파동의 운동과 일치한다. 그래서 원운동을 하는 물체의 높이를 공간에 펼쳐 놓거나 시간에 따른 변화의 관점에서 바라본다면 정확하게 파동에 대응한다는 것

소리의 과학

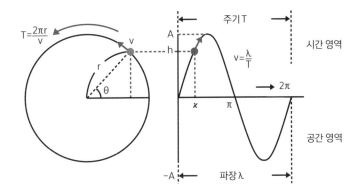

파동의 주기성을 이용하면, 원운동의 반지름과 위상으로 파동을 표현할 수 있다.

을 쉽게 이해할 수 있다. 수식으로 표현하면, $\theta=2\pi x/\lambda$로 정하면, 파동 $A(x)=\sin(2\pi x/\lambda)$는 일정한 파장 λ를 갖는 파동이고, $\theta=2\pi t/T$를 대입하면 파동 $A(t)=\sin(2\pi t/T)$는 주어진 위치 x에서 시간 주기 T로 진동하는 운동에 대응된다. 따라서 일정한 파장 λ와 주기 T를 갖는 파동은 반지름 r의 원운동에 대응하여 생각할 수 있다.

일정한 원운동 반지름 r에 같은 파장을 가진 두 파동이 공간적으로 어긋나게 퍼져나갈 수 있다. 예를 들어, $h_1=r\sin(\theta)$과 $h_2=r\sin(\theta-\theta_0)$과 같이 수식적으로 표현할 수 있다. 이런 차이는 원운동의 초기조건, 즉 시작점을 결정하는 값 θ_0에 따라 파동의 상대적인 위치가 달라지기 때문이다. 실제 원운동을 결정하는 변수로 원의 반지름 외에 시작점의 각을 나타내는 위상 변수가 있다. 따라서 일정 파장과 주기를 갖는 파동의 특성은 원운동 반지름의 크기 r_0와 위상 θ_0으로 표현할 수 있다.

그리고 파동의 파장과 진동수 사이에는 특별한 관계가 있다. 여기서 진동수는 주기의 역수로 1초 동안 진동한 횟수를 말한다. 예를 들어, 공기 중에서 소리의 속력은 일정하다. 속력의 크기는 섭씨 20도에서 초속 342미터 정도다. 파장과 진동수를 곱하면 속력이 된다. 결국 파장과 진동수는 서로 연결된 양이라고 할 수 있다. 비록 소리처럼 단순한 관계는 아니지만, 파장과 진동수 사이에는 파동의 특성을 결정하는 분산관계가 있다.

일반적으로 파동에는 여러 종류의 파장이 겹쳐 있다. 앞선 글 〈파장으로 보고, 진동수로 듣는다〉에서 모든 악기 소리의 색깔이 독특한 것은 여러 파장이 겹쳐진 배음의 구조 때문이라는 것을 얘기했다. 마찬가지로 모든 파동에는 여러 파장의 성분이 존재한다. 서로 다른 파장을 갖는 파동은 서로 다른 진동수로 진동하기 때문에 두 파동이 겹치면 진동수의 차이 또는 합만큼 새로운 진동이 나타나게 된다. 한편 같은 파장의 진동은 똑같은 진동수로 움직이기 때문에 두 파동이 겹칠 때 특별한 현상을 나타낸다. 같은 파장과 진동수를 갖는 파동은 그에 대응하는 원운동 반지름의 크기 r_0과 위상 θ_0로 표현되기 때문에, 파동의 겹침에 대한 특별한 덧셈 규칙이 있다.

파동이 겹치며 간섭무늬가 생기듯, 소리가 겹치며 음악이 탄생한다

파동의 특성을 결정하는 크기와 위상 (r_0, θ_0)는 길이와 방향을 갖는 2차원 벡터를 극좌표로 표시한 것이다. 따라서 주어진 파장의 (r_0, θ_0),

소리의 과학

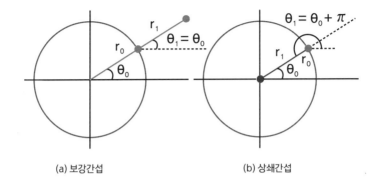

(a) 보강간섭　　　　　　(b) 상쇄간섭

(r_1, θ_1)의 두 파동을 합하는 규칙은 (r_0, θ_0), (r_1, θ_1)에 해당하는 두 벡터의 합을 구하는 규칙과 동일하다. 예를 들어, 두 파동의 위상이 같은 $\theta_0 = \theta_1$의 경우, 두 파동의 벡터는 같은 θ_0 방향을 향하기 때문에 결과적으로 두 파동의 합은 $(r_0 + r_1, \theta_0)$이 되어 단순히 크기 r_0와 r_1의 합이 된다는 것을 확인할 수 있다. 다시 말해서, 위상이 같은 경우는 사과의 질량을 더하는 것과 같은 결과를 보인다. 이렇게 위상이 같은 파동의 합이 서로 상승 작용을 해서 커지는 경우를 보강간섭이라 한다.

이제 두 파동의 위상이 180도(또는 π 라디안) 차이가 나는 $\theta_0 = \theta_1 + \pi$인 경우를 생각해보자. 180도 위상 차이가 있다는 것은 두 파동의 벡터가 서로 반대 방향을 향한다는 것과 같다. 따라서 벡터의 합은 $(r_0 - r_1, \theta_0)$이 되어 r_0와 r_1의 차이가 파동의 크기가 된다. 여기서 두 파동의 크기가 같다면, 즉 $r_0 = r_1$이라면, 그 합은 $r_0 - r_1 = 0$이 된다. 같은 파장이면서 위상이 180도 다른 두 파동을 더하면 그 크기가 0이 된다. 다시 말해서 파동이 없어진다는 것을 의미한다. 이런 경우를 상쇄간섭이라

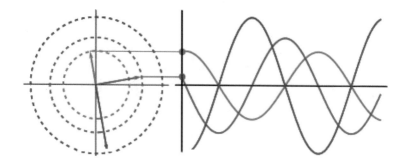

반지름과 위상이 각각 다른 세 지점(왼쪽 원)은 특정 파장과 주기의 세 개의 파동(오른쪽)을 나타낸다.

부른다.

이렇게 크기와 위상을 갖는 파동의 덧셈이 사과의 덧셈과 근본적으로 다르다는 것을 확인했다. 사과의 개수나 질량의 덧셈은 1+1＝2의 규칙을 그대로 따르는 반면, 파동의 덧셈에서는 위상의 차이에 따라 크기의 합 '1+1'이 상쇄간섭의 경우 '0'에서 보강간섭의 경우 '2'까지 가능하다. 파동의 보강간섭과 상쇄간섭은 호수의 물 표면의 진동에도 마찬가지로 적용된다. 물에 떨어진 돌이 만든 동심원 파동이 서로 겹쳐지면서 보강과 상쇄간섭을 만들어 멋진 간섭무늬를 만들어 낸다.

소리의 진동을 디지털로 샘플링하여 바꾼 것이 CD에 담긴 음악

자, 이제까지 우리는 파동을 간단한 수식을 이용해 표현할 수 있는 방

소리의 과학

법을 알아보았다. LP판은 이렇게 시간에 따른 소리의 진동 변화를 그대로 그려 넣은, 아날로그 방식의 대표적인 유물이라 할 수 있다. 비닐 판에 홈을 파서 제작하는 방식이기 때문에 소리의 진동을 완벽하게 재현하기도 힘들고 사용하는 과정에도 많은 불편이 있었다. 그러면서 컴퓨터 기술의 발전에 따라 LP판의 아날로그 신호를 디지털 신호로 바꾸려는 시도가 있었다. 우리 귀로 구분할 수 있는 소리의 진동수가 초당 20회에서 2만 회, 즉 20~20,000Hz 사이에 있다는 점에 착안한 것이다.

아날로그 신호를 디지털로 바꾸는 과정에서 디지털 샘플링의 빈도를 우리가 들을 수 있는 최대 진동수보다 훨씬 높은 44,100회, 즉 44.1kHz를 사용하고, 각 샘플링 위치에서 파동의 크기를 65,536단계로 구분하는 방식을 사용하여 실제 저장되는 스테레오 음악 데이터의 양은 초당 1411.2kbit 정도다. 따라서 700MB(메가바이트) 용량의

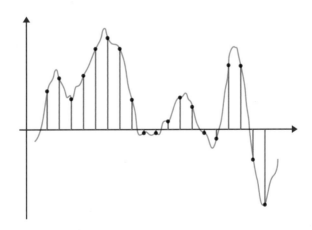

아날로그 신호(푸른색)에서 특정 빈도로 디지털 샘플링(붉은색)을 한다.

CD는 약 65분 정도의 재생이 가능하다. 물론 CD에 저장되는 파동의 정보는 LP판에 저장되던 아날로그 정보를 불연속적으로 데이터로 변환한 것 외에는 크게 다른 점이 없다.

MP3 음악은 파동의 변화를 시간이 아니라 진동수 영역으로 가져오면서 시작된다

MP3는 Moving Picture Experts Group^{MPEG}에서 정한 음성 데이터 압축^{audio data compression} 방식이다. MP3의 기본 아이디어는 우리 귀가 소리의 진동에서 진동수를 분해해 낸다는 데서 나왔다. 앞선 글 〈파장으로 보고, 진동수로 듣는다〉에서 우리는 소리의 색깔, 즉 음색을 시간 경과에 따른 소리의 진동 크기 변화가 아니라, 진동수의 변화로 구분한다고 논의했다. 그래서 음성 데이터도 시간 영역이 아니라 진동수 영역에서 데이터를 최적화하는 것이 효과적이라 짐작할 수 있다.

CD에 저장된 정보는 기본적으로 시간에 따른 파동의 진동을 기록한 것이다. 시간 영역에서 연속적인 함수의 표본을 불연속적인 점에서 추출하고 동시에 잡음까지 최소화하려면 필요 이상으로 많은 데이터를 추출해야 한다. 다시 말해, CD 음악 파일에 저장된 시간 영역의 파동 정보는 우리가 듣는 진동수 영역에서는 필요 없는 데이터까지 포함하고 있는 것이다.

MP3 인코딩의 기본 작업은 소리를 시간에 따른 크기 변화 그대로 저장하지 않고, 시간 영역에서 샘플링한 데이터를 진동수 영역으로

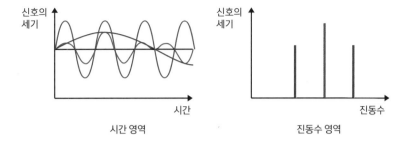

시간 영역   진동수 영역

(a)

(b)

(c)

(d)

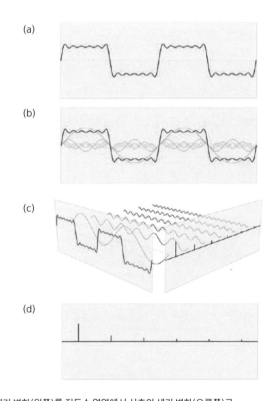

위 시간 경과에 따른 신호의 세기 변화(왼쪽)를 진동수 영역에서 신호의 세기 변화(오른쪽)로
표현했다. 이 과정을 푸리에 변환이라 한다. 두 그래프는 같은 현상을 나타낸다.
아래 시간 영역의 파동(a)을 진동수 영역의 파동(d)으로 변환하는 과정이다. (b, c)와 같이 대상
파동을 여러 파동의 합으로 분해하고, 분해한 각 파동의 진동수를 확인하여 변환한다.

변환한 다음, 우리 귀에 민감하지 않은 진동수 영역의 데이터를 조정한 후 압축 알고리즘을 적용하여 저장하는 것이다. 진동수 영역에서 작업할 경우 샘플링을 1411.2kbit/s에서 128이나 160 혹은 192kbit/s까지 줄여도 음악의 질을 충분히 유지할 수 있다. 그러면서도 최종 저장 데이터의 양은 11분의 1, 9분의 1 또는 7분의 1까지 줄일 수 있다.

파동을 시간에 따른 함수가 아닌 진동수 또는 파장으로 분해하여 표현하는 방법에 착안한 MP3 기술의 발전은 음향데이터 압축뿐 아니라 영상데이터 압축 기술로 발전하였으며, 지금은 인터넷을 통한 HDTV시청까지도 가능하게 하고 있다. 디지털 신호 처리 기술의 핵심은 디지털-고속-푸리에-변환digital fast Fourier transform, dFFT을 포함한 여러 컴퓨터 알고리즘을 하드웨어에 직접 설계해 넣는 것이다. 파동의 시간 변화 정보인 실시간 아날로그 정보를 시간 지연 없이 진동수 영역으로 신속하게 바꿔주기 위해서는 최대한 빠른 속력 계산이 필요하기 때문이다.

MP3 음악 파일처럼 진동수 영역에서 데이터를 압축하면 효율적으로 잡음을 제거할 수 있다. 이런 파동의 진동수 영역과 시간 영역에서의 관계를 이용하면 훨씬 정밀한 측정도 가능하다. 다음 글에서는 정밀한 측정을 위해 어떻게 파동의 성질을 이용하는지 살펴보자.

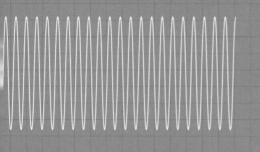

측정의
과학

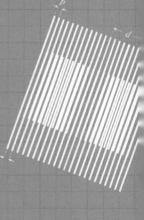

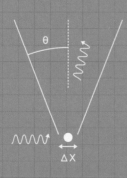

두 개의 블랙홀이 부딪치는 모습을 컴퓨터그래픽으로 시뮬레이션하였다.

우리는 얼마나 작은 물체까지 잴 수 있을까?

2016년 2월 11일 레이저 간섭계 중력파 관측소LIGO, Laser Interferometer Gravitational-wave Observatory는 100년 전 아인슈타인이 예측한 중력파의 존재를 확인했다고 발표했다. 지구로부터 약 13억 광년 떨어진 곳에서 태양 질량의 29배와 36배인 블랙홀 두 개로 이뤄진 쌍성이 충돌했고, 그 과정에서 태양의 3배 가까운 질량의 에너지가 수분의 1초 사이에 방출되었다. 블랙홀 주변의 시공간이 찌그러지고 그 여파는 우주 공간으로 퍼져나갔다. 이 중력파는 국제협정시UTC 2015년 9월 14일 오전 9시 51분 지구를 통과하면서 LIGO의 측정 장치에 그 흔적을 남겼다는 것이다.

중력파 측정, 지구와 달 사이에서
수소 원자 하나를 찾아내다

간접적인 관측이기는 하지만 중력파의 존재는 1974년에 조셉 테일러와 러셀 헐스에 의해 이미 확인된 바 있다. 중성자별 주변을 도는 펄서의 자전 주기와 펄스 방출주기를 정밀하게 측정하여 펄서 궤도의 축소가 아인슈타인의 일반상대성이론에서 예측한 중력파에 의한 에너지 방출과 일치함을 보였다. 테일러와 헐스는 이 업적으로 1993년 노벨물리학상을 수상했다. 40년 전에 그 존재가 확인된 중력파에 대한 직접 관측이 2016년에 와서야 겨우 가능했던 이유는 무엇일까?

LIGO는 우리나라를 포함해 전세계 15개국, 90개 이상의 대학과 연구소에서 1000명 이상의 과학자가 참여한 프로젝트다. 이 연구 수행을 위해 상상을 초월하는 연구비가 투입되었다. 중력파 관측을 위해 이렇게 막대한 인력과 지원이 필요할 수 밖에 없는 데에는 이유가 있다. 중력파 측정을 위해서는 1×10^{-19}만큼 작은 흔들림을 감지하는 정밀한 측정장치가 있어야 하기 때문이다. 이 흔들림은 지구와 달 사이의 거리에서 수소 원자 크기보다 작은 길이의 차이에 불과하다.

얼마나 정확하게 측정하느냐는
눈금이 얼마나 촘촘하느냐의 문제

중력장 측정에 필요한 정밀도를 얘기하기 전에 우리 주변의 길이 측

이 인형의 정확한 키는 얼마일까? 눈금이 어떻게 매겨져 있느냐에 따라 길이의 정밀도가 달라진다.

정에 대해 먼저 살펴보자. 요즘은 병원이나 체력단련실에 가면 키와 몸무게를 동시에 측정할 수 있는 신장체중측정기를 흔히 볼 수 있다. 보통 키를 잰 결과가 0.1센티미터 단위로 나오지만, 허리를 펴고 숨을 들이쉰 채로 재면 0.5센티미터 정도는 쉽게 바뀌기도 한다. 키가 170 센티미터인 사람의 키를 잰다고 하면 아무리 정확히 잰다고 해도 신장측정기의 정밀도는 기껏해야 300분의 1 밖에 되지 않는다. 중력파 측정에 필요한 1×10^{-19}에 비하면 어림도 없는 값이다. 그렇다면 자의 정밀도를 높이려면 어떻게 해야 할까?

길이 측정의 오차는 자의 눈금에 달려있다. 사과를 반쪽으로 자른 후, 지름을 측정한다고 해보자. 0.1센티미터 단위로 눈금이 표시된 자를 이용해 한쪽에 '0' 점을 잘 맞춘 후, 반대편 눈금을 읽으려고 하는데 하필이면 15.3센티미터와 15.4센티미터 사이에 걸쳐있다. 이럴 때 사과의 지름은 보는 사람에 따라 15.3센티미터, 15.4센티미터, 또는 15.35센티미터로 다르게 볼 수 있다. 그리고 이런 식의 측정 결과들은 크게 잘못된 것도 아니다. 하지만 어떤 사람이 더 정밀한 측정도 하지 않았으면서 15.3323센티미터라고 주장한다면 15.3 이하의 숫자 '323'에 대해서는 신뢰를 얻기 힘들다. 눈금의 간격이 0.1센티미터이기 때문에 그 이하의 정확성을 주장할 근거가 없기 때문이다.

눈으로 볼 수 있는 눈금은
한계가 있다

측정의 오차를 줄이고 정확도를 높이려면 자의 눈금을 촘촘하게 만드는 수밖에 없는데, 여기에도 한계가 있다. 우선 눈금선의 두께가 너무 가늘거나 눈금선 사이의 간격이 너무 좁으면 맨눈으로 구분하기 힘들어진다. 눈금 간격이 겹치지 않도록 어미자와 아들자를 이용해 정밀하게 눈금을 구분한 버니어 캘리퍼스는 0.05밀리미터까지 정확하게 측정할 수 있다. 0.05밀리미터는 사람의 머리카락 두께와 비슷한 길이로 맨 눈으로 구분할 수 있는 한계이기도 하다.

　맨눈의 한계는 현미경을 이용하면 넘을 수 있다. 현미경의 대물렌즈에 10마이크로미터 단위의 눈금을 새겨 넣으면 박테리아나 세포

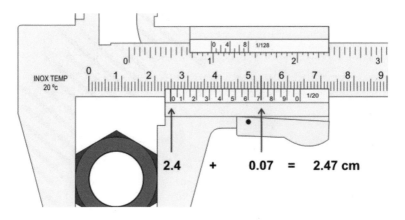

버니어 캘리퍼스.

의 크기를 측정하는 것이 가능하다. 하지만 현미경을 사용하는 것도 한계가 있다. 가시광선 영역의 빛의 파장보다 작은 0.5마이크로미터 이하의 크기는 광학현미경으로는 측정이 불가능하기 때문이다.

사실 맨눈으로 구분할 수 있는 가시광선 파장의 길이 0.5마이크로미터 단위의 눈금으로 자를 만들어 사람의 키를 측정한다 해도 그 정밀도는 1백만분의 1 정도에 불과하다. 중력파를 관측하기에는 터무니없이 미흡한 정밀도다.

길이의 표준은 미터 원기가 아니라 빛이 움직인 거리

자에 눈금을 그어 길이를 측정하는 것은 미터 원기를 길이의 표준으

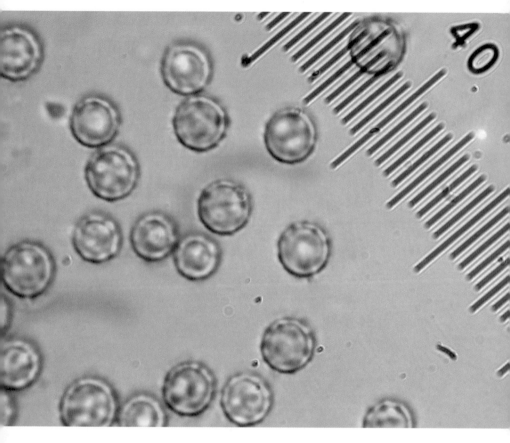

현미경 대물렌즈의 눈금을 이용한 측정.

로 정하는 방식에 대응된다. 길이를 재기 위해 눈금의 표준을 사용하는 것이다. 그런데 앞선 글 〈킬로그램 원기는 다이어트 중〉에서 빛의 속력이 일정하다는 것에 근거해 길이의 표준을 "빛이 진공에서 1/299,792,458초 동안 진행한 거리"로 정의한다고 했다. 길이의 표준을 막대나 자의 눈금이 아니라 빛이 움직인 거리로 정한다는 말이다. 하지만 실제로 빛이 움직인 거리를 측정하기란 쉽지 않다. 빛의 속력은 일상적으로 다루기에는 너무 빠르기 때문이다.

길이의 표준을 정하면서 우리는 빛의 속력이 일정하다는 점을 이용했다. 그리고 빛은 파동의 성질을 갖고 있다. 인간의 눈으로 감지할 수 있는 가시광선은 400~700나노미터의 파장을 갖지만, 700나노미터 이상의 파장 영역은 적외선, 센티미터~수백 미터까지는 라디오파 영역에 속한다. 반대로 400나노미터보다 짧은 영역은 자외선, 그보다 더 짧은 나노미터 이하는 X-선, 그 이하는 감마선 영역에 속한다. 이론적으로 빛은 모든 길이의 파장을 가질 수 있다. 그렇다면 빛의 이런 특성을 측정에 이용할 수는 없을까?

파동의 주기성을
자의 눈금으로 생각해보면 어떨까

앞선 글 〈소리는 파동의 겹침〉에서 파동의 특징은 주기성임을 얘기했다. 파동은 공간에 퍼진 모양이나 시간에 따른 진동 모두 주기적으로 이루어진다. 파동의 주기성을 자의 눈금에 대응해서 생각하면 빛을

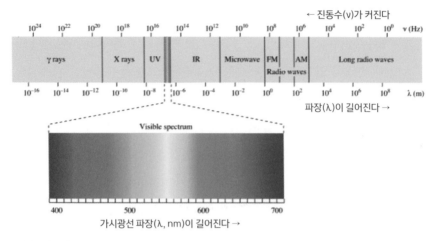

빛의 스펙트럼.

자로 활용하는 방법을 생각해볼 수 있다. 빛을 자로 활용하는 아이디어를 제시한 사람은 미국의 앨버트 마이켈슨이다. 마이켈슨의 간섭계로 알려진 이 장치에서는 광원에서 나온 광선이 빔 가르개beam splitter를 지나면서 두 갈래로 갈라졌다가 다시 합쳐지도록 고안되었는데, 광선이 갈라지면서 지나는 두 경로의 거리가 서로 다르거나, 서로 다른 물질을 지나면서 굴절률의 차이가 생기면 빛 파동의 위상차가 발생해 간섭무늬에 변화가 생긴다.

예를 들어, 간섭계의 경로나 굴절률 차이가 정확히 180도의 위상차를 만든다면 상쇄간섭 상태가 되어 빛은 밝기가 '0'이 된다. 만일 두 경로 중 한쪽의 거울이 움직여 위상차에 변화가 생기면 상쇄간섭에서 벗어나 빛의 밝기가 커진다. 이 밝기 변화를 측정하여 위상차 각도를

측정의 과학

구하면, 거울이 움직인 거리를 빛의 파장과 위상차에 비례하는 거리로 환산할 수 있다. 마이켈슨 간섭계의 원리를 적용하면 길이 측정의 정밀도는 빛의 파장과 거울 사이의 거리에 따라 얼마든지 높일 수 있다. LIGO에서 높은 정밀도의 측정을 하기 위해 사용한 것이 바로 마이켈슨 간섭계의 원리를 이용한 측정장치다.

잡음 없이 원하는 신호만
보고 싶다면

파동의 주기성은 공간에 퍼진 모양뿐만 아니라 시간에 따른 진동에도 있다. 따라서 빛의 파동성을 이용하면, 공간상의 길이 측정뿐 아니라 시간적 간격의 측정도 가능하다. 공간적인 위상차가 있는 파동이 섞일 때 상쇄-보강 간섭을 일으키듯, 주파수가 다른 두 파동이 섞이면 맥놀이라는 특이한 현상이 발생한다. 예를 들어, 각각 440Hz와 441Hz의 소리를 내는 소리굽쇠를 동시에 두드리면, 두 파동의 간섭에 의해 1초에 한 번 진동하는 1Hz의 소리가 난다.

이 원리를 이용하면 일정한 진동수의 파동을 기준으로 삼아 다른 파동의 진동수를 쉽게 측정할 수 있다. 예를 들어, 악기를 조율할 때, 아무런 기준 주파수 없이 440, 441, 442, 443Hz 진동수를 구분하는 것은 매우 어려운 일이지만, 440Hz의 소리를 기준으로 정하면 440, 441, 442, 443Hz 진동수를 구분하는 대신에 0, 1, 2, 3Hz를 구분하는 일이 되어 상대적인 진동수 차이를 쉽고 명확하게 파악할 수 있다. 맥

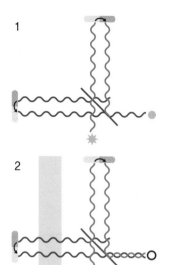

마이켈슨 간섭계. 1번 그림에서 아래쪽 광원(노란색 별표)에서 나온 빛이 빔 가르개(초록색 선)에서 왼쪽과 위쪽, 두 개의 광선으로 갈라진다. 각각의 광선이 거울(회색 네모)에서 반사되어 검출기(오른쪽 노란색 원)에서 겹쳐진다. 2번 그림은 이 간섭계의 왼쪽 부분에 중력파(노란색 기둥)가 겹쳐진 모습이다. 반사된 광선의 경로가 달라지면서 검출기 간섭무늬의 밝기가 달라진다.

놀이의 원리는 단순히 진동수를 측정하는 데 그치지 않고 물체의 속력이나 잡음을 제거하는 데도 유용하게 쓰인다.

맥놀이를 이용한 측정 장치 중 자동차나 야구공의 속력을 측정하는 데 유용한 스피드건이 있다. 일반적으로 스피드건은 마이크로파를 물체에 발사하고 반사되는 파동의 진동수 변화를 측정하여 물체의 속력을 구한다. 움직이는 물체에서 반사되는 파동에는 도플러 효과가 작용한다. 물체의 운동 방향이 파동의 전파 방향과 같으면, 물체에서 반사되는 파동의 주파수는 그 속력에 비례하여 줄어든다. 하지만 그 물체가 파동의 전파 방향과 반대로 움직인다면, 반사된 파동의 주파수는 속력에 비례하여 증가한다. 예를 들어, 10GHz

측정의 과학

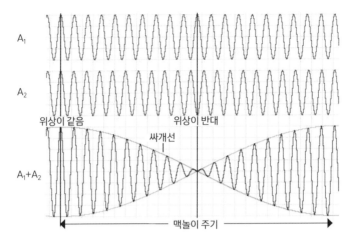

A_1

A_2

위상이 같음　위상이 반대

싸개선

$A_1 + A_2$

맥놀이 주기

21Hz와 22Hz 파동을 섞었을 때 나타나는 1Hz 주기의 맥놀이 모양. 진폭의 변화도 알 수 있다. 소리굽쇠를 이용하여 맥놀이 현상을 확인할 수 있는 동영상을 https://goo.gl/7x7SI7에서 볼 수 있다.

마이크로파를 움직이는 자동차에 발사했을 때, 반사되어 돌아온 마이크로파의 주파수가 (10G+100)Hz라고 하면, 스피드건은 쉽게 주파수가 100Hz 차이 난다는 것을 확인할 수 있다. 따라서 물체는 (100Hz/10GHz)×(빛의 속력/2)=1.5m/s, 즉 시속 5.4킬로미터의 속력으로 다가오는 것이 된다.

또한 맥놀이는 잡음 제거 기술에서 빼놓을 수 없는 핵심 원리다. 앞서 설명한 맥놀이 현상은 서로 다른 진동수 f_1, f_2의 파동이 섞일 때 진동수의 차이에 해당하는 $(f_1 - f_2)$의 파동이 걸러져 나오는 현상을 의미한다. 하지만 실제로는 두 진동수의 합 $(f_1 + f_2)$에 해당하는 파동도 만들어진다. 다만 $(f_1 + f_2)$의 파동은 더 높은 진동수의 파동이라 실제로는 구분이 쉽지 않다. 하지만 f_1과 f_2 진동수의 파동이 섞여서 (f_1-f_2), (f_1+f_2) 진동수의 파동을 만드는 원리를 거꾸로 적용하면, 잡음을 줄이는 측정도 가능하다.

예를 들어, 60Hz 이하의 전기 신호 f_1을 그대로 키우려고 하면, 주변의 잡음이 더 크게 증폭된다. 특히 60Hz의 교류전원에 의한 잡음은 크게 나온다. 따라서 f_1의 신호를 증폭시키는 대신, f_2=10kHz의 교류 신호를 함께 섞으면 (f_2+f_1), (f_2-f_1) 파동 신호로 바뀌어 저주파의 잡음과 상관없이 증폭될 수 있다. 이렇게 증폭된 신호에 다시 f_2=10kHz 를 섞으면 증폭된 f_1과 (f_1+2f_2)의 신호로 분리되어 잡음이 없는 증폭된 f_1 신호를 얻을 수 있다. 이런 과정을 '로크인 앰프Lock-in Amplifier'라 한다.

중력파 신호를 검출하는 과정에서도 온갖 종류의 잡음에 대한 검증 절차를 갖추고 있다. 지구와 달 사이의 거리에서 수소 원자 크기보다 작은 길이의 흔들림을 잡아내는 실험에서는 건물 내 사람들의 발걸음이나 건물 밖의 바람도 심각한 영향을 준다. 이런 과정에서 맥놀이 원리는 매우 중요한 역할을 할 수 있다. 주변에 발생할 수 있는 잡음의 진동수 영역에서 분리된 영역을 이용한 방법을 찾는다면 측정의 정밀도를 한층 높일 수 있다.

측정의 과학

길이 측정의 한계는
결국 전자 위치 측정의 한계

자의 눈금을 기준으로 한 측정이나 빛의 간섭을 이용한 측정 모두 한계가 있다. 자의 눈금은 눈금을 긋는 선의 두께를 원자 이하로 줄일 수없다. 극단적으로 생각해서 원자의 크기를 재기 위한 자를 만든다면 자의 눈금을 어떤 것으로 정할지 고민스러운 일이다. 실제로 가시광선 파장 이하의 물체를 직접 관찰할 수 없는 한계 때문에 가시광선 파장보다 3천분의 1 이하인 원자의 모양을 정하는 것 또한 어려운 일이다.

빛의 간섭을 이용한 측정에서도 마찬가지 문제가 있다. 마이켈슨 간섭계의 원리는 주어진 파장의 한계를 갖고 있기 때문에 정밀도를 높이려면 더 짧은 파장의 빛을 써야 한다. 그런데 빛의 특성상 가시광선보다 짧은 파장의 빛은 파동의 성질보다 입자의 성질이 커서 파장을 눈금으로 활용하기에 적절하지 않다. 특히 원자 크기 이하를 정확히 볼 때 필요한 감마선은 파장보다는 입자의 성격이 강하기 때문에 더욱 어렵다.

결과적으로 길이 측정의 한계는 원자의 크기를 측정하는 방법의 문제로 돌아간다. 원자는 핵 입자와 전자로 구성되어 있어, 원자의 크기를 측정하는 것은 핵 입자 주변에 있는 전자의 위치를 측정하는 것과 같다. 결국 길이 측정의 한계는 전자의 위치 측정의 한계라고 할수 있다. 다음 글에서는 측정 대상인 전자 입자와 측정 도구인 빛에 담겨있는 본질적 성질을 살펴보기로 하자.

만물의 근원인 원자, 이 세상 모든 것은 원자로 구성되어 있다. 그렇다면 원자는 대체 어떻게 생겼을까? 그리고 얼마나 작을까? 사진은 벨기에 브뤼셀의 아토미엄 박물관이다.

원자의 크기는
어떻게 측정할 수 있을까?

망사로 된 천을 두 장 겹쳐 놓으면 재미있는 무늬가 나타나는 것을 관찰할 수 있다. 촘촘한 간격으로 짜인 방충망 같은 망사 종류는 실 사이의 간격이 충분히 넓어 빛을 잘 통과시킨다. 그래서 방충망을 통해 창밖의 물체를 보는 데 별 불편함이 없다. 때로 주의를 기울이지 않으면 방충망이 있는지조차 모르는 경우도 있다. 그런데 이렇게 거의 반투명한 방충망을 두 장 이상 겹쳐놓으면 그 전에는 보이지 않던 무늬가 나타난다. 심지어 보는 방향을 바꾸거나 방충망의 위치를 움직이면 마치 그림자처럼 넓은 무늬가 요동치며 변하는 것을 볼 수 있다. 이런 그림자와 같은 얼룩 무늬를 무아레moiré 무늬라고 한다.

무아레 무늬는 망사 실의 세밀한 격자 간격보다 훨씬 크고 변화도 다양하다. 가로 세로가 일정한 간격으로 짜인 망사나 빗살의 격자

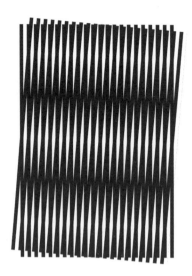

주기적으로 배열된 직선 무늬를
겹쳐서 나온 무아레 무늬.

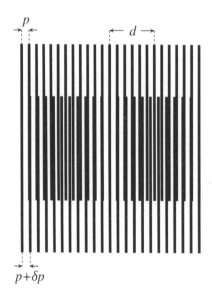

주기의 차이가 아주 작은 격자에
보이는 무아레 무늬.

간격에 비해, 무아레 무늬의 간격은 훨씬 넓을 뿐 아니라, 원 격자가 미세하게 움직이면 역동적인 모양이 나타나기도 한다. 일정한 간격으로 배열된 빗살 무늬 모양의 직선들은 약간만 방향을 비틀어 겹쳐도 본래 빗살보다 넓은 간격의 어두운 그림자를 새로 만들어낸다. 이렇게 일정한 간격을 띤 무늬가 겹쳐져서 원 간격의 주기보다 더 큰 무늬를 만드는 현상을 무아레 간섭이라고 한다.

무아레 무늬로 바짝 붙어있는
두 선분의 간격을 잴 수 있을까?

무아레 무늬는 같은 주기의 격자가 겹쳐질 때만 나타나는 것은 아니다. 오히려 격자 간격의 차이가 아주 작은, 두 개의 격자가 겹쳐지면 선명한 무아레 무늬를 만든다. 예를 들어, 1센티미터 간격으로 평행한 직선을 그어 만든 빗살 무늬를 생각해보자. 이 빗살 무늬 위에 0.9센티미터 간격으로 직선이 그어진 무늬를 올린다면, 직선 간의 간격이 0.1센티미터씩 차이가 나기 때문에 매번 조금씩 어긋나던 새로운 줄 간격이, 10번째 되는 직선이 9센티미터 떨어진 지점에 있는, 즉 본래 줄 간격으로 9번째 직선과 정확히 일치하는 모양이 된다. 이렇게 1센티미터와 0.9센티미터 간격의 빗살 무늬 두 개가 겹쳐질 때 나타나는 무아레 무늬의 주기는 1센티미터나 0.9센티미터가 아니고, 0.9센티미터 격자 주기의 10배 크기인 9센티미터가 된다.

    무아레 무늬가 생기는 원리는 측정의 정확도를 높이는 데 쓰이기도 한다. 측정의 기준이 되는 격자의 간격, 즉 주기를 정확히 알고 있다면, 측정하려는 대상이 되는 격자의 간격은 그 차이가 아무리 작아도 정밀하게 잴 수 있다. 앞에서 0.9센티미터 간격의 빗살 무늬에 간격 차가 0.1센티미터인 또 다른 격자를 겹치면, 나타나는 주기가 원 주기의 10배인 9센티미터가 되는 것을 살펴보았다. 그렇다면 이제 반대로 생각해보면, 무아레 무늬 주기가 9센티미터라는 것은 곧 격자 주기 차이가 0.1센티미터라는 것을 알 수 있게 되는 것 아닌가.

여기서 무아레 무늬의 주기는 격자 주기 차이에 반비례한다는 점에 유의하자. 격자 주기의 차이가 1백분의 1, 즉 0.01센티미터라면, 무아레 무늬의 주기는 100배 큰 99센티미터로 커질 것이다. 어미자와 아들자를 이용해 정밀하게 눈금을 구분한 버니어 캘리퍼스가 바로 이 무아레 무늬의 원리를 이용한 것이다. 물론 현재 측정기술로 0.01센티미터 정도의 간격 차이를 측정하는 것은 그리 어려운 일이 아니다. 하지만 앞선 글 〈우리는 얼마나 작은 물체까지 잴 수 있을까?〉에서 논의한 것처럼, 가시광선 영역의 빛의 파장보다 작은 0.5 마이크로미터 이하의 길이는 광학현미경으로 측정할 수 없기 때문에 무아레 무늬의 원리는 아주 작은 물체의 측정에 상당히 유용하다.

최근 나노과학에서 자주 등장하는 그래핀은 탄소 원자가 벌집 모양의 2차원 격자를 이루고 있는 물질이다. 그래핀 격자 간의 간격은 0.246나노미터(1nm=1십억분의 1미터)다. 방충망 격자의 약 1000만 분의 1에 불과하다. 이렇게 작은 격자 간격을 가진 그래핀을 잡아당겨 늘리거나 비틀면 격자가 찌그러지는데 그 크기는 약 0.001나노미

측정의 과학

(왼쪽)그래핀 격자의 모습. (오른쪽)겹쳐진 그래핀의 무아레 무늬.

터 정도밖에 되지 않는다. 이렇게 작은 변화를 측정할 때 무아레 무늬가 중요한 역할을 한다. 두 장의 그래핀을 겹치거나 그래핀과 비슷한 주기를 갖는 질화붕소층 위에 그래핀을 얹는 경우, 격자 주기의 차이에 따라 오히려 100배 이상 커진 모양 무늬가 나타나 격자의 변화를 쉽게 감지할 수 있다.

무아레 무늬의 주기는
파동의 간섭 현상 때문

무아레 무늬는 주기성을 가진 격자가 겹쳐서 나오는 모양이기 때문에 어떤 면에선 앞선 글 〈소리는 파동의 겹침〉에서 다루었던 파동의 특징과 유사하다. 규칙적으로 되풀이되는 모양을 여러 번 거듭해 합친다고 생각해보자. 그러면 주기의 차이에 의해 시각적으로 만들어지는 줄무늬는 파동이 겹쳐지면서 보강간섭 또는 상쇄간섭의 형태를 보인

(파장이 1인 파동)
+
=
(파장이 0.9인 파동)
(파장이 9인 파동)

파장이 1센티미터인 파동과 0.9센티미터인 파동을 겹치면 파장이 9센티미터인 파동이 나온다.

다. 예를 들어, 파동의 주기, 즉 파장이 1센티미터인 파동과 파장이 0.9센티미터인 파동이 겹쳐진 파동의 모양은 9센티미터의 파장을 갖는다. 1센티미터와 0.9센티미터 간격의 빗살 무늬를 겹쳤을 때 9센티미터 간격의 무아레 무늬가 나타나는 것과 같다. 그래서 무아레 패턴을 간섭무늬 또는 물결무늬라고 부르기도 한다.

그렇다면 무아레 무늬와 파동 간섭무늬의 다른 점은 무엇일까? 무아레 무늬가 나타나려면 최소한 두 개의 주기성을 가진 격자가 겹쳐져야 한다. 한 격자의 주기성과 어긋나는 다른 주기가 겹쳐지면서 두 격자의 주기 차이에 반비례하는 무아레 무늬의 주기가 만들어진다. 그런데 무아레 무늬는 공간에 일정한 모양으로 펼쳐져 있어 쉽게 관측할 수 있는 반면, 파동의 간섭무늬는 시간에 따라 계속 진동하기 때문에 그 모양을 보기가 쉽지 않다. 파동의 간섭을 쉽게 볼 수 있는 것은 앞선 글 〈파장으로 보고, 진동수로 듣는다〉에서 언급한, 양쪽 끝

측정의 과학

이 고정된 기타 또는 바이올린 줄의 진동 모양이나 호수에 퍼지는 파문 정도에 불과하다. 그나마 이렇게 볼 수 있는 것도 파장의 길이가 같은 파동의 간섭일 때만 가능하다.

주기가 다른 파동이 겹쳐 나타나는 현상은 앞선 글 〈우리는 얼마나 작은 물체까지 잴 수 있을까?〉에서 보여준 맥놀이 현상이다. 예를 들어, 440Hz와 441Hz의 소리를 내는 소리굽쇠를 동시에 두드리면, 두 소리 파동이 겹치면서 간섭을 일으켜 1초에 한 번 진동하는 1Hz의 소리가 난다. 맥놀이 현상은 공간적으로 퍼진 형태가 아니라 시간에 따른 변화이기 때문에 시각적으로 관측하기는 어렵다. 하지만 맥놀이에서 시간을 공간으로 바꿔 생각해 볼 수는 있다. 440Hz는 1초에 440 번 진동한다는 의미다. 이것을 주기로 바꿔보면, 1/440초에 해당한다. 마찬가지로 441Hz의 주기는 1/441초다. 공간 대신 시간 차원에서 격자를 생각하면, 1/440초 격자와 1/441초 격자가 겹쳐진 셈이고, 그 차이에서 만들어진 '무아레' 맥놀이 주기는 격자 주기보다 440 배 큰 1초가 된다고 할 수 있다. 기준을 시간에서 공간으로 바꾸기만 하면, 무아레 무늬의 원리와 완벽하게 같은 원리가 맥놀이 안에 숨어 있다는 것을 알 수 있다. 맥놀이나 무아레 무늬가 같은 원리에서 나왔다면, 이런 파동의 간섭 현상을 잘 활용해서 시간적 주기의 차이를 공간적 주기의 차이, 즉 길이로 바꿔 보는 것도 가능할 것이다.

X-선을 원자 격자에 비추면,
간섭무늬로 원자의 위치를 결정할 수 있다

X-선은 0.01~10나노미터의 파장을 갖는 전자기파다. 독일의 물리학자 빌헬름 뢴트겐은 사람의 몸을 투과할 수 있는 X-선의 존재를 우연히 발견했고 그 공로로 1901년 노벨물리학상을 받았다. 뢴트겐은 현재 진단방사선학의 아버지로 불리는데, 그 이유는 우리 몸을 투과할 수 있는 X-선이 지금까지 병원에서 사용되는 가장 중요한 건강진단 도구 중 하나이기 때문이다.

1890년 호주에서 태어난 영국의 물리학자 윌리엄 브래그는 X-선 파장의 크기가 원자 결정 내에서 원자 간의 거리와 비슷하다는 점에 주목했다. 그는 X-선의 파장이 원자 간의 거리와 비슷하다면, 원자 격자에서 반사되는 X-선 파동의 간섭무늬로 원자의 위치를 알아낼 수 있지 않을까 생각했다. 반사된 전자기파가 퍼지는 방향에 따라 간섭무늬의 모양이 달라지는 현상은, 무아레 간섭무늬가 격자 주기의 차이에 의해 생기는 것과 같은 원리다. 간섭무늬 아이디어를 발전시킨 브래그는 X-선이 결정의 격자에 의해 회절되는 현상에서 결정 내부의 원자들의 위치를 구하는 원리를 밝혔고, 그 공로로 1915년 노벨물리학상을 수상했다.

브래그가 제시한 X선 결정학 방법의 핵심은 원자 간 간격과 비슷한 파장의 전자기파를 이용해, 주기적으로 배열된 원자에서 반사된 전자기파가 공간에 펼쳐낸 간섭무늬의 모양으로 원자의 위치를 알

측정의 과학

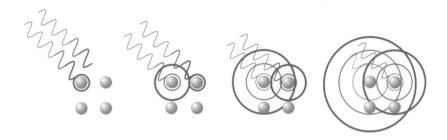

결정 구조의 원자에 반사된 X선의 간섭모양.

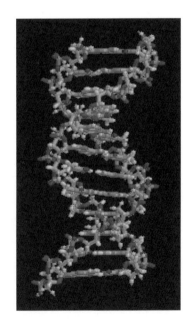

DNA 이중나선 구조

아내는 것이다. 무아레 무늬의 주기로부터 원 격자 주기의 차이를 알아내는 것처럼 말이다. 브래그의 X선 결정학 방법은 우리 주변의 거의 모든 물질의 결정 구조를 분석하는 데 큰 역할을 했다. 심지어 왓슨과 크릭이 밝힌 DNA 이중나선 구조와 같이 주기성이 없는 분자나 DNA 물질도 격자 모양으로 배열한 후 X-선 분석을 통해 그 구조를 밝힐 수 있었다. X-선을 이용한 물질의 구성 원소와 원자 구조에 대한 이해는 현대 과학기술 발전에 중요한 기여를 하였다.

하지만
측정의 한계는 있다

무아레 무늬나 X-선의 간섭무늬를 이용한 측정에도 한계가 있다. 우선 간섭무늬를 이용한 측정은 주기적으로 배열된 물체에만 적용할 수 있다. 어느 정도 주기적인 배열을 갖추었다 해도 실제로 격자 간격이 일정하지 않은 경우가 발생할 수 있다. 예를 들어, 빗살 무늬 격자에서 빗살을 만드는 직선의 두께가 일정하지 않아 격자 간격에 오차가 있을 수 있다. X-선의 간섭무늬에서도, X선을 반사하는 원자 자체가 일정한 크기를 가진 하나의 물체이기 때문에, 시간에 따라 요동을 하며 움직이게 되면 결국 격자 간의 주기가 변하게 된다. 주기가 변하면 간섭무늬도 변형되기 때문에 결국 원자의 위치를 정확하게 찾아내기 힘들어 진다. 이론적으로는 직선의 두께나 원자의 요동까지 고려해 주기성을 정하고 그 차이에서 나타나는 무아레 무늬를 분석할 수 있지만, 규칙적인 주기성이 깨진 결과로 생긴 문제는 확인이 쉽지 않다. 더욱이 모든 물체나 파동이 유한한 공간에 존재하기 때문에 무한히 반복되는 주기성을 가정한 분석에도 역시 무리가 있다.

하지만 측정의 한계를 고려할 때 가장 근본적인 논점은 원자의 위치에 대응하는 점이나, 원자의 배열로 이루어진 선을 얼마나 정확히 정할 수 있느냐는 문제에 있다. X-선 간섭무늬를 만드는 시작점이 원자의 위치이고 빗살 무늬 격자의 간격이 선 간의 간격이기 때문이다. 그렇다면 측정의 한계를 논의하기 전에 우선 점과 선에 대한 우리의 생각을 정리해 볼 필요가 있다.

우리가 길이를 잴 때 쓰는 자에는 일정한 '두께'의 선으로 그려진 눈금이 있다. 수학적으로 직선은 무한히 얇고, 무한히 길고 곧은 기하학적 요소라고 정의한다. 여기서 '무한히 얇은' 두께의 선은 크기가 없는 점으로 이루어졌기 때문에 실체가 없는 매우 추상적인 개체에 불과하다. 하지만 크기가 없는 눈금은 관측할 수 없다. 그래서 이 눈금은 아무리 얇고 세밀하게 그린다 해도 최소한 원자 한 개 이상의 두께는 가져야 한다. 눈금을 그리기 위해서는 최소한 한 줄 이상의 원자를 늘어 놓아야 하고, 측정할 때 원자 크기 정도의 오차는 생긴다는 말이다. 눈금이 달린 자 대신 빛의 파장을 기준으로 길이를 측정하는 경우를 생각해도 원자 크기의 오차는 어쩔 수 없다. 앞선 글 〈우리는 얼마나 작은 물체까지 잴 수 있을까?〉에서 설명한 마이켈슨 간섭계를 이용하려 해도, 빛을 반사시키는 거울이 필요한데, 이 거울의 면을 최소한 한 층의 원자로는 채워야 하기 때문이다. 결국 측정의 한계를 알아보려면 우리가 추상적으로 이해한 '무한히 얇은 선이나 면'이 존재하지 않는다는 것에서 다시 생각해 봐야 한다. 원자 크기의 물체를 측정하는데, 최소 원자 한 줄 이상의 눈금이 달린 자로 길이를 측정하는 것은 결코 가능하지 않기 때문이다. 자, 그렇다면 원자의 크기는 어떻게 측정할 수 있을까?

원자의 크기를
재어보자

원자현미경은 뾰쪽한 탐침을 이용해 물체 표면의 원자 위치를 측정하는 장치로, 수천만 배의 배율로 원자 단위까지 보여주는 초정밀 측정장치다. 최근에는 다양한 측정기술을 적용한 주사탐침현미경SPM, Scanning Probe Microscope이라는 장비를 이용해 다양한 형태의 원자 모습을 직접 볼 수 있다. SPM 측정의 최대 장점은 X-선 결정학에서는 필수적인, 원자의 주기적 배열이 필요하지 않다는 점이다. 원자 크기의 거리에서, 탐침과 물질 표면 원자 간의 전류나 힘을 측정하기 때문에 탐침의 위치만 정밀하게 조정할 수 있으면 된다. 그런데 아무리 탐침의 위치를 잘 조정해서 측정한다고 해도 SPM의 측정 결과에도 한계가 있다.

실제로 SPM 현미경으로 찍은 이미지를 잘 보면 몇몇 원자의 위치는 구분이 되지만 구체적으로 각 원자의 모양이 어떻게 생겼는지는 확실치 않다. 또 이미지의 모양이 각 원자의 모양을 보여 준다기보다

측정의 과학

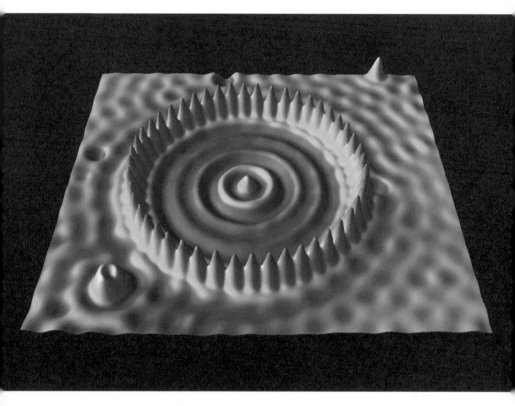

구리 표면에 놓인 철 원자들의 SPM 이미지.

주기성을 나타내는 파동의 간섭무늬에 가깝다는 것을 알 수 있다. 게다가 측정하는 표면의 온도가 높으면 원자가 진동하기 때문에 측정 장치의 탐침에 붙은 원자나 물체 표면의 원자 모두 요동치며 움직인다. 그래서 측정된 원자의 모양이 확실하지 않을 수 있다. 물론 온도를 절대온도 0도에 가까운 극저온으로 낮춰 측정하면 다소 낫겠지만, 그래도 한계는 여전하다. 어쩌면 측정에 문제가 있는 것이 아니라 정확한 원자의 모양을 기대하는 우리의 생각이 잘못된 것인지도 모른다.

그렇다면 원자현미경으로 본 원자는
원자의 진짜 모습일까?

그럼 원자의 모양은 어떻게 생긴 걸까? 19세기 말, 과학기술이 발달하기 이전에는 원자는 공 모양의 구라고 추측되었다. 고대 그리스 철학자가 제시한 고전적인 원자의 개념과 기하학적인 모양이 결합한 상태로 남아 있었던 것이다. 과학에 관심이 없는 사람은 지금도 19세기 이전의 직관적 개념에 머물러 있을지 모른다. 20세기 초 양자역학이 정립되기 전까지 최고 수준의 과학자가 이해한 원자의 모형은 양전하를 띤 핵 입자 주위를 음전하를 띤 전자가 공전하는 것이었다. 그때까지 입자 운동에 관한 최고 지성의 직관은 태양과 지구의 모델이었기 때문에 태양을 핵 입자에, 공전하는 지구를 전자에 대입하여 미세한 크기로 축소한 모양의 개념을 갖고 있었다. 그러나 이런 식의 단순한 공 모양 원자 모형은 SPM 이미지에서 보이는 간섭무늬를 설명하지 못한다. 설사 전자가 핵 주위를 공전한다고 인정한다 해도 문제는 마찬가지다. 엄밀히 말하면 SPM에서 측정하는 것은 원자 그 자체라기보다 핵 주변에 분포된 전자 구름에 의한 전류 또는 힘이기 때문이다.

점, 선, 면은 수학적으로 정해지는 개념이고 모두 추상적인 직관에 불과하다. 우리가 측정하고 경험하는 자연계에서는 점에 대응하는 물체의 존재는 직접 측정하는 방식으로는 아직 확인되지 않았다. 선과 면에 대응하는 물체 역시 없다. 크기가 없는 점이나 무한히 얇은 선을 측정하는 것은 불가능하다. 데카르트는 물체의 위치를 좌표 위의 점으로 표시했고, 뉴턴은 그 물체의 움직임을 기술하기 위해 시간에 따른 위치 변화를 운동 법칙으로 정리했다. 뉴턴 시대에 관측한 운동의 대상은 태양계의 행성과 위성, 그리고 돌이나 사과와 같이 커다란 물체였기 때문에 '측정된 물체'의 위치와 그 물체를 '대표하는 점'의 위치를 구분할 필요가 없었다. 그런데 20세기 이후 측정 과학기술이 고도로 발달하면서, '측정된 물체의 위치'와 그 물체의 '추상적인 점의 위치'가 동등한 것인가에 대한 의문이 생겨났다. 다시 말하면 특정 위치의 점으로 대변되는 '입자'의 속성이 우리가 측정하는 원자나 전자와 같은 물체에 적용될 수 있는지 확실하지 않다는 것이었다. 다음 글에서는 고전적인 점 입자의 개념과 측정 장치에 담겨있는 입자와 파동의 속성에 대해 살펴보기로 하자.

회전하던 동전이 쓰러지려고 한다. 어디로 쓰러질까? 우리는 동전의 운동을 예측할 수 있다.
그렇다면 전자는 어떨까? 우리는 전자의 운동을 예측할 수 있을까?

사과를 볼 때와
전자를 볼 때의 차이점

모든 물질이 쪼갤 수 없는 입자인 원자로 이루어졌다는 원자론은, 고대 그리스의 철학자 데모크리토스가 처음 제시하였다. 하지만 19세기 초 존 돌턴이 화학반응과 화합물의 조성을 설명하기 위한 이론으로 원자설을 제안하기 전까지, 원자라는 존재는 거의 주목을 받지 못했다. 돌턴의 원자설 이후 근대 화학은 급속도로 발전했고, 그 과정에서 다양한 원소들이 새롭게 발견되었다. 이 원소들은 특정한 성질을 공유하는 그룹으로 묶일 수 있었다. 그러면서 원소들이 보이는 주기성에 관한 다양한 해석들이 나왔다. 주기율표가 만들어진 것이다. 주기율표에는 이 세상 모든 원소가 원자번호와 원소의 화학적 특성에 따라 나열되어 있다.

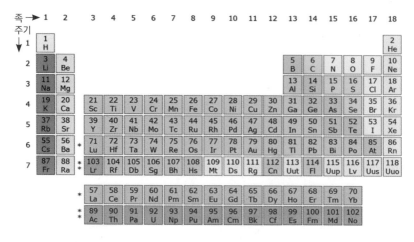

족 → 1 2 3 4 5 6 7 8 9 10 11 12 13 14 15 16 17 18

주기율표. 2015년 12월 30일 국제 순수 및 응용화학 연맹(IUPAC)에서 승인한 원소까지 포함하여 총 118개의 원소가 나와있다.

원자 반지름이
여럿인 이유

주기율표에는 각 원소의 밀도, 녹는점, 끓는점, 융해열, 기화열 등의 성질과 더불어 원자 질량, 원자 반지름이 명시돼 있다. 예를 들어, 구리 원소의 원자 질량은 몰당 63.546그램이고 원자 반지름은 0.135나노미터다. 여기서 재미있는 점은 구리 원자의 반지름이 한 개가 아니고 여러 개라는 사실이다. 구리 원자의 공유 반지름은 0.138나노미터, 판데르발스 반지름은 0.140나노미터다. 산소 원소의 경우는 원자 반지름이 0.060나노미터, 판데르발스 반지름이 0.152나노미터로 큰 차이를

측정의 과학

보이기도 한다. 원자의 반지름을 정했다는 것은 원자가 공처럼 둥근 구 모양임을 가정한 것인데, 그 크기가 다르다는 것은 무슨 의미일까?

앞선 글 〈원자의 크기는 어떻게 측정할 수 있을까?〉에서 원자의 모습은 우리가 막연히 생각하는 기하학적인 구 모양도, 전자가 핵 주위를 공전하는 모양도 아니라고 했다. 19세기 말까지는 1백억분의 1미터에 불과한 입자의 크기를 직접 측정할 방법이 없었기 때문에 원자의 존재 그 자체가 논란의 대상이었다. 21세기 현재의 기술로도 0.1나노미터의 원자 크기를 직접 측정하기 어려운 것은 마찬가지다. 주기율표에 각 원소의 원자 반지름을 공유 반지름, 이온 반지름, 판데르발스 반지름으로 나누어 각기 다른 값을 적어 놓은 것은 원자의 반지름이 명확히 정해지지 않는다는 것을 의미한다고도 볼 수 있을 것이다.

아직까지 외떨어진 원자의 모양을 직접 관찰한 적이 없어, 원자의 모습을 직접 보여주며 실상이 이렇다고 말을 할 수는 없다. 또 원자의 반지름을 기하학적인 구 모양의 반지름처럼 간단히 정할 수도 없다. 왜냐하면 원자의 반지름은 정하는 방법에 따라 그 크기가 달라지기 때문이다. 가장 손쉽게 반지름을 정하는 방법은 여러 개의 원자를 일렬로 늘어놓고 전체 길이를 잰 후, 그 안에 속한 원자 수로 나누는 방법이다. 예를 들어, 산소 원자 1억 개를 일렬로 정렬했을 때 그 길이가 약 3센티미터라면, 원자 한 개의 지름은 0.3나노미터이고 반지름은 0.15나노미터가 된다. 그런데 만약 산소 원자 사이에 다른 원소가 끼어들어 공유결합이나 이온결합이라도 하게 되면, 원자 간의 거리가 짧아져 원자 반지름이 0.06나노미터로 줄어들 수 있다.

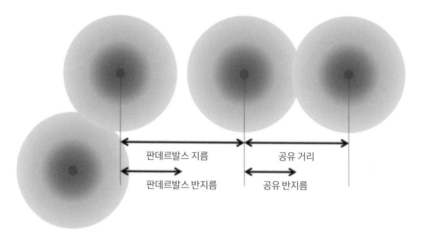

판데르발스 지름

공유 거리

판데르발스 반지름

공유 반지름

(왼쪽)판데르발스 반지름 (오른쪽)공유 반지름

모양이나 크기가 분명치 않은 원자의 반지름을 정하려면, 두 개 또는 그 이상의 원자가 붙어 있을 때 원자핵 간의 거리를 측정하는 방법밖에 별다른 도리가 없다. 그런데 원자들이 서로 가까워지면 각 원자 속 전자들의 위치가 주변 원자의 영향을 받아 바뀌거나 심지어 이웃 원자로 옮겨가는 경우도 생긴다. 결과적으로 각 원자의 반지름은 주변 원자의 환경에 따라 그 크기가 변할 수 있다. 따라서 원자 간의 거리를 이용하여 원자 반지름의 크기를 정하면, 원자의 크기는 측정 방법에 따라 제각각일 수 밖에 없다. 외떨어진 원자의 모양을 명확히 측정할 방법이 없으니 원자의 반지름을 정확히 알 수 없다는 말이다. 그렇다면 제대로 측정할 수도 없는 원자의 모양이나 크기를 얘기하는 것이 무슨 의미가 있을까?

측정의 과학

원자를 단독으로 볼 수 없다면,
그 존재는 어떻게 알 수 있었을까?

"보는 것이 믿는 것이다Seeing is believing"라는 외국 속담이 있다. 여기서 '보는 것'의 의미는 글자 그대로 우리 눈의 망막에 비친 이미지를 말한다. 앞선 글 〈빛은 어떻게 색이 되는가?〉에서 우리 눈이 400나노미터부터 700나노미터까지의 파장을 갖는 빛을 통해 물체를 어떻게 인식하는지 그 원리에 대해 얘기했다. 시각세포가 빛을 전기에너지로 바꿔 망막의 이미지를 뇌에 전달하는 원리는, 디지털 카메라의 CCD를 이용해 사진을 찍는 것과 같다. 자동차나 사과는 우리 눈으로 쉽게 구분할 수 있다. 웬만한 크기의 미생물도 광학현미경으로 확인할 수 있다. 바이러스처럼 작은 물체는 전자현미경으로 이미지를 찍을 수 있다. 빛 대신 전자를 이용한 전자현미경은 10만 배 이상의 배율로 측정이 가능하다. 그렇지만 여전히 원자 크기의 물체 모양을 명확히 구분하기는 어렵다.

앞선 글 〈원자의 크기는 어떻게 측정할 수 있을까?〉에서, 0.1나노미터 크기의 파장을 갖는 X-선이 규칙적으로 배열된 원자들에 회절하면서 만든 간섭무늬로 원자 간의 간격을 잴 수 있다고 했다. X-선의 간섭무늬로 알 수 있는 것은 원자 간의 간격이다. 실제로 각 원자의 모양이 어떤지는 알 수 없다. 하지만 우리는 X-선의 회절무늬가 생긴다는 그 자체로 '물질이 규칙적으로 배열된 입자'로 구성되어 있다는 중요한 사실을 알 수 있다. 입자의 분명한 모양에 대해 구체적인

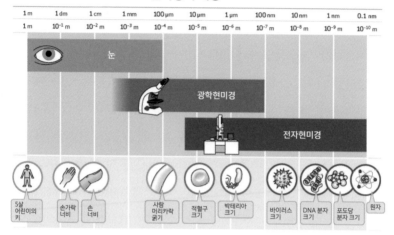

현미경의 해상도

1 m	1 dm	1 cm	1 mm	100 µm	10 µm	1 µm	100 nm	10 nm	1 nm	0.1 nm
1 m	10^{-1} m	10^{-2} m	10^{-3} m	10^{-4} m	10^{-5} m	10^{-6} m	10^{-7} m	10^{-8} m	10^{-9} m	10^{-10} m

눈

광학현미경

전자현미경

5살 어린이의 키 · 손가락 너비 · 손 너비 · 사람 머리카락 굵기 · 적혈구 크기 · 박테리아 크기 · 바이러스 크기 · DNA 분자 크기 · 포도당 분자 크기 · 원자

현미경의 종류에 따라 해상도가 다르다. 광학현미경으로는 세균까지 볼 수 있고, 전자현미경으로는 바이러스와 DNA까지 확인할 수 있다.

증거를 주지는 않더라도, 원자론에서 제시한 물질의 구성 입자가 원자라는 근거와 원자 간의 거리, 즉 원자 반지름의 정보까지는 제공해 주는 것이다.

충돌이 일어나면,
뭔가 있는 것이다

보이지도 않는 작은 물체의 측정에 대해 더 이야기하기 전에 '본다'는 것의 의미를 다시 한번 생각해 보자. 예를 들어, 뉴턴이 사과를 본다고 할 때 어떤 과정을 거치는지 생각해 보자. 간단히 살펴보면 밝은 햇빛 아래 놓인 사과는 빛을 반사하고 그 빛은 바라보는 눈의 망막에 이미지를 만든다. 이런 과정을 통해 뉴턴은 사과가 놓인 방향과 사과의 위치를 파악할 수 있다. 만일 이 사과를 어두운 암실에 놓는다면, 사과에서 반사되는 빛이 없기 때문에 그 위치뿐 아니라 존재 여부도 알 수 없다. 반대로 햇빛이 여전히 같은 위치에 비치는데 사과를 다른 곳으로 옮겨버리면 반사하는 물체가 없어져 뉴턴의 망막에는 아무런 이미지가 생기지 않는다. 다시 말해, 뉴턴이 사과의 위치와 존재 여부를 알 수 있는 것은 '빛 알갱이'가 사과에 부딪쳐 경로를 바꾸는 사건이 있기 때문이다.

여기서 '본다'는 과정의 핵심은 '빛 알갱이'와 '사과'의 충돌이다. 사과의 위치는 '빛 알갱이'와 '사과'의 충돌 지점이다. 이 관점을 조금 더 확장하면, 빛 알갱이 대신 전자를 쓸 수도 있고, 심지어는 야구공을 이용해도 위치를 측정할 수 있다는 말이 된다. 실제로 전자현미경은 바이러스 사진을 찍을 때 바이러스에 부딪쳐 반사 또는 회절되는 전자를 이용한다. 다만 사진 이미지의 초점을 맞추는 과정에서, 광학현미경이 일반 렌즈를 사용하는데 반해, 전자현미경은 자석을 활용한 렌즈를 이용한다는 차이가 있을 뿐이다. 결과적으로 빛 알갱이든 전자든 모두 충돌 과정을 통해 물체의 존재 여부와 위치를 결정한다.

사과가 바이러스보다 훨씬 크긴 하지만 이론적으로는 전자현미경을 이용해 사과의 이미지를 찍는 것도 가능하다. 빛 알갱이 대신 전자가 사과에 부딪쳐 반사되는 순간을 단순화시켜 살펴보자. 우선 전자 입자와 사과 입자 간에 충돌이 일어난다. 앞선 글 〈공중부양이 가

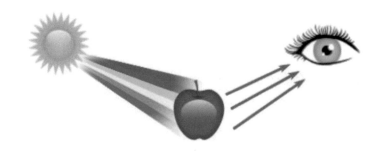

우리는 사과에 반사된 빛을 통해 그 위치를 파악한다.

능하려면?〉에서 논의한 힘과 가속도의 원리에 따라, 충돌하는 물체가 주고 받는 힘은 크기는 같고 방향은 반대다. 그런데 여기서 사과는 전자에 비해 질량이 엄청나게 크기 때문에 사과의 움직임은 거의 영향을 받지 않는다. 대신 전자는 사과 표면에서 정반사되는 쪽으로 움직임의 방향이 바뀌게 된다. 사과 표면에서 정반사되는 전자의 운동은 빛 알갱이가 정반사하는 것과 다를 바 없다. 결과적으로 전자현미경을 이용한 이미지는 광학현미경의 이미지와 같은 결과가 나오게 된다.

이미지를 직접 확인하기 어려운 물체나 입자의 존재 여부를 확인하는 방법도 역시 충돌 실험이다. 우리 눈으로 직접 볼 수 없어 그 이미지를 실제 확인하기가 힘들 뿐이지, 전자현미경에서 전자와 사과가 충돌하는 것처럼, 전자 대신 특정 입자를 이용하여 일정한 힘을 주고 받는 충돌 과정을 확인하면 새로운 입자의 존재를 밝힐 수 있다. 최근 존재가 확인된 힉스 입자도 유럽의 CERN 연구소에서 핵 입자를 높은 에너지로 가속하여 충돌시키는 실험을 통해 발견됐다.

측정의 과학

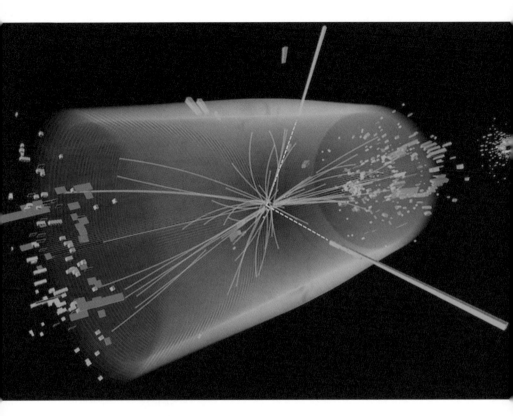

CERN의 LHC 충돌실험을 통해 힉스 보존 입자를 발견하였다.

전자를 충돌시켜
원자의 모양을 알아보자

이제 그럼, 전자를 이용해 원자의 이미지를 찍는 과정을 상상해 보자.
간단히 생각하면 사과가 놓여 있던 자리에 원자 한 개를 올려 놓고 전

사과를 볼 때와 전자를 볼 때의 차이점

자를 날려 보내 충돌시키면 된다. 그런데 이번에는 사과와 전자가 충돌할 때와는 상황이 많이 다르다. 우선 원자의 질량이 사과에 비해 턱없이 작아 전자의 질량을 무시할 수가 없다. 더 큰 문제는 원자의 구조에 있다. 원자에서 무거운 핵은 중심에 있고 그 주변을 가벼운 전자들이 둘러싸고 있다. 그래서 전자가 원자와 충돌할 때, 실제 충돌하는 입자는 무거운 핵이 아니라 주변의 전자들이 돼버린다.

실제로 원자의 크기나 모양을 결정하는 것은 핵을 둘러싼 전자들이다. 그런데 측정을 위해 들여보낸 전자가 같은 크기의 질량을 가진 전자와 충돌하면, 그 둘이 서로 같은 힘을 주고 받고는 두 전자가 서로 반대 방향으로 튕길 것이다. 그러면 반사된 전자를 이용해 만든 이미지는 사과를 찍으면서 예상했던 '현미경'의 이미지와 달라질 수 밖에 없다. 그뿐 아니다. 전자를 충돌시켜 측정한 후에는 원자의 모습마저도 충돌 과정에서 흩어진 전자 때문에 원래의 모습과 같지 않게 된다. 전자를 이용하여 이미지를 측정하면 전자와 전자가 충돌하면서 원자의 본래 상태를 흔들어 놓는다. 이렇게 전자를 충돌시키는데 문제가 있을 수 밖에 없다면, 전자 대신 빛 알갱이를 사용해 측정하면 어떨까?

빛을 이용한 측정도 전자를 이용한 측정에 비해 결코 쉽지 않다. 가시광선 영역의 빛 알갱이는 파장이 400나노미터부터 700나노미터까지의 전자기파이기 때문에, 파장이 원자의 크기에 비해 수천 배 이상 크다. 사실 파동을 이용한 이미지 측정을 하려면, 빛의 파장이 측정 대상인 물체의 크기보다 작아야 한다. 사과의 이미지를 우리가 눈

측정의 과학

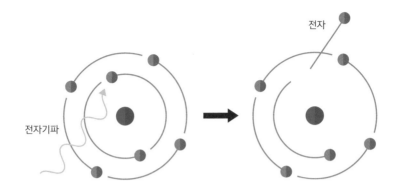

전자

전자기파

전자기파가 전자와 충돌하면서, 원자 주변의 전자가 튕겨 나가고 있다.

으로 보거나 사진을 찍을 수 있는 것은 사과의 크기가 빛의 파장에 비해 훨씬 크기 때문에 가능한 것이다. 그런데 빛의 파장보다 작은 물체를 찍으려 한다면 물체에서 반사되는 빛의 양도 적을 뿐 아니라 반사된 빛을 이용해서는 물체의 모양을 구분할 수조차 없다.

그렇다면 가시광선보다 훨씬 짧은 파장의 전자기파를 쓰면 어떨까? 규칙적으로 배열된 원자의 회절무늬로 원자 간 거리를 측정하는 데 사용했던 X-선 전자기파는 파장이 0.1나노미터보다 작아 원자 모양을 파악하는 데 사용될 수도 있을 것이다. 그런데 이 X-선을 이용해 외떨어진 원자에 초점을 맞추면, X-선 빛 알갱이의 운동량이 상대적으로 너무 커서 X-선에 부딪힌 원자 주변의 전자가 튕겨 나가는 일이 벌어진다. 전자가 아니더라도, 원자 크기보다 작은, 짧은 파장의 전자기파를 이용하면 빛의 운동량이 너무 커서, 결국 전자를 이용해 이미지를 찍을 때와 같은 문제가 생기게 되는 것이다.

사과를 볼 때와 전자를 볼 때의 차이점

입자의 위치와 운동량은
동시에 정할 수 없다

결과적으로 빛을 이용하든 전자를 이용하든 원자 크기의 작은 입자는 그 모양을 제대로 측정하기가 어렵다. 원자 크기의 모양을 측정하기 어렵다는 말은, 사실 전자의 위치를 정확히 파악하지 못한다는 말이기도 하다. 그렇다면 전자의 위치는 왜 파악하기 어려운 걸까?

전자의 위치를 측정하려면 적당한 측정 도구가 필요하다. 우선 빛을 이용한 측정을 생각해 보자. 전자의 위치를 정확히 측정하려면 빛의 파장은 짧을수록 좋다. 그러나 빛의 운동량은 파장에 반비례하여 커지기 때문에 짧은 파장의 빛을 쓰면, 빛과 전자가 충돌한 후 빛의 운동량 일부가 전자로 옮겨져 전자가 움직이게 된다. 반사된 빛으로부터 빛과 전자가 충돌했던 위치는 알 수 있지만, 전자는 이미 움직여 다른 위치에 있기 때문에 전자의 현재 위치는 파악할 수 없다. 반대로 충돌 과정에서 운동량 전달을 최소로 하려면 빛의 운동량을 작게 할수록 좋은데, 작은 운동량의 빛은 운동량에 반비례하여 파장이 길어진다. 전자 위치를 얼마나 정확하게 측정하느냐는 파장의 길이에 좌우되기 때문에, 충돌 후 전자의 움직임은 줄어들지 몰라도 파장의 길이가 늘어난 만큼 위치의 불확정성은 커져 버린다.

베르너 하이젠베르크는 전자의 위치를 정확히 정하지 못하는 이유가 단순히 측정 도구의 정확도의 문제에 있다기보다는, '충돌이라는 속성을 갖는' 측정 과정 자체의 본질적인 성질 때문이라고 보았다.

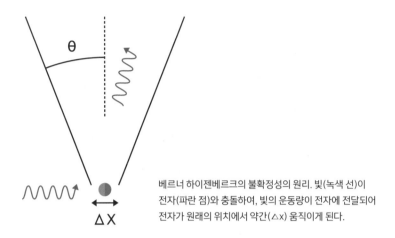

베르너 하이젠베르크의 불확정성의 원리. 빛(녹색 선)이 전자(파란 점)와 충돌하여, 빛의 운동량이 전자에 전달되어 전자가 원래의 위치에서 약간(△x) 움직이게 된다.

그래서 빛을 이용해 전자의 위치를 측정하는 과정에 나타난 현상처럼, 입자의 위치와 운동량은 동시에 정확하게 결정할 수 없다는 불확정성의 원리를 제시하였다. 불확정성의 원리는 측정의 차원을 넘어 입자의 속성에 대한 새로운 관점을 드러낸다. 측정 도구로 사용하는 빛 알갱이와 충돌했을 때, 빛의 운동량에 영향을 받을 정도의 작은 질량을 가진 입자는 불확정성 원리의 영향이 크기 때문에 위치와 운동량을 정확히 결정할 수가 없다는 것이다. 사과의 위치나 운동량에 대한 뉴턴 시대의 개념은 물체를 대표하는 확정된 측정값인데 반해, 현대 물리에서는 전자처럼 작은 입자의 위치와 운동량은 그 위치나 운동량이 동시에 정해질 수 없다는 원리를 말하고 있는 것이다.

　돌이나 사과와 같이 커다란 입자는 '측정된 물체'의 위치와 그 물체를 '대표하는 점'의 위치를 구분할 필요가 필요가 없었다. 전자처럼 작은 입자의 경우 그 위치가 정확히 정해지지 않는다는 것은, 다시

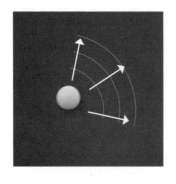

위치가 정확히 측정된 입자의 운동량은
불확실하다. 한 점의 광원에서
하위헌스의 원리를 따라 퍼지는 파동의
모습과 유사하다

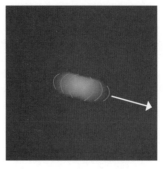

운동량이 정확히 측정된 입자의 위치는
불확실하다. 공간적으로 퍼진 파동이 일정한
속도로 움직이는 것과 같다.

말해 하나의 입자가 두 개 이상의 위치에 동시에 있을 수 있다는 것을 뜻한다. 이 사실은 '입자'의 기본 개념에 어긋난다. '측정된 입자의 위치'가 그 물체의 '추상적인 점의 위치'와 다르기 때문이다. 이렇게 보면 위치의 불확실성을 띤 전자의 속성은 오히려 공간에 퍼진 파동의 성질에 부합한다. 입자가 파동의 성질을 띤다는 역설적인 설명이 가능한 것이다. 그래서 불확실성의 원리는 입자로 인식하고 있던 전자가 파동의 성질을 갖는다는 것을 말해주기도 한다. 이와 같이 20세기 이후 측정 기술의 발달은, 특정 위치의 점으로 대변되는 '입자'의 속성이 원자나 전자와 같이 작은 물체에는 적용될 수 없게 되면서, 고전적인 입자와 파동의 성질을 모두 포함한 양자라는 새로운 개념을 탄생시켰다. 다음 글에서는 입자와 파동 이중성에 대한 얘기를 하기로 하자.

측정의 과학

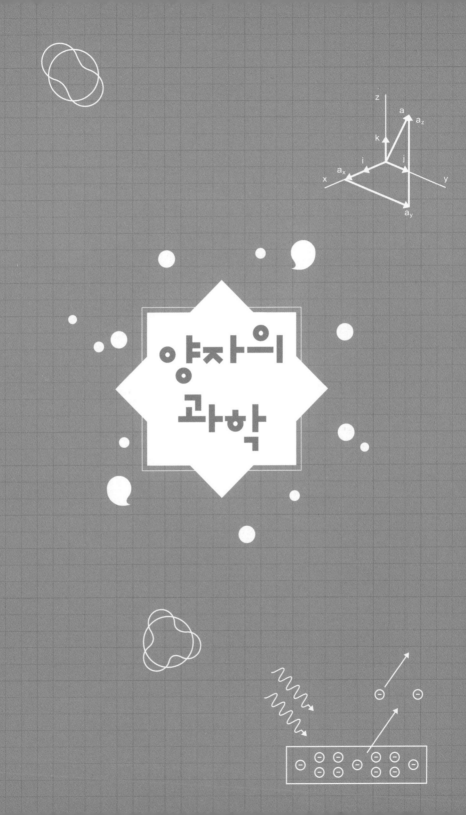

양자의
과학

로마 신화에서 야누스는 과거와 미래를 보는 두 개의 얼굴을 갖고 있다고 한다. 과거와 미래는 함께 할 수 없으니, 서로 맞은편을 보고 있다. 19세기까지 과학에서는 입자와 파동도 그렇다고 생각했다. 하지만 물질에 다른 하나의 얼굴이 또 있을 수 있다면…

모든 물질에는
두 개의 얼굴이 있다

최근 3차원 입체 영상 영화가 많이 개봉되고 있다. 심지어 3차원 입체 영상을 보여주는 TV 프로그램도 있다. 빨강-청록 필터가 달린 안경을 쓰면 2차원 평면에 비춰진 이미지가 3차원 영상으로 살아난다. 오른쪽 눈으로는 빨강색 필터를 통과한 이미지를 보고 왼쪽 눈으론 청록색 필터로 이미지를 보는 방식이다. 오른쪽-왼쪽 눈의 시각 차이를 재현하여 거리 감각을 만들어내 입체감에 대한 착시를 유도한다.

3D 입체 영상은
어떻게 만들어질까?

그럼 이런 평면 영상에서 거리감을 느끼는 것은 어떻게 가능한 걸까?

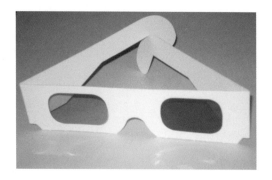

3D 빨강-청록 필터 안경(아래)을 이용하여 사막 풍경을 보면 전면의 선인장과 배경의 사막에서 입체감을 느낄 수 있다.

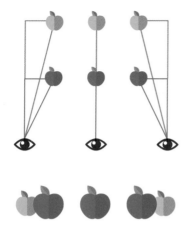

시각 차이에 의해 원근감이 생긴다. 아래 위로 2개의 그림이 있다. 위 그림은 뉴턴(관측자, 검은 눈)이 사과들(붉은색, 녹색)을 보는 모습을 위에서 나타낸 것이다. 가운데는 뉴턴이 사과를 정면으로 보고 있고, 그 양 옆은 뉴턴이 각각 오른쪽 왼쪽으로 움직였을 때의 모습이다. 아래 그림은 위 그림 각각에 대해 뉴턴의 눈에 비친 사과의 모습이다. 시차에 의해 거리 원근감이 생긴다는 것을 알 수 있다.

여기에는 시각 차이를 이용해 거리 감각을 만들어내는 원리가 숨어 있다. 뉴턴이 자기 앞에 놓인 사과를 관측하는 모습을 통해, 가까운 사과와 멀리 있는 사과를 어떻게 구분하는지 한번 살펴보자.

우선 사과 2개가 뉴턴이 바라보는 방향으로 일렬로 늘어서 있다. 가까운 사과는 뉴턴의 5미터 앞에 있고, 멀리 있는 사과는 뉴턴으로부터 10미터 정도 떨어져 있다. 뉴턴의 눈에는 두 개의 사과가 겹쳐 하나로 보일 것이다. 그런데 뉴턴이 오른쪽으로 한 발 옮기면, 가까운 사과는 멀리 있는 사과의 왼편으로 움직인다. 반대로 뉴턴이 왼쪽으로 한 발짝 옮기며 바라보면 이번에는 가까운 사과가 멀리 있는 사과의 오른편으로 위치가 바뀐다. 관측자인 뉴턴의 관점이 변하면서, 가깝고 먼 사과를 바라보는 상대적인 방향이 달라진다.

이번에는 뉴턴이 3개의 사과를 5미터, 10미터, 15미터 거리에 일렬로 늘어놓고 관점을 바꾸는 실험을 한다. 똑바로 보면 겹쳐 보이던 사과들은 뉴턴이 오른쪽으로 한 발짝 옮겨 바라보면 3개의 사과가 좌우로 늘어선다. 가장 가까운 5미터에 놓인 사과가 가장 왼편에 있고, 10미터 사과가 가운데, 그리고 15미터 사과가 맨 오른편에 있다. 반대로 왼쪽으로 한 발짝 옮겨서 보면 오른편과 왼편이 바뀌어 5미터 사과가 가장 오른편에 있고 15미터 사과가 왼편으로 간다. 15미터 떨어진 사과의 방향을 기준으로 본다면, 5미터 사과의 방향이 가장 많이 바뀌고 10미터 사과의 방향은 중간 정도다. 오른쪽-왼쪽으로 관점을 바꿔가며 사과의 위치에 대한 방향을 각도로 측정한 뉴턴은 그 방향에 대한 각도에서 각 사과의 상대적인 위치를 정확히 측정할 수 있다.

사과의 거리 측정을 위해 뉴턴이 사용한 방법을 시차를 이용한 거리 측정이라고 한다. 시차는 관측자가 움직이거나 관측 대상이 움직일 때 생기는 관점의 차이, 즉 보는 방향이 달라지는 것을 뜻한다. 이 거리 측정 방법은 지형을 측정하는 삼각측량에도 쓰이고, 천문학에서 상대적으로 가까이 있는 별의 거리를 측정하는 관측에도 사용된다.

뉴턴은 거리감을 느끼기 위해 오른쪽 왼쪽으로 한 발씩 옮겼는데, 그 대신에 서로 약 6.5센티미터 떨어진 사람의 두 눈을 이용하면 3차원 안경을 사용해 3차원 입체영상을 재현할 수 있다. 앞에 나온 사막 사진의 입체감은 이렇게 만들어진 것이다.

3차원 안경에 의존하는 입체영상은 관측자의 관점이 고정돼 있

양자의 과학

다. 입체영상을 찍는 3차원 카메라는 오른쪽-왼쪽 눈의 시각 차이에 의한 거리 감각을 고려하여 영상을 제작한다. 그래서 고정된 관점에서 '3차원 물체'의 입체감을 느끼게 하는 착시를 만들어낼 수는 있지만, 3차원 물체 자체를 만들어내는 것은 불가능하다. 3차원 안경으로는 특정 방향에서 볼 수 있는 입체감만 느낄 수 있다는 얘기다. 물론 촬영 방향을 확대해서 여러 각도의 시각을 담아 둔다면 보는 각도를 넓힐 수 있지만, 미리 정해진 관점에서 재현하는 입체감의 한계는 여전히 넘을 수 없다.

2차원에서
3차원 상상하기

우리는 3차원 공간에 살고 있기 때문에 3차원 공간에 대한 인식이 자연스럽다. 시각 차이의 원리에서 알 수 있듯이, 3차원 물체나 공간에 대한 인식은 관측자가 관측 대상을 움직이거나 그 주변을 돌며 얻은 다양한 관점을 통해 물체의 형태를 파악해 생기게 된다. 그런데 우리가 살고 있는 공간이나 물체가 본질적으로 3차원이 아니고 더 높은 차원의 존재라면 어떨까? 그렇다면 우리는 관측하고 인식하는 물체의 본질을 과연 이해할 수 있을까? 사실 우리는 3차원보다 높은 차원을 경험한 적이 없기 때문에 더 높은 차원에 대한 인식은 근본적으로 불가능하다. 하지만 낮은 차원에 대한 추론은 3차원에서의 경험에 근거해 유추해 볼 수 있다.

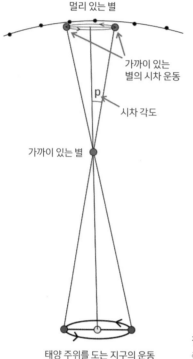

멀리 있는 별

가까이 있는
별의 시차 운동

p

시차 각도

가까이 있는 별

태양 주위를 도는 지구의 운동

천문학 관측에서 시차를 이용하여 별의 거리를
측정할 수 있다.

개미보다 작아진 뉴턴이 2차원 평면 위에 살고 있다고 해보자. 뉴턴은 2차원 평면에 비춰진 그림자 이미지를 통해서만 3차원 세상의 정보를 얻을 수 있다. 그림자의 모양에 의해 인식할 수 있는 것은 2차원 도형에 불과하다. 2차원에서는 3차원 입체영상에서 볼 수 있었던 '시차'도 기대할 수 없고 관점을 바꿀 수도 없다. 여기서 뉴턴에게 원통 모양의 3차원 물체를 주고 그 속성을 밝히라고 한다면 어떤 답이 나올까? 2차원 평면 스크린에 비춰진 이미지를 통해 3차원 물체를 인지

양자의 과학

관측 방향에 따라 3차원의 원통이 2차원의 원 또는 사각형으로 보여진다.

하는 데는 분명 한계가 있다. 3차원 물체의 이미지는 바라보는 각도에 따라 완전히 다른 모양이 될 수 있기 때문이다. 원통의 왼쪽에서 비춰진 그림자는 원 모양이지만, 오른쪽에서 비춰진 그림자는 사각형이다. 뉴턴의 관점이 위쪽 또는 옆쪽으로 한정되어 있다고 한다면, 원통이라는 물체에 대해 '2차원 세계'의 뉴턴이 관측한 결과는 원이면서 동시에 사각형이라는 모순된 결론일 수밖에 없다. 2차원 공간의 개념에 익숙한 뉴턴의 입장에서 원과 사각형은 서로 상반되는 개념이지만, 측정 대상의 속성을 제대로 파악하기 원한다면 원과 사각형의 모순을 넘어선 새로운 차원의 개념, 즉 '원통'에 근접한 개념을 제시해야 한다.

앞선 글 〈사과를 볼 때와 전자를 볼 때의 차이점〉에서 살펴본 대로 20세기 이후 측정 기술의 발달은 측정의 차원을 넘어 입자의 속성에 대한 새로운 관점을 제시했다. 뉴턴 시대에는 물체를 그 속성의 대표값으로 위치와 운동량을 갖는 '입자'라고 인식했는데, 현대물리학에서는 전자처럼 작은 입자에 대해 측정을 정밀하게 할수록 그 위치와 운동량이 동시에 정해질 수 없음을 확인하였다. 다시 말해 전자처럼 작은 물체는 '입자'의 속성에는 맞지 않는 '파동'의 성질을 보인다는 것이다. 그렇다면 이렇게 입자이면서도 파동이라는, 입자와 파동의 개념을 넘어선, 물질의 새로운 속성은 어떤 것일까?

빛은 입자일까, 파동일까?
뉴턴 대 하위헌스

전자나 핵 입자와 같은 물질의 입자성 혹은 파동성에 대한 논의가 이루어지기 훨씬 이전인 17세기에 이미 빛의 속성에 대한 논란이 있었다. 뉴턴은 빛이 직진하고 정반사하는 성질을 근거로 입자설을 제시했고, 그와 달리 하위헌스는 파동성을 통해 빛의 회절과 굴절을 설명하는 파동설을 제시하였다. 당시만 해도 빛의 속성에 대한 실험적 측정은 쉽지 않았다. 빛의 입자를 하나씩 구분할 수 없었기 때문에, 1+1=2라는 덧셈이 성립하는 빛의 입자 수를 직접 확인하는 것은 불가능했다. 그 대신 거울에서 정반사되는 빛의 모습을, 벽을 향해 던진 공이 튀어나오는 모습에 견주어 빛의 입자 개념을 유추할 수 있었다. 한

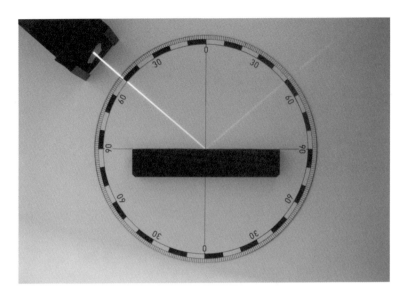

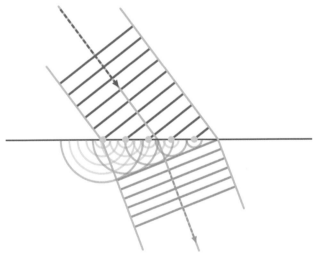

(위) 빛의 정반사. 빛이 50도의 입사각으로 들어와 표면에서 정확하게 입사각과 같은 50도로 반사되고 있다.
(아래) 하위헌스의 원리. 평면파가 계면에 닿아 굴절 후 다른 매질로 전파해 가는 모습을 보여준다.

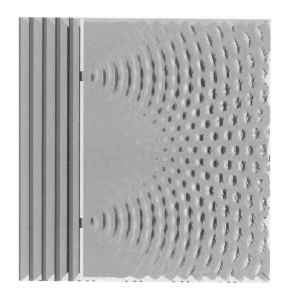

빛이 두 개의 작은 구멍(이중슬릿)을 통과하여, 맞은편에
간섭무늬를 만들고 있다.

편 하위헌스는 파동의 모든 점은 새로운 파동을 만들어 퍼져 나간다
는 파동의 전파 원리를 통해 빛의 반사와 굴절을 설명하였다. 하위헌
스의 원리는 앞선 글 〈소리는 파동의 겹침〉에서 얘기한 파동의 중첩
에 의한 간섭무늬를 설명하는 핵심개념이다.

빛의 입자성과 파동성에 대한 논란이 제기되던 초기에는 주로 반
사와 굴절에 대한 이론적 공방이 있었다. 사실 빛의 반사와 굴절에 대
한 이해는 입자나 파동 어느 쪽으로도 설명 가능한 부분이 있었기 때
문에 처음에는 뉴턴의 권위에 밀려 파동설에 대한 호응이 떨어졌다.
하지만 하위헌스와 프레넬의 수학적 해석과, 18세기 초 토머스 영이

양자의 과학

이중슬릿 실험을 통해 빛의 간섭현상을 증명하면서 빛의 파동설에 대한 근거가 명확해졌다. 두 개의 슬릿을 통과한 빛이 회절과 간섭을 일으키는 현상은 입자에서는 볼 수 없는 파동의 고유성질이기 때문에 이론적인 배경이나 설명을 떠나, 토머스 영의 이중슬릿 간섭현상은 빛의 파동성에 대한 확실한 증거가 되었다. 그 후 편광 현상에 대한 설명과 더불어 맥스웰의 전자기파 이론으로 연결되면서 빛의 파동성은 더욱 더 확고하게 자리를 잡았다.

하지만 빛은
입자이기도 하다

20세기 들어서 빛과 전자 간의 상호작용에 대한 실험 측정이 발달하면서, 거울처럼 매끈한 금속 표면에 빛을 쪼일 때, 정반사되는 빛 외에 금속에서 전자가 튀어나오는 광전효과라는 새로운 현상이 관측되었다. 뉴턴과 하위헌스의 논쟁이 새롭게 조명되는 사건이었다. 그전까지는 금속판과 같은 거울은 빛을 반사하는 역할을 한다고만 생각했는데, 빛이 금속 표면에 부딪치면서 전자를 튕겨내는 것은 새로운 발견이었다. 금속에서 튕겨 나온 전자는 형광판에 이미지를 남기는 입자의 성질을 띠면서, 동시에 도선 속을 흐르는 전류로도 측정되었다. 여기서 수수께끼는 파동의 성질을 띤 빛이 어떻게 전자와 충돌하고, 또 튕겨 나오는 전자에 어떻게 에너지를 전달하는지에 관한 메커니즘이었다. 더욱이 빛의 색깔, 즉 진동수에 따라 튀어나오는 전자의 에너

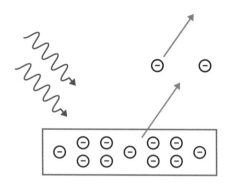

금속 표면에 빛을 비추자, 금속 표면에서 전자가 튀어 나왔다. 이를 광전효과라 한다.

지가 달라지는 점은 더 큰 관심을 끌었다.

파동으로서 빛은 전자 입자와의 충돌을 통한 광전효과를 설명하기에 논리적으로 맞지 않았다. 이 현상을 계기로 아인슈타인은 빛의 입자성을 강조하였다. 아인슈타인은 빛 입자의 에너지가 빛의 색깔에 따라 다르다는 가설도 제시하였다. 맥스웰의 전자기파 이론에서 정교하게 설명된 파동의 진동수와 파장을 빛 알갱이의 에너지와 연결시켜 빛의 입자성과 파동성이 합쳐진, '광양자'라는 개념으로 재탄생시킨 것이었다. 아인슈타인은 1905년 광양자설을 발표하고 양자의 핵심개념을 제시한 공로를 인정받아 1921년 노벨물리학상을 수상하였다.

아인슈타인에 의해 제시된 빛의 입자-파동 이중성은 '광양자' 또는 '광자photon'라는 빛 알갱이의 새로운 개념을 만들어냈다. 광자는 전자와 충돌하는 과정에서는 입자의 성질을 보이는 것이 분명하고, 또 영의 이중슬릿 간섭현상과 같이 파동의 성질을 보이기도 한다. 측

양자의 과학

정 결과로만 보면 서로 모순되는 입자와 파동의 성질을 모두 갖고 있다. 앞서 논의한 3차원의 원통과 2차원의 원-사각형 비유를 들면, 입자-파동은 저차원에 비춰진 그림자에 불과하다. 따라서 빛의 본성은 3차원의 원통처럼 '광자'라는 새로운 개념으로 기술되어야 한다.

전자는 입자 아닐까?
물질을 구성하는데…

광자의 입자성은 광전효과 실험에서 가장 잘 드러난다. 광자와 전자의 충돌 과정을 설명하려면 빛의 양자에너지와 입자성이 필요하다. 전자기파로 익숙한 빛에 비해, 전자는 물질의 구성원소 중 하나로 입자의 성질에 더 가깝다. 전자총으로 가속된 전자의 궤적이나 형광판에 나타난 이미지를 보면 입자를 구분할 수 있고 원칙적으로는 그 숫자도 셀 수 있다. 하지만 앞선 글 〈사과를 볼 때와 전자를 볼 때의 차이점〉에서 얘기한 대로 '충돌이라는 속성을 갖는' 측정 과정 자체의 본질적인 성질 때문에 전자의 위치를 명확히 결정할 수는 없다. 이렇게 위치의 불확실성을 띤 전자의 속성은 오히려 공간에 퍼진 파동의 성질에 부합한다고 할 수 있다. 빛의 속성에 대한 논란에서 제기되었듯이 입자와 파동을 확연히 구분하는 성질은 바로 영의 이중슬릿 간섭현상이다.

그런데 파동이 아니라 전자총을 광원으로 사용하여 영의 이중슬릿 실험을 하면 어떤 결과가 나올까? 이중슬릿을 통과해 형광판 스크

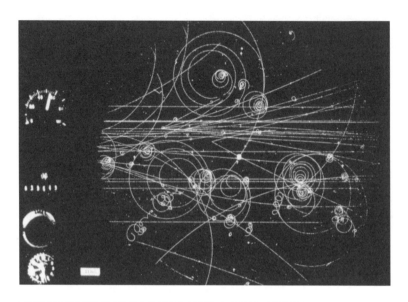

거품상자를 이용하여 확인한 입자의 이동 경로(궤적)가 선명하게 나타나 있다.

린에 찍힌 전자의 분포를 보면, 전자의 숫자가 적은 경우에는 입자의 특성이 있는 듯 보이다가 그 수가 점점 많아질수록 파동의 간섭무늬가 확연히 드러난다. 전자 하나 하나를 볼 때는 입자처럼 행동하지만 많은 수의 전자를 보면 확률적으로 파동의 성질을 보이는 것이다.

입자도 파동도 아닌
물질파

루이 드브로이는 입자도 파동도 아닌, 입자-파동 이중성을 갖는 '전

양자의 과학

자 양자'의 개념에 근거해 파동의 파장과 입자의 운동량을 연결하는 새로운 물질파 가설을 제시하였다. 전자의 운동량이 파장의 역수에 비례한다는, 즉 $p=h/\lambda$의 관계라는 것이다(h는 비례 상수로 플랑크 상수다). 드브로이의 가설은 입자-파동 이중성을 넘어서는 아이디어로 아인슈타인의 광양자설과 일맥상통하는 이론이다. 드브로이의 물질파 가설은 입자의 영역에 있는 물질이 동시에 파동의 성질을 갖는다는 것으로 양자 개념의 발전에 혁신적인 기여를 하였다.

앞선 글 〈소리는 파동의 겹침〉에서 줄의 진동에서 나타나는 배음과 옥타브의 관계를 언급했다. 원자핵 주변을 도는 전자의 궤도에 전자의 물질파 아이디어를 적용하면, 원 모양의 줄에 생기는 파동과 전자 물질파의 파동을 대응시킬 수 있다. 줄의 진동에서 생기는 배음 구조가 물질파의 배음 구조에 대응되고, 배음의 파장이 짧아지면서 전자의 운동량은 커지게 된다. 원자의 핵 주변에 전자가 정상파 구조를 이룬다는 사실에서 원자 스펙트럼의 불연속적인 시리즈를 설명할 수 있고, 물질 내의 전자 에너지 구조를 이해할 수도 있다.

앞선 글 〈전자가 움직이며, '빛이 있으라'하니〉에서 전자는 원자의 에너지 구조에 따라 빛에 서로 다른 색을 입힌다고 했는데, LED 반도체 내부의 수십 나노미터 공간에 갇혀 있는 전자의 에너지 상태 역시 전자 물질파가 만드는 정상파에 의해 결정된다. 반도체 내의 양자 우물에 만들어진 물질파의 배음 사이에서 양자역학적 전이과정이 일어날 때 빛이 만들어지기 때문이다.

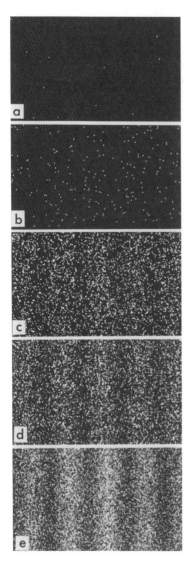

전자가 많아질수록(a→e) 이중슬릿을
통과한 전자들의 이미지에서, 파동에서 볼 수
있는 간섭무늬가 뚜렷하게 나타난다.

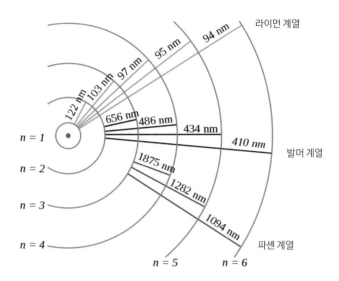

라이먼 계열

94 nm

95 nm

97 nm

103 nm

122 nm

656 nm

486 nm

434 nm

410 nm

발머 계열

1875 nm

1282 nm

1094 nm

파센 계열

$n = 1$

$n = 2$

$n = 3$

$n = 4$

$n = 5$

$n = 6$

수소 원자에서는 모든 파장의 빛이 나오지 않고, 특정 파장의 빛들이 불연속적으로 나온다.

뉴턴 시대의 과학으로는
이해할 수 없는 양자의 성질

입자와 파동의 이중성은 뉴턴 시대의 입자나 파동의 개념을 넘어선 새로운 차원의 개념이다. 측정을 정확히 하지 못하거나 기술적 한계 때문에 입자와 파동의 특성을 명확히 구분해내지 못하는 것이 아니다. 양자물리의 관점에서는 '충돌이라는 속성을 갖는 측정 과정' 자체가 자연의 원리다. 이중적인 양자의 성질은 측정의 한계를 넘어서 물질의 속성을 기술하는 새로운 개념인 것이다.

그나마 다행인 것은 기존에 관측을 통해 이해하고 있는 입자 또는 파동의 성질로 표현할 수 있는 양자의 성질이 있다는 점이다. 하지만 양자의 성질 중에는 뉴턴 시대의 개념으로는 표현하거나 이해할 수 없는 것이 있다. 양자의 기본 특성 중 하나인 스핀이 바로 그것이다. 굳이 대응되는 양을 찾는다면 회전운동을 찾을 수 있는데, 양자 스핀은 크기가 없는 물체의 회전이다. 다음 글에서는 양자의 스핀에 대해 얘기하기로 하자.

더 생각해보자

파동과 입자가 어떻게 구분되는지 여전히 헷갈린다. 또 파동과 입자의 이중성을 띤 양자의 존재는 가능한 걸까?

입자는 공간적으로 분리되어 셀 수 있어야 한다. 공을 0.73:0.27의 비율로 쪼개 놓았다면, 73퍼센트의 부분에 해당하는 물체는 더 이상 공의 성질을 띠지 못한다. 다시 말해서 '0.73개의 공'은 존재하지 않는다. 쪼개진 공은 새로운 성질을 띤 입자이고 다른 이름의 새로운 입자가 되어야 한다. 예를 들어, 수소 원자를 전체 질량의 약 2천분의 1에 해당하는 전자와 나머지 질량을 가진 양성자로 쪼갤 경우, 전자는 '수소 원자의 2천분의 1'인 입자가 아니고 '전자'라는 새로운 이름을 가진 입자가 된다. 왜냐하면 전자라는 물체도 역시 공간적으로 분리되고 구분이 가능해서 개수를 셀 수 있기 때문이다.

　한편 파동은 항상 주변의 매질과 영향을 주고 받기 때문에 끊임없이 주변 공간으로 퍼져 나간다. 그래서 파동은 입자처럼 일정한 영역 안에 가두거나 분리할 수 없다. 입자처럼 공간적으로 분리된 개체로 만들어 그 개수를 셀 수 없다는 말이다. 예를 들어, 잔잔한 연못에 돌을 2개 던져 물결 파동을 만들었다고 하자. 2개의 파문이 막 퍼져나가기 시작할 때는 각 파문의 영역을 구분할 수 있지만, 얼마 지나지 않아 두 파문은 사방으로 퍼져 나가 겹쳐진다. 공간적으로 2개의 파문을 명확히 구분할 수 없기 때문에 입자를 구분하기 위해 긋는 선의 위치에 따라 한쪽 파문이 1.25개가 될 수도 있고 아니면 1보다 작을 수도 있다. 하지만 연못 전체에 2개의 파문이 있다는 것은 확실히 말할 수 있다.

전자나 원자처럼 작은 입자는 개수를 셀 수 있는 입자이면서 동시에 파동의 성질을 띤다. 1몰의 원자를 가두어 둔 상자 속에는 아보가드로 수의 원자가 있다. 연못에 아보가드로 수의 돌을 던지면, 수면에는 아보가드로 수의 파문이 만들어지는 것과 마찬가지다. 하지만 이 상자의 경계를 자세히 들여다보면, 수면 위 겹쳐진 2개의 파문을 나누기 어려웠던 것처럼, 구분선을 긋기가 쉽지 않다는 것을 알 수 있다. 표면 근처에 있는 원자들 사이의 경계를 나누기가 어렵기 때문이다.

전자나 원자의 크기에 견줄 정도로 정밀하게 측정을 하려고 들면, 측정하는 방법에 따라 양자는 파동 또는 입자의 특성을 모두 보여 준다. 이렇게 파동과 입자의 성질을 동시에 갖춘 물체를 우리는 '양자'라고 부른다. 그런데 파동과 입자의 성질은 동시에 양립할 수 없는 개념이기 때문에 양자는 입자도 아니고 파동도 될 수 없다. 그래도 실제 측정 과정에서는 양자가 입자의 성질을 보일 때는 파동의 특성은 나타나지 않고, 반대로 양자가 파동처럼 행동할 때는 입자의 특성은 나타나

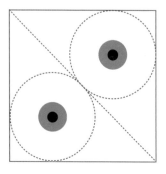
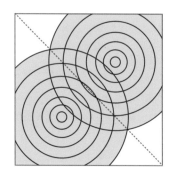

입자(왼쪽)와 파동의 구분

지 않아서 모순은 없다.

　입자도 파동도 아닌 새로운 개체를 기술하기 위해 도입된 개념이 물질파의 파동함수다. 뉴턴의 관점에서는 '측정된 물체'의 위치와 그 물체를 '대표하는 점'의 위치를 구분할 필요가 없었기 때문에, 입자의 위치와 운동량은 측정 여부에 상관 없이 항상 입자를 대표하는 양으로 존재한다. 그러나 양자의 입장에서는 측정 방법에 따라 입자의 위치를 정확히 정할 수 없을 수 있기 때문에 '위치'나 '운동량'은 측정 결과에 의해 결정되는 양이 되어야 한다. 따라서 양자역학에서의 위치나 운동량은 확정된 양이 아니고 물질파의 파동함수에 대해 측정한 결과로 얻을 수 있는 양이어야 한다. 이것은 측정하기 전에는 양자의 위치를 알 수 없다는 의미다. 이런 양자의 속성은 하이젠베르크의 불확정성 원리를 통해 측정 과정에서 발현된다.

　뉴턴역학과 양자역학의 관점의 차이는 자연에 대한 인식에도 큰 변화를 가져왔다. 관측대상의 상태가 관측자의 측정 행위와 상관없이 결정된다는 뉴턴의 관점은 이 세상의 모든 일은 우연이나 선택의 자유 없이 일정한 운동 법칙에 따라 전개된다는 결정론에 영향을 주었다. 여기에 반해 양자역학은 관측대상의 상태가 관측자의 측정에 따라 달라질 수 있다는 관점을 제시한 것이다. 관측대상과 관측자의 상관 작용이 측정에 핵심적인 역할을 한다는 것은 '주체와 객체의 경계는 어디인가'라는 근본적인 인식에 새로운 관점과 방법론을 제공하는 근거가 되었다. 양자는 위치와 운동량이 정해진 입자가 아니고 물질파의 파동함수 형태로 기술되는데, 기존과 다른 새로운 양자물리 법칙에 따라 움직이고 그 위치 또는 운동량은 파동함수 개체에 대해 관측자가 측정을 할 때 비로소 결정된다는 것이다.

작은 구멍을 찾아 애써 몸을 밀어 넣으니, 앞뒤로 끝도 없는 공간이 펼쳐진다. 네덜란드 헤이그에 있는 에서 박물관

크기가 없는 점 속에 숨겨진 거대한 공간

우리는 머릿속을 들여다볼 수 있다. 끔찍한 상상은 하지 않아도 된다. 아래 사진을 한 번 보자. 뇌를 비롯한 머릿속 장기와 혈관 구조가 선명하게 보인다. 바로 자기공명영상MRI, Magnetic Resonance Imaging장치 덕분이다.

일상에서 접하는 스핀,
MRI

MRI는 핵자기공명이라는 원리를 이용하여 찍는 사진이다. 우리는 MRI를 통해 스핀이라는 양자 현상을 일상에서 접한다. 스핀에 대한 이야기를 본격적으로 하기 전에, 먼저 MRI의 원리를 간단히 알아보자.

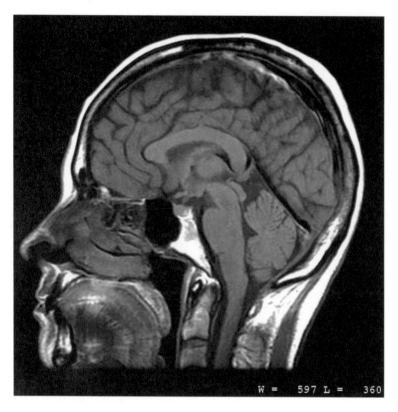

MRI 장치를 이용해 촬영한 뇌 이미지.

　사람은 체중의 약 60퍼센트가 물이다. 물은 수소 원자와 산소 원자로 이루어져 있다. 이 중 수소 원자의 원자핵은 양성자인데, 스핀을 갖고 있어 자석의 성질을 띤다. MRI 사진을 찍는 의료장비에는 강한 자기장을 만들어 내는 자석이 있다. 그 자기장 안에 사람이 들어가면, 우리 몸 속 수소 원자핵의 자석 스핀이 자기장 방향으로 정렬한다. 나

　　　　　　　　　　　　　　　　　　　양자의 과학

란히 정렬된 자석 스핀들은 특정 주파수로 세차운동을 하는데, 세차운동의 주파수는 각 수소 원자가 위치한 부위의 자기장 크기와 그 주변 환경에 따라 달라진다. 이런 상황에서 세차운동의 주파수와 같은 주파수의 전자기파를 외부에서 가하면, 자석 스핀은 공명현상을 일으켜 외부에서 들어온 전자기파의 에너지를 흡수하거나 방출한다. 자기공명영상은 이런 에너지의 흡수와 방출 패턴을 측정하여 컴퓨터로 이미지를 재구성한 것이다.

간단히 정리하면, MRI에 찍힌 사진이란, 자기장 속에서 세차운동을 하는 수소 원자핵의 자기공명 분포를 측정한 이미지라고 할 수

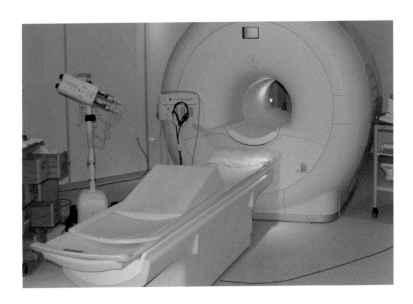

MRI 장치.

있다. 뼈나 혈관 등 인체 조직마다 존재하는 물의 양이 다르고, 수소 원자의 밀도도 조직에 따라 차이가 난다. 결과적으로 수소 원자 밀도의 분포에 따라 명암이 다르게 나타나게 되고, 이렇게 조합된 MRI 이미지는 우리 몸 속 생체 조직의 모습을 그대로 보여주는 것이다.

자기장 속에서 자석은
세차운동을 한다

앞에서 자석 스핀이 세차운동을 한다고 했는데, 세차운동은 회전하는 팽이에서 쉽게 볼 수 있다. 일반적인 물체는 팽이의 꼭지처럼 뾰족한 모서리로는 서 있을 수 없다. 세우자마자 중력의 힘에 의해 곧바로 넘어진다. 하지만 회전하는 팽이는 넘어지지 않는다. 그 이유는 회전관성 때문이다. 앞선 글 〈원심력은 가짜 힘〉에서 관성의 법칙, 즉 뉴턴의 관성계에서는 외부의 힘이 가해지지 않으면 물체는 정지 상태를 유지하거나 일정한 속도로 움직이는 상태를 유지한다고 설명했다. 일정한 축을 기준으로 회전하는 물체의 운동에서도 비슷한 관성의 법칙이 있다. 중력 방향에 평행한 축을 중심으로 회전하는 팽이는 꼿꼿이 서서 흔들림이 거의 없이 회전한다. 그런데 회전축의 방향이 조금이라도 기울어지면 중력에 의한 회전력이 생기면서 팽이의 회전축 방향이 중력 방향을 중심으로 빙글빙글 돌게 되는데, 이렇게 회전축이 도는 팽이의 운동을 세차운동이라고 한다.

앞선 글 〈자석은 왜 철을 끌어당길까?〉에서, 자기장에 자석의 N

양자의 과학

팽이가 세차운동을 하고 있다. 이 팽이는 회전판 주위에 2개의 테를 두른 자이로스코프다.

극 또는 S극이 걸쳐지게 되면 자석이 힘을 받는다고 했다. N극은 자기장의 흐름 방향으로, S극은 그 반대 방향으로 힘을 받기 때문에, 자석의 S-N 방향이 자기장의 흐름과 평행할 때는 팽이가 중력의 방향과 일치할 때처럼 자석은 아무 흔들림 없이 정지해 있을 수 있다. 그런데 여기서 자석의 S-N 방향이 자기장의 방향과 어긋나게 되면, 팽이와 마찬가지로 자석도 자기장에 의한 회전력을 받아서 세차운동을 한다. 이때 자석의 세차운동 주파수와 같은 주파수의 전자기파가 가해지면 에너지의 흡수와 방출이 커지는 현상이 생긴다. 이것이 바로 MRI 이미지에 찍힌 자기공명이다.

N극과 S극이 있는 막대 자석은 방향이 분명하게 정해져 있다. S극에서 N극 방향으로 줄을 그으면 방향을 가리키는 화살표나 나침반으로 쓸 수 있다. 자기장의 방향과 평행한 화살표 혹은 반대 방향의 화살표, 또는 자기장에 수직인 화살표 등 모든 방향을 측정해서 명

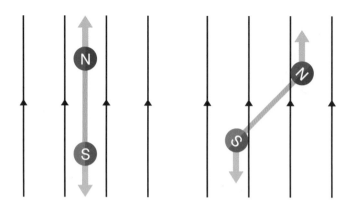

(왼쪽)막대 자석의 S-N 방향이 자기장의 흐름과 평행하면, 자석은 흔들리지 않는다. (오른쪽)막대 자석의 S-N 방향이 자기장의 방향과 어긋하면, 자석은 회전하며 세차운동을 한다.

확하게 알 수 있다. 그런데 우리는 앞선 글 〈사과를 볼 때와 전자를 볼 때의 차이점〉에서 돌이나 사과와 같이 커다란 입자는 '측정된 물체'의 위치와 그 물체를 '대표하는 점'의 위치를 구분할 필요가 없지만, 전자처럼 작은 입자의 경우에는 그 위치가 정확히 정해지지 않는다는 것을 보았다. 돌이나 사과와 마찬가지로 길이가 10센티미터인 막대 자석은 자기장과 이루는 각도를 분명히 정할 수 있다. 그렇다면 원자 크기 또는 그보다 작은 자석의 방향은 결정할 수 있을까?

입자의 위치를 정확히 결정할 수 없는 것처럼, 자석의 방향도 정확히 결정할 수 없다

1922년 오토 슈테른과 발터 게를라흐는 자석 성질을 띤 원자의 자화

양자의 과학

방향, 즉 원자 막대 자석의 방향을 결정하는 실험을 고안하여 실행하였다. 여러 개의 슬릿을 통과시켜 만든 은 원자의 흐름이, 균일하지 않은 자기장을 통과하여 감광판 스크린으로 향하게 했다. 은 원자도 양성자와 같은 스핀 자석의 성질이 있어 은 원자의 흐름은 자기장에 의해 갈라지는 현상이 나타난다. 균일한 자기장에서는 막대 자석이 세차운동만 하고 알짜힘을 받지 않아 원자 흐름의 경로가 변하지 않는다. 하지만 불균일한 자기장에서는 막대 자석의 N극과 S극에 작용하는 힘이 서로 다르기 때문에, 은 원자 흐름의 경로가 어느 한쪽으로 휘게 된다. 여기서 휘어진 경로의 크기와 방향은 자기장의 불균일 정도에 비례하고, 또 원자 막대 자석의 방향과 자기장 사이의 각도에 따라 달라진다.

슈테른과 게를라흐는 어느 한쪽으로 방향성을 띠지 않은 은 원자의 막대 자석을 불균일한 자기장으로 보낸다면, 막대 자석의 방향이 자기장 방향에 대하여 모든 방향으로 골고루 분포할 것이고 각 막대 자석의 방향에 따라 휘어진 경로도 모두 다를 것이라고 추정했다. 그래서 감광판 스크린에 부딪힌 원자의 위치는 막대 자석과 자기장의 각도에 따라 균일하게 퍼진 모양이 나올 것이라고 예상했다. 앞선 글 〈사과를 볼 때와 전자를 볼 때의 차이점〉에서 얘기한 대로 은 원자의 스핀 자석의 크기는 0.1나노미터 정도로 작기 때문에 그 위치를 정확히 측정하기는 쉽지 않을 수 있다. 하지만 그들은 비록 위치 측정은 쉽지 않다고 해도 그 자석의 방향을 정하지 못하는 것은 아니라고 생각했다.

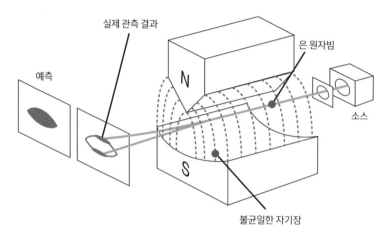

예측

실제 관측 결과

N

은 원자빔

소스

S

불균일한 자기장

슈테른-게를라흐 실험. 은 원자의 흐름(하늘색)이 불균일한 자기장을 통과하여 감광판에 부딪친다.

그러나 정작 실험 결과는 슈테른과 게를라흐의 예상과 달리 감광판의 은 원자 위치는 연속적인 분포가 아니라, 위와 아래로 갈라진 두 개의 점으로 나타났다. 은 원자의 막대 자석은 3차원 공간의 모든 방향을 향하는 것이 아니고 자기장의 방향과 같은 방향으로 평행하거나 반대 방향으로 평행한 두 개의 상태만 존재한다는 의미를 나타내는 결과였다. 우리가 직관적으로 알고 있는, 화살표와 같은 방향의 개념을 뒤집는 실험이었다. 원자 크기에서는 위치 측정의 불확정성이 있는 것처럼 자석의 방향에 대해서도 뭔가 다른 개념이 필요하게 된 것이었다.

슈테른과 게를라흐의 실험은, 원자 막대 자석의 방향은 측정을 위해 걸어준 자기장의 방향에 대한 크기만 알 수 있고 그 크기는 불연

양자의 과학

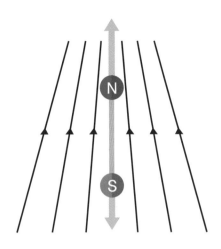

불균일한 자기장에 놓인 막대 자석에 가해지는 힘.

속적이라는 결과를 확인해 주었다. 원자 크기에서는 자석의 방향도 뉴턴 시대의 개념과 다르다는 것이었다. 3차원 공간에서 사방팔방 어느 쪽이든 방향을 정확히 정할 수 있다고 생각했는데, 실제 원자 막대 자석의 방향을 측정해 보면 걸어준 자기장의 방향 외에는 측정이 불가능했다. 그렇다면 원자 막대 자석은 우리가 눈으로 확인할 수 있는 커다란 막대 자석과 어떻게 다른 것일까? 그리고 원자의 자석 성질은 어디서 나오는 것일까?

실제 공간에는
영원히 회전하는 전하 입자는 없다

앞선 글 〈자석은 왜 철을 끌어당길까?〉에서 전류가 흐르는 솔레노이드 코일은 원통 모양의 자철석으로 된 자석과 같은 형태의 자기장을 만든다고 했다. 전하를 띤 전자가 원자핵 주변을 도는 모양은 원형 코일의 도선을 따라 흐르는 전류에 의해 만들어진 자기장을 연상시킨다. 하지만 또 앞선 글 〈모든 물질에는 두 개의 얼굴이 있다〉에서 원자핵 주변의 전자는 입자로서 회전운동을 한다기보다 정상파 파동을 만드는 물질파로 해석해야 한다고 했다. 더 이상 원형 코일의 전류로 볼 수 없다는 말이다. 한 발짝 더 나아가 생각해 보면, 원자의 자석 성질의 근원은 원자 핵이나 전자 입자의 운동이 아니라 핵과 전자의 스핀에 있다고 짐작할 수 있다.

현재까지의 측정 결과에 따르면 입자로서의 전자는 전하 e, 스핀 1/2인 크기가 없는 점 입자다. 만일 전자 입자의 크기가 유한하다면 그 모양은 구 형태일 것이다. 왜냐하면 어떤 방향으로 충돌을 해도 방향에 따른 차이를 보인 적이 없기 때문이다. 구 모양의 전자가 막대 자석처럼 N-S극을 가지려면, 코일 모양의 회로에 흐르는 전류가 필요하다. 뉴턴 시대의 관점에서 보면, 구 모양의 전하가 회전을 하면 솔레노이드 형태의 자석을 만들 수 있다. 회전하는 구 모양의 전하가 전자의 스핀 자석 성질을 만든다는 아이디어는 언뜻 보면 그럴 듯하다. 그러나 회전하는 구 모양의 전하는 얼마 가지 못해 금방 정지하고 만다. 그에 반해 전자의 스핀 자석은 영원히 변하지 않고 그 성질을 유지한다.

전하를 띠지 않는 구 모양의 물체는 회전 운동을 유지할 수 있다. 외부의 회전력이 없으면 각 운동량이 보존된다는 각운동량 보존법칙으로 이해할 수 있다. 그런데 전하를 띤 물체가 회전을 한다면 상황이 다르다. 원운동을 하는 전하는 각 점에서 원의 중심을 향하는 방향으로 가속 운동을 한다. 앞선 글 〈전자가 움직이며, '빛이 있으라'하니〉에서 전하를 띤 입자가 가속 운동을 할 때 전자 주변에 전기장과 자기장의 파동이 만들어지고 그 전자기파는 공간 속으로 퍼져 나간다고 했다. 가속 운동을 하는 전하가 만들어 낸 전자기파의 에너지와 운동량은 회전운동의 속력을 줄이는 방향으로 작용한다. 물체의 회전운동에너지가 전자기파 에너지로 방출되면서 운동에너지가 고갈된다. 결국 회전하는 구 모양의 전하는 정지하게 된다. 그렇다면 영원불멸하는 스핀 자석의 성질은 어디서 나오는 걸까?

영원불멸의 회전운동,
스핀

스핀이라는 이름은 전자의 '영원불멸의 회전운동'을 표현하기 위해 만들어진 용어다. 이미 설명했듯이 실공간에서 영원히 회전하는 전하 입자는 존재하지 않는다. 전자의 자석 성질은 분명 원형 코일과 같이 회전하는 전하가 필요하지만 실공간에서 회전하는 전하는 존재할 수 없다는 모순을 해결하려면 새로운 개념이 필요하다. 크기가 없는 점 속에 숨어있는 공간이 있어 그 안에서 회전하는 전하가 있다고 상상해 보면 어떨까? 얼핏 보면 말이 안 되는 것 같지만, 차근차근 왜 이런 상상이 가능한지 한번 따라가 보자.

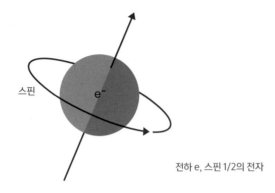

전하 e, 스핀 1/2의 전자

크기가 없는 공간을 생각하기 전에, 우선 우리가 살고 있는 3차원 공간에 대해 생각해보자. 유클리드 기하학에서 3차원 공간의 점은 크기와 방향을 갖는 벡터로 표현된다. 3차원 직교좌표에서 x축, y축, z축 방향을 나타내는 단위 벡터 $\mathbf{i}, \mathbf{j}, \mathbf{k}$에 각 방향의 크기를 a_x, a_y, a_z라고 하면, 공간의 한 점을 나타내는 벡터 $\mathbf{a}$의 크기는 피타고라스 정리에 따라 $a = \sqrt{a_x^2 + a_y^2 + a_z^2}$ 으로 표현된다. 3차원 공간에서의 반지름 a인 구 또는 원 모양은 누구나 쉽게 상상할 수 있다.

크기가 없는 공간은 a=0 인 공간이다. $a = \sqrt{a_x^2 + a_y^2 + a_z^2} = 0$을 만족하는 실수의 해는 $a_x = a_y = a_z = 0$ 밖에 없다. 실공간의 점 속에는 아무런 자유도가 없고 아무 것도 움직일 수 없다.

다시 돌아와, 크기가 없는 공간에 대한 아이디어는 볼프강 파울리가 처음으로 제시하였다. 파울리는 슈테른과 게를라흐 실험을 통해 측정된 전자의 스핀 자석의 상태가 두 개밖에 없다는 것에 주목하여, 스핀의 상태를 표시하기 위한 2차원 복소수 행렬을 제안했다. 이 복소

양자의 과학

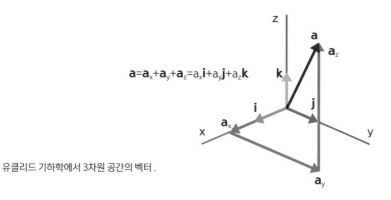

$$\mathbf{a}=\mathbf{a}_x+\mathbf{a}_y+\mathbf{a}_z=a_x\mathbf{i}+a_y\mathbf{j}+a_z\mathbf{k}$$

유클리드 기하학에서 3차원 공간의 벡터.

수 행렬은 파울리 행렬이라고 이름이 붙여졌는데, 후에 아주 재미있는 성질이 숨어 있다는 것이 밝혀졌다. 처음에는 단순히 수학적으로 3개의 독립적인 σ_1, σ_2, σ_3의 기저basis 행렬이라고만 생각했다. 그런데 이 행렬의 고유벡터가 마치 3차원의 x, y, z 방향에 대응하는 성질이 있다는 것을 알게 되었다. 그러면서 이 행렬을 σ_x, σ_y, σ_z로 달리 표현하여, 실공간에서 방향을 나타내는 단위 벡터 **i**, **j**, **k** 대신에 복소수 공간에서 $\mathbf{a}=a_x\sigma_x+a_y\sigma_y+a_z\sigma_z$ 라는 새로운 벡터를 상상하면, 실공간에서 크기는 '0'이면서 스핀 공간에서는 회전 운동이 가능할 수 있다.

크기가 없는 점 속에
숨어있는 공간

2차원 복소수 행렬로 표현되는 스핀 공간은 직관적으로 이해하기가 쉽지 않다. 그렇지만 실제로 2차원 복소수 행렬 공간과 우리가 살고

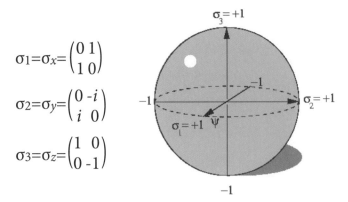

$$\sigma_1 = \sigma_x = \begin{pmatrix} 0 & 1 \\ 1 & 0 \end{pmatrix}$$

$$\sigma_2 = \sigma_y = \begin{pmatrix} 0 & -i \\ i & 0 \end{pmatrix}$$

$$\sigma_3 = \sigma_z = \begin{pmatrix} 1 & 0 \\ 0 & -1 \end{pmatrix}$$

(왼쪽)파울리 행렬
(오른쪽)파울리 행렬의 고유벡터로 표현된 구의 표면.

있는 3차원 실공간 사이에는 신기한 연결고리가 존재한다. 우리가 경험적으로 측정할 수 있는 현상은 3차원 공간에서 일어나고 있지만, 그 근원은 2차원 스핀 공간에 있기 때문이다. 3차원 공간에 퍼진 원자막대 자석의 자기장이, 전자의 스핀에 그 근원이 있다는 것이 바로 두 공간의 연결고리다. 겉보기에는 상관이 없어 보이는 스핀 공간과 3차원 공간은 물체의 운동이 빛의 속력에 접근하는 상대론적인 영역에 가면 서로 섞이게 된다. 앞선 글 〈자석은 왜 철을 끌어당길까?〉에서 움직이는 전하의 상대성 효과가 바로 자기장의 힘이라고 언급하면서 자기력의 근원이 아인슈타인의 특수상대성이론에 연관되어 있는 것을 보았다. 이렇게 상대성이론에서 스핀 공간과 3차원 공간은 필연적으로 얽히게 된다.

양자의 세계는 우리가 직관적으로 이해할 수 있는 범위를 벗어난

양자의 과학

현상들을 품고 있다. 양자의 특징 중에는 여러 입자가 하나의 파동처럼 행동하는 현상이 있다. 이런 현상을 거시적인 양자 현상이라고 하는데 양자의 효과지만 거시적인 파동의 성질로 발현되어 측정이 가능하다. 다음 글에서는 집단적 현상으로 나타나는 거시적 양자 상태의 파동성에 대해 얘기하기로 하자.

3차원 공간에 숨어있는 (2x2) 행렬 복소수 공간이 3차원과 같은
성질을 갖고 있다는 말은 무슨 뜻일까?

3차원 공간의 점은 직육면체를 이용하면 직관적으로 이해할 수 있다.
직육면체의 한쪽 모서리를 원점에 맞추어 놓고, 길이가 x, y, z인 각 변
을 각각 x축, y축, z축에 평행하게 정렬하면, 원점에 대응하는 반대편
꼭지점의 위치가 바로 직교좌표의 (x, y, z) 점에 해당한다. 원점에서
출발해서 x축 방향으로 길이 x 만큼 이동한 다음, y축에 평행한 방향
으로 길이 y만큼 이동하고, 또 z축으로 방향을 바꿔 길이 z 만큼 이동
하면 (x, y, z) 점에 도달한다. x축, y축, z축 방향을 나타내는 단위 벡
터 **i**, **j**, **k**를 이용하면, 벡터 **r**=x**i**+y**j**+z**k**의 합으로도 표현할 수 있다.
3차원 공간에서 벡터를 더하는 것은 공간 속에서의 움직임을 그대로
옮겨 놓은 것에 불과하다. 그래서 1+2=3과 같은 숫자의 덧셈을 벡터

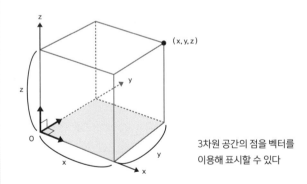

3차원 공간의 점을 벡터를
이용해 표시할 수 있다

의 합으로 확장하는 것은 너무나 자연스러워 보인다.

그렇다면 벡터의 곱셈은 어떻게 할 수 있을까? 벡터의 곱하기를 하기 전에 우선 숫자의 곱에 대해 생각해보자. 예를 들어 3x2는 2를 3번 더하는 것이다. 즉, 3x2=2+2+2이다. 이 원칙을 그대로 벡터에 적용해보자. **a**x**b**가 의미하는 바는 **b**를 **a**번 더한다는 것인데, **a**가 크기만을 의미하는 것이 아니고 방향을 갖고 있기 때문에 벡터 **b**를 어떻게 **a**번 더할지 막막하다. 여기서 숫자의 곱셈을 좀 다른 각도로 생각해보자. 3x2라는 곱셈에서 '3x'을 3번 곱한다는 의미를 확장해서 3을 변수로 갖는 어떤 함수 $f_3(v)$으로 생각하는 것이다. 즉 $f_3(v)= 3v$로 표현하면, 함수 $f_3: v \rightarrow 3v$로 대응시키는 함수가 된다. 여기서 숫자 3 대신에 임의의 숫자 w로 대치하면 f_w라는 함수는 $f_w: v \rightarrow w \cdot v$가 된다.

곱셈을 일종의 함수로 확장해서 생각하면, 벡터에 적용하는 것이 좀 수월해진다. $f_a(b)$는 벡터 **b**를 어떤 개체 s에 대응시키는 함수가 된다. 그런데 벡터 **b**에 대응되는 요소는 반드시 벡터가 될 필요는 없다. 가장 간단한 경우는 크기만 있는 숫자에 대응시키는 것이다. 예를 들어, 두 벡터 **a**, **b**가 같은 방향을 향한다면, $f_a(b)$는 단순히 숫자의 곱과 같은 의미를 갖기 때문에 평행한 두 벡터 **a**, **b**에 대해서 $f_a(b)=ab$로 정할 수 있다. 이제 **a**, **b** 벡터가 서로 평행하지 않다면 어떻게 해야 할까. 같은 방향의 크기를 곱한다는 $f_a(b)$ 함수의 정의를 그대로 따른다면, **a** 벡터가 향한 방향에 수직한 **b** 벡터의 크기는 0°이기 때문에 $f_a(b)=0$이 된다. 일반적인 경우에 두 벡터가 이루는 각도를 θ라 하면, 이 함수는 $f_a(b)=ab \cos θ$ 로 표현할 수 있다. 여기서 θ=0°는 **a**, **b**가 평행, θ=90°는 **a**, **b**가 수직한 경우를 나타낸다. 이런 함수 관계를 벡터의 스칼라 곱이라고 하고, $f_a(b)=a \cdot b=ab \cos θ$로 표현한다. 이 스칼라 곱을 이용하면, x축, y축, z축 방향의 단위 벡터들 사이에 $\mathbf{i}\cdot\mathbf{i}=\mathbf{j}\cdot\mathbf{j}$ $=\mathbf{k}\cdot\mathbf{k}=1$, $\mathbf{i}\cdot\mathbf{j}=\mathbf{j}\cdot\mathbf{k}=\mathbf{k}\cdot\mathbf{i}=0$ 의 관계가 성립함을 알 수 있다. 3개의 벡터 방향이 독립적으로 존재하는 공간임을 의미하기도 한다.

여기서 한가지 의문이 생긴다. 함수 $f_\mathbf{a}(\mathbf{b})$가 스칼라 곱처럼 단순히 크기만 있는 숫자가 아니라 다른 벡터에 대응시킬 수는 없을까? 두 개의 벡터를 포함한 평면을 만들어 보자. 이 면은 자연스럽게 면에 수직한 방향을 정해준다. 더욱이 이 방향은 평면의 모든 점에서 똑같은 방향을 가리킨다. 예를 들어, $\mathbf{i}$와 $\mathbf{j}$가 포함된 xy평면은 z축의 방향을 가리키고, $\mathbf{j}$와 $\mathbf{k}$가 포함된 yz평면은 x축 방향을 가리킨다. 이 대응관계를 $f_\mathbf{a}(\mathbf{b})$의 함수에 대응시키면, $f_\mathbf{i}(\mathbf{j})=\mathbf{k}$, $f_\mathbf{j}(\mathbf{k})=\mathbf{i}$, $f_\mathbf{k}(\mathbf{i})=\mathbf{j}$가 된다. $\mathbf{i}$와 $\mathbf{i}$가 포함된 면은 무한히 많기 때문에 $f_\mathbf{i}(\mathbf{i})=0$으로 정한다. 이런 식으로 정한 곱셈을 벡터 곱이라 부르고 $\mathbf{i}\times\mathbf{j}=\mathbf{k}$, $\mathbf{j}\times\mathbf{k}=\mathbf{i}$, $\mathbf{k}\times\mathbf{i}=\mathbf{j}$, $\mathbf{i}\times\mathbf{i}=\mathbf{j}\times\mathbf{j}=\mathbf{k}\times\mathbf{k}=0$으로 표현한다. 결과적으로 곱셈의 개념을 확장해서 얻은 벡터의 스칼라 곱과 벡터 곱은 3차원 공간의 특별한 성질을 그대로 반영하고 있다.

이제 파울리 행렬 σ_x, σ_y, σ_z를 일종의 단위 벡터로 하는 스핀 공간에서 정의된 두 벡터 $\mathbf{a}=a_x\sigma_x+a_y\sigma_y+a_z\sigma_z$와 $\mathbf{b}=b_x\sigma_x+b_y\sigma_y+b_z\sigma_z$의 곱을 생각해보자. (2x2) 행렬의 곱이 잘 정의되어 있기 때문에 $\mathbf{ab}$의 곱에 대해서는 특별히 걱정할 일은 없다. 대신 $\mathbf{ab}$의 곱은 여전히 (2x2) 행렬로 표시되기 때문에 쉽게 벡터를 해석할 수 있다. 그런데 파울리 행렬의 곱은 특별한 성질이 있다. $\sigma_x\sigma_x=\sigma_y\sigma_y=\sigma_z\sigma_z=\mathbf{I}$(단위행렬), $\sigma_x\sigma_y-\sigma_y\sigma_x=i\sigma_z$, $\sigma_y\sigma_z-\sigma_z\sigma_y=i\sigma_x$, $\sigma_z\sigma_x-\sigma_x\sigma_z=i\sigma_y$ 관계가 있다. 이 관계식을 이용하면, $\mathbf{ab}=(\mathbf{a}\cdot\mathbf{b})\mathbf{I}+i(\mathbf{a}\times\mathbf{b})\cdot\boldsymbol{\sigma}$가 된다. 특별한 함수를 정하는 노력을 하지 않아도, 저절로 3차원 벡터의 스칼라 곱과 벡터 곱이 정해진다. 벡터의 평행과 수직 관계를 정하는 스칼라 곱과 3차원

공간을 평면으로 나누어 방향을 정하는 벡터 곱의 규칙이 (2x2) 복소수 행렬의 곱에 들어있다는 말이다. 결과적으로 크기가 없는 점 속에 숨어있는 (2x2) 행렬 복소수 공간에 3차원 벡터 공간의 성질이 그대로 들어있다는 것을 보여주는 것이다.

새들이 한 마리, 두 마리 모여들었다. 가는 방향이 같고, 움직이는 속도도 비슷했다. 새들이 계속 모여들었다. 수백, 수천 마리가 모였다. 멀리서 보면 새 떼 같지 않고 마치 바다 위로 솟구치는 거대한 돌고래 같다. 원자 크기의 양자 현상은 눈으로 볼 수 없다는데, 혹시 이렇게 아주 아주 많이 모이면…

일상에서 접하는
거시적 양자 현상

자기부상열차는 자석의 N극-S극 사이의 흡인력, 또는 N극-N극, S극-S극 사이의 반발력을 이용해 차량을 궤도 위에 띄운 상태로 운행하는 열차를 말한다. 우리가 흔히 보는 열차는 바퀴와 레일 사이의 마찰을 통해 추진력을 얻는다. 그런데 열차의 속력이 시속 300킬로미터를 넘으면 열차 바퀴가 궤도에서 미끄러지는 현상이 나타나 열차 속력을 올리는 데 한계가 있다. 자기부상열차에는 바퀴가 없다. 궤도에서 1~10센티미터 정도 떨어진 상태로 달리기 때문에 공기 마찰을 제외하고는 진동과 소음이 거의 없다. 비행기에 버금가는 속력으로 달릴 수도 있다.

공중에 떠서 달리는
자기부상열차

자기부상열차 제작 기술은 독일과 일본에서 꾸준히 개발되어 왔는데, 정작 초고속 자기부상열차 운행의 상용화는 독일의 트랜스래피드 기술을 전수받은 중국에 의해 이루어졌다. 중국 상하이 시내와 푸둥공항을 연결하는 32킬로미터 구간이 2002년 개통되었고 이 노선에서 운행되는 자기부상열차의 속력은 시속 430킬로미터에 달한다.

전자석을 이용하는 자기부상열차는 전자석의 끌어당기는 힘을 조정해서 차량의 자석 부분이 궤도 아래 1센티미터정도 위치에 매달리게 한다. 이때 당기는 힘이 너무 세면 차량이 궤도에 붙어버리고, 당기는 힘이 너무 약하면 차량이 궤도에서 아래로 떨어져 버릴 수 있기 때문에 제어장치를 세밀하게 조절해야 한다. 반면 초전도 자석을 사용하면 자석의 반발력을 이용해 궤도에서 10센티미터까지 띄울 수 있기 때문에 복잡한 힘 조절이 필요 없다. 대신 자석의 코일을 초전도 상태로 유지하기 위해 액체 헬륨 등을 사용하여 아주 낮은 온도로 냉각시켜줘야 한다. 1986년 발견된 구리 산화물 고온초전도체 덕분에 이제는 액체 질소만으로도 초전도 자석을 만들 수 있다. 액체 질소는 공기 액화를 통해 쉽게 얻을 수 있어 값비싼 액체 헬륨 대체가 가능하다. 최근에 액체 질소를 이용한 고온초전도를 활용한 자기부상열차 개발이 활발히 이루어지고 있다.

일반 전자석은 구리 도선을 사용하여 코일을 제작한다. 구리 도

양자의 과학

중국 상하이 푸둥공항에서 나오고 있는 자기부상열차.

선의 전기 저항은 다른 전도체에 비해 작은 편이지만 자기부상을 위
해 강한 전자석을 유지하려면 많은 양의 전류를 흘려야 하기 때문에,
자기부상열차에는 전기 저항에 의한 열 손실이 생길 수밖에 없다. 전
자석 상태를 유지하는 것만으로도 상당히 큰 에너지가 소모되는 것
이다. 하지만 초전도체를 이용해 코일을 제작하면 전기 저항이 없기

때문에 이 같은 열 손실을 걱정하지 않아도 된다. 초전도 코일 주변에 단열재를 잘 입혀 액체 헬륨 또는 액체 질소를 한번 주입하기만 하면 장시간 초전도 상태를 유지할 수 있어 에너지 소모가 거의 없는 자기 부상열차를 만들 수 있다.

전기 저항이 없는
초전도체

초전도체는 전기 저항이 없는 물질이다. 저항 값이 '0'이라는 말이다. 초전도체를 처음 발견한 사람은 네덜란드의 물리학자 하이케 카메를링 오네스Heike Kamerlingh Onnes였다. 19세기 말에서 20세기 초는 과학 기술이 급속도로 발전한 시기였다. 당시 많은 관심을 끈 첨단 기술 중 하나가 공기 액화를 통해 온도를 내리는 저온 기술이었다. 과학자들은 전기 저항이나 비열, 자화율 등 온도에 따라 달라지는 물질 특성의 변화에 관심을 갖고 있었다. 저온물리학 분야의 전문가였던 오네스는 1908년 기체 헬륨을 압축하여 절대온도 4도(4K, 즉 섭씨 영하 269도)의 액체 헬륨을 만들었고, 또 이 액체 헬륨을 이용하여 다른 물질의 온도를 절대 0도에 가깝게 냉각시킬 수 있었다. 1911년 오네스는 수은의 전기저항이 4.2K 근처에서 급격히 사라지는 것을 발견하였다. 그 때까지만 해도 전도 물질에서 저항이 사라지는 것을 본 적이 없었기 때문에, 비록 극저온이기는 했지만, 수은의 저항이 '0'이 된다는 것은 전혀 예상치 못한 현상이었다.

양자의 과학

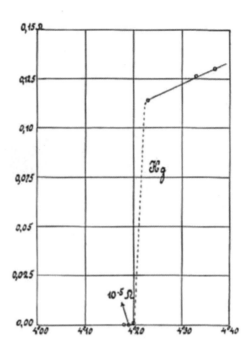

1911년 10월 26일 오네스가 수은의
온도를 낮추며 측정한 전기 저항의
변화. 절대온도 4.2 K에서
저항값이 0.1 Ω에서 10^{-5} Ω이하로 뚝
떨어졌다.

도체의 두 지점 사이에서 전위차에 의해 흐르는 전류는 옴의 법칙
을 따른다. 여기서 두 지점 사이의 전압차 V는 전류 I와 저항 R의 곱
에 비례한다. 앞선 글 〈스마트폰 배터리 한 개로 들어올릴 수 있는 사
람 수는?〉에서 전하, 전압, 그리고 전기에너지에 대해 소개했다. 도체
내에서 자유롭게 움직일 수 있는 전자는 전압차 V의 두 지점 사이를
지나면서 그 전압차에 비례하는 운동에너지를 얻는다. 두 지점 사이
에 만들어진 전기장에 의해 전자가 힘을 받아 가속 운동을 한다고 해
석할 수도 있다.

그런데 온도가 0K가 아닌 상태에서는, 모든 물체의 원자는 열에

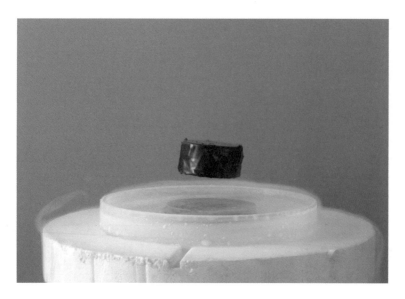

자기부상하고 있는 초전도체. 초전도체와 관련된 동영상을 https://goo.gl/nKNvt에서 확인할 수 있다.

너지를 갖고 진동 운동을 한다. 원자의 진동은 움직이는 전자와 충돌을 일으켜 전자의 직진 운동을 방해한다. 또 대부분의 물질에 들어있는 불순물 원자도 또 다른 충돌 요인으로 작용한다. 전자들은 전기장에 의한 가속 운동을 통해 얻은 운동에너지를 원자들과 출동하는 과정에서 원자에 열에너지로 전달한다. 이렇게 도체 내의 전자가 전압차로 얻은 운동에너지를 충돌 과정을 통해 원자의 열에너지로 전달하는 과정을 반복하면서, 전자는 일정한 속력으로 표류하게 되고, 전자가 표류 운동하는 평균 유동속력이 전하의 흐름, 즉 전류 I의 크기를 결정한다.

양자의 과학

전기 저항 R은 물체 내 원자의 열적 요동과 전자-원자 간의 충돌에 의한 결과다. 따라서 절대온도 0도가 아닌 상태, 즉 열적 요동이 있는 물체에서는 전자와 원자 간의 충돌이 사라지지 않는다. 즉 물체의 전기 저항은 항상 존재해야만 하는 것이다. 하지만 오네스가 발견한 초전도체는 일반 도체의 전기 저항에 대한 이론과 예상에서 벗어나 있었다.

외부에서 자기장을 걸어도, 초전도체 내부에는 자기장이 생기지 않는다

처음에는 초전도체를 단순히 저항이 없는 물체라고 받아들였다. 그런데 초전도체의 또 다른 면모가 1933년 독일의 물리학자 프리츠 마이스너와 로베르트 오센펠트에 의해 밝혀졌다. 초전도 현상은 단순히 저항이 없어지는 것이 아니라 초전도체 내에서 자기장을 몰아낸다는 것이었다.

그럼 한번 생각해보자. 전도체의 특성은 "평형 상태에서 도체 내부의 전기장은 '0'이다"로 설명된다. 전도체 내에 자유롭게 움직일 수 있는 전자가 있으면, 아무리 작은 전기장이라 해도 전자가 힘을 받아 움직이게 되고 전하의 분포를 바꿔 최종적으로 평형 상태에 도달하면 도체 내의 전기장은 없어진다. 전도체 내의 전기장 특성은 그 도체의 전기 저항이 있든 없든 항상 유효하다. 그리고 보통의 전도체에 자기장을 걸어주면, 앞선 글 〈크기가 없는 점 속에 숨겨진 거대한 공간〉에

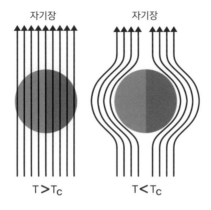

자기장   자기장

T > T_c   T < T_c

초전도체에 자기장을 걸어주었을 때, 온도가 임계온도(T_c)이상이면, 특별한 변화가 없다. 하지만 임계온도보다 낮아지면, 걸어준 자기장을 외부로 밀쳐낸다. 이를 마이스너 효과라 한다.

서 언급한 전자 스핀의 세차운동이나 전자의 궤도 운동에 의한 효과가 미미하게 나타날 뿐 별다른 반응이 없다. 실제 보통 전도체에 걸어준 자기장에는 거의 변화가 생기지 않는다. 그런데 마이스너와 오션펠트가 초전도체에서 발견한 사실은, 저항이 '0'으로 변할 때, 걸어 준 자기장이 외부로 밀쳐지면서 그 크기가 '0'이 된다는 것이었다. 초전도체 내부에서는 전기장은 물론 자기장까지 모두 사라지는 것이다. 이 효과를 마이스너 효과Meissner effect라 한다.

초전도체는 코일을 감아 막대자석 흉내를 내지 않아도 스스로 자석이 된다. 그런데 보통 자석이 아니라 '완전반자성' 또는 '초반자성'이라는 특별하고도 이상한 자석이다. 도대체 뭐가 이상한 걸까? 초전도체 자석은 자석 거울이다. 주변에 다른 자석을 대면 초전도체 내에 그 자석의 거울 이미지가 만들어진다. 내부의 자기장을 '0'으로

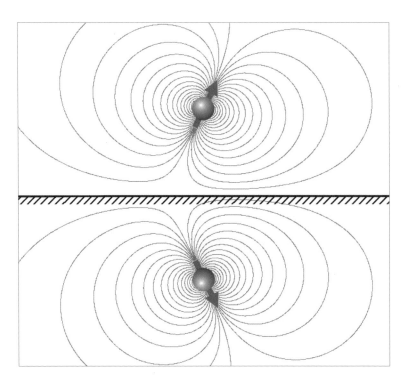

초전도체에 생긴 전류에 의해 만들어진 자석의 거울 이미지.

만들기 위해 스스로 반응한 결과다. 외부 자석을 어떤 방향으로 들이
대도 초전도체 자석 거울에는 항상 밀치는 힘이 작용한다. 자석의 N
극을 초전도체에 가까이 대면, 거울 이미지로 초전도체의 표면 쪽에
N극이 생기고 표면에서 먼 쪽에 S극이 생긴다. 이렇게 자석의 N극과
초전도체 거울의 N극이 서로 밀치는 힘으로 초전도체와 자석은 서로
밀친다. 여기서 자석을 회전시켜 극성의 방향을 바꾼다 하더라도 여

전히 밀치는 힘의 방향은 달라지지 않는다. 그래서 초전도체를 자석 위에 놓으면 초전도체가 스스로 공중부양할 힘을 만들어낸다. 자석을 초전도체 위에 놓더라도 결과는 마찬가지다. 초전도체의 공중부양은 마이스너 효과에 의해 생겨난다. 그렇다면 이런 마이스너 효과는 어떻게 생기는 것일까?

초전도체는 외부의 자기장을 어떻게 상쇄하는 걸까?

초전도체가 외부 자석에 대해 거울 이미지를 만들려면, 거울 이미지에 해당하는 자석의 자기장을 만들어내는 전류가 초전도체 안에 흘러야 한다. 그런데 초전도체 내의 전류는 전기장에 의해 가속되는 전자에 의해 만들어지는 것이 아니다. 자석만 갖다 대도 전류가 생기고 그 전류에 의해 거울 이미지 자석이 생긴다. 즉, 전압이나 전기장을 가하지 않고, 자석을 대는 것만으로 전류가 만들어져야 한다. 다시 말해, 초전도 전류는 자기장에 의해 만들어진다는 말이다. 실험에 의해 밝혀진 초전도 전류의 수명은 최소 10만년이다. 이론적으로는 우주의 나이보다 더 오래 지속되어야 한다. 전기장이 없는 상태에서 전류가 유지된다는 것은 전자와 원자의 충돌이 일어나지 않아야 한다. 전기장에 의해 가속하는 전자의 운동으로는 설명할 수 없는 현상이다.

물리학에서는 유체의 흐름이나 전기장, 자기장, 중력장 등을, 3차원 공간의 각 점에서 크기와 방향을 나타내는 벡터장으로 표현하고,

양자의 과학

수학적으로는 $\mathbf{A}(\mathbf{r})$이라고 나타낸다. 앞선 글 〈자석은 왜 철을 끌어당길까?〉에서 막대자석 주변에 뿌려진 쇳가루의 형태로 자기장의 개념을 설명한 것처럼, 작은 쇳가루 자석의 (S-N)극의 방향을 정렬시키는 어떤 힘의 크기와 방향을 가리키는 자기장이 바로 자기 벡터장 $\mathbf{B}(\mathbf{r})$이다. 전류에 의해 생성되는 자기장은 벡터 퍼텐셜 $\mathbf{A}(\mathbf{r})$의 감김 정도로 나타내는데, 수학적으로 표현하면 $\mathbf{A}(\mathbf{r})$의 회전($\nabla\times$)이 된다. 우리 주변에 나타나는 유체의 감김은 태풍이나 토네이도의 눈에 생기는 소용돌이에서 볼 수 있지만, 일반적인 흐름에서 벡터장의 감김을 파악하기가 쉽지 않다. 그래서 벡터장이 얼마나 꼬여있는지를 엄밀하게 파악하는 방법으로 회전(curl, $\nabla\times$)이라는 수학적 계산법이 도입된 것이다.

전자기학에서는 자기장의 흐름 $\mathbf{B}(\mathbf{r})$을 또 다른 벡터장 $\mathbf{A}(\mathbf{r})$의 감김으로 표현하고, 수식으로는 $\mathbf{B}(\mathbf{r})=\nabla\times\mathbf{A}(\mathbf{r})$으로 적는다. 이 벡터 퍼텐셜 $\mathbf{A}(\mathbf{r})$는 단지 수학적 편의를 위해 도입된 임의의 벡터장 함수에 불과하다. 물리적으로 측정 가능한 자기장의 흐름에 관련되어 있지만, $\mathbf{A}(\mathbf{r})$라는 벡터장은 측정과는 상관없는 양이다. 특히 이 벡터 퍼텐셜에는 임의의 함수의 기울기, 즉 $\nabla\chi(\mathbf{r})$로 쓸 수 있는 임의의 벡터장을 더하거나 빼도 측정되는 자기장 $\mathbf{B}(\mathbf{r})$에는 아무 변화가 없다. 기울기의 벡터장은 감김, 즉 회전이 없기 때문이다. 이렇게 임의로 더해지는 기울기 벡터장을 더하거나 뺄 수 있는 자유재량을 게이지gauge 자유도라고 한다. 결국 게이지 자유도가 있는 $\mathbf{A}(\mathbf{r})$라는 벡터 퍼텐셜은 수학적인 표현에 불과할 뿐 물리적인 자기장의 흐름을 측정한 결과

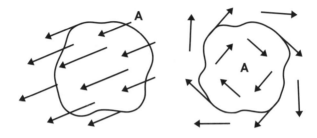

소용돌이가 없는 흐름과 소용돌이처럼 감김이 있는 흐름을 표현하는 벡터 퍼텐셜.

에는 영향을 줄 수 없는 비현실적인 양으로 간주되었다. 적어도 초전도체의 마이스너 효과가 발견되기 전까지는 그랬다.

1935년 프리츠 론돈과 하인츠 론돈이라는 형제 물리학자는 마이스너 효과를 설명하는 론돈 방정식을 제안하였다. 그들은 초전도체에서 초전도 전류의 회전curl, 즉 전류의 감김 정도가 자기장 벡터에 비례하면, 초전도체 내부의 자기장이 '0'이 된다는 것을 보였다. 자, 이 말을 위에서 설명한 벡터장의 감김에 대한 수학적 표현을 떠올려 천천히 한번 짚어보자. 론돈 방정식은 $\nabla \times \mathbf{J}(\mathbf{r}) = -\lambda_L \mathbf{B}(\mathbf{r})$이다. 이 식에 대한 해석은 전자기학과 양자역학의 접목을 보여준다는 점에서 매우 중요하다. 앞의 방정식은, 초전도 전류($\mathbf{J}(\mathbf{r})$)의 회전($\nabla \times$)이 자기장 벡터의 회전($\mathbf{B}(\mathbf{r}) = \nabla \times \mathbf{A}(\mathbf{r})$)에 비례한다는 것을 의미하고, 이를 다시 정리하면 $\mathbf{J}(\mathbf{r}) = -\lambda_L [\mathbf{A}(\mathbf{r}) + \nabla \chi(\mathbf{r})]$의 관계가 성립한다. 앞에서 벡터 퍼텐셜에 게이지 퍼텐셜 $\nabla \chi(\mathbf{r})$을 더하거나 빼더라도 자기장에 변화가 없다고 했다. 그래서 결국 이 식의 의미는 초전도 전류 $\mathbf{J}(\mathbf{r})$가 벡터 퍼

양자의 과학

텐셜 $\mathbf{A}(\mathbf{r})$과 $\nabla\chi(\mathbf{r})$의 합에 비례한다는 말이다. 전자기학에서는 게이지 자유도를 갖는, 즉 더하거나 빼더라도 자기장에 영향을 주지 않는, 임의의 함수 벡터장 $\nabla\chi(\mathbf{r})$이, 초전도체에서는 론돈 형제의 해석을 통해 초전도 전류라는 측정 가능한 양으로 되살아났다. 심지어 자기 벡터 퍼텐셜이 전혀 존재하지 않는 $\mathbf{A}(\mathbf{r})=0$인 공간에서도 초전도 전류가 있을 수 있게 된 것이고, 게이지 선택에 따라 초전도 전류가 달라질 수도 있게 된다. 더욱이 이런 게이지 함수와 벡터 퍼텐셜은 양자 물질파의 성질을 결정하는 데 중요한 기하학적 의미가 있다. 다음 얘기를 하기 전에 물질파의 성질을 한번 확인하고 가자.

자기장을 만드는 초전도 전류의
흐름과 물질파

앞선 글 〈달이 지구를 향해 떨어진다고?〉에서 보았듯, 뉴턴은 원운동을 하는 물체는 가속도의 크기가 일정하고 그 방향은 항상 원의 중심을 향한다는 것을 알고 있었다. 원운동하는 물체는 중심을 향하는 힘이 필요하다. 그래서 전자가 핵 주위를 돈다면, 가속하는 전하 입자인 전자는 전자기파 에너지를 방출하면서 회전 에너지를 잃어버려 결국 회전운동을 멈추게 된다. 핵 주변을 회전하는 전하 입자는 시간이 지나면 정지하고 만다. 전자가 입자라면 원자 궤도 주변에 전류 흐름을 유지할 수 없다는 뜻이다.

그런데 앞선 글 〈모든 물질에는 두 개의 얼굴이 있다〉에서 살펴본 것처럼, 원 모양의 줄에 생기는 파동을 전자 물질파의 파동에 대응시켜 생각할 수 있다고 했다. 양쪽 끝이 묶인 줄의 정상파는 마디가 고정돼 있어 제자리에서 진동하는 운동만 가능하다. 하지만 양쪽 끝의 마디를 원형으로 연결하여 원 모양으로 파동을 이어줄 수 있다면, 파동의 위상이 변함에 따라 정상파의 마디 위치가 원주 위를 움직일 수 있다. 물질파 파동에서 위상의 변화는 마디의 위치를 움직이게 하고, 결과적으로 파동이 원주를 따라 회전 운동을 하게 만든다(그림 참조). 뉴턴이 생각했던 입자의 원운동과는 다른 개념이다. 물질파 파동이 원 궤도 전체에 퍼져있기 때문에, 질량 중심의 위치는 원의 중심에 머무는 것은 같다. 하지만 물질파의 운동에 대해서는 사실 뉴턴의 힘의 개념을 어떻게 적용할지 분명치 않다. 그러면 이제 한 발 물러나, 물질파의 위상 변화와 운동 속력의 관계부터 다시 생각해 볼 필요가 있다.

물질파의 속도는 파동함수의 기울기 또는 변화도gradient에 비례한다. 파동의 모양을 대표하는 사인함수를 예로 들어 보자. 사인함수에 대해 기울기를 구하면 코사인함수가 된다. 사인함수 파동의 속력이 코사인함수라는 말인데 좀 번잡하다. 생각을 조금 달리 해보자. 물질파의 위상과 파동의 움직임을 사인함수로 나타내기 보다는, 코사인-사인 함수를 실수와 허수로 묶은 복소수 함수로 보는 것이다. 이렇게 하면 좀더 편하게 볼 수 있다.

사실 사인함수와 코사인함수는 위상차가 90도라는 것만 빼면 똑같은 삼각함수다. 그래서 xy평면 위에서 원운동하고 있는 점을 x축과 y축에 각각 투영하면, x축에는 코사인함수, y축에는 사인함수의 파동

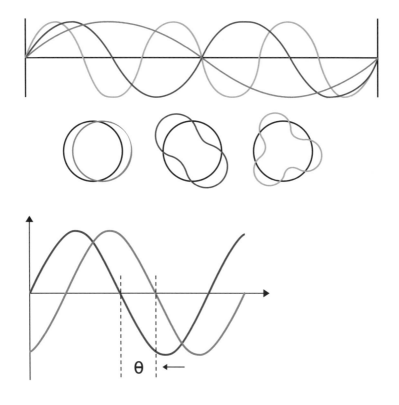

(위) 원자 궤도의 파동 모델. (아래) 붉은색 파동이 시간에 따라 오른쪽으로 움직여 파란색
파동의 위치까지 진행했다. 이때 파동의 움직임을 그림에서처럼 파동함수의 위상 변화(θ)로
나타낼 수 있다.

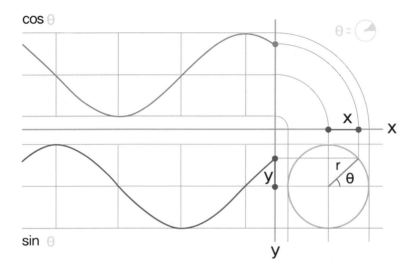

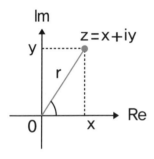

(위) 원운동하는 점을 x, y 각각의 축에 투영하여 보는 사인함수 파동. (아래)x축에 실수를, y축에 허수를 나타내는 복소수 평면.

이 나타난다(그림 참조). 이 코사인-사인 함수를 묶어 복소수로 쓰면 $\psi_m(\theta)=\cos(m\theta)+i\sin(m\theta)=e^{im\theta}$모양의 지수함수가 된다. 뭔가 복잡해 보이지만, 이 함수는 반지름의 크기가 1인 원 위의 점에 대응하는 각 θ의 함수에 불과하다(그림 참조). 여기서 지수함수 e^x의 기울기, 즉 도함수는 역시 지수함수 e^x다. 따라서 원 궤도에서 함수 $\psi_m(\theta)$의 기울기는 $im\psi_m(\theta)$가 되는데, 이는 위상 ($m\theta$)의 각 θ에 대한 기울기에 비례한다. 즉, 물질파의 원운동에서 각속도는 정상파의 배음의 수 m에 비례한다는 것을 알 수 있다.

물질파에 의해
자기장의 흐름이 양자화되다

초전도 전류에 대해 론돈 형제가 지적한 중요한 부분은 복소수 파동함수의 위상이 자기장의 벡터 퍼텐셜과 연결되었다는 점이다. 초전도 전류의 흐름은 물질파의 속력에 비례하고, 또 물질파의 속력은 파동함수 위상의 기울기에 비례한다. 따라서 파동함수 위상의 기울기는 벡터 퍼텐셜에 비례해야 한다. 다른 형태로 표현하면, 물질파의 위상은 벡터 퍼텐셜을 경로에 따라 적분한 값이 된다. 따라서 전자 물질파의 속력을 변화시키려면 전자 파동함수 위상의 기울기를 바꿔야 한다. 이렇게 되면, 앞선 글 〈공중부양이 가능하려면?〉에서 설명한 뉴턴의 제2법칙의 힘과 가속도의 개념은 적용하기가 어렵다. 전기장 혹은 자기장이 가속 운동을 일으키는 힘으로 작용하는 것이 아니고, 자기

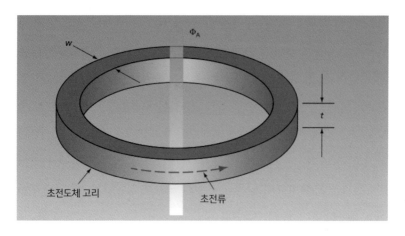

초전도체 고리를 통과하는 자기장 흐름은 일정한 크기의 정수배가 된다. 즉 양자화가 되어 있다.

장의 벡터 퍼텐셜에 의해 물질파 파동의 위상이 바뀌는 것을 힘의 작용이라고 해석해야 하기 때문이다.

반지름이 10마이크로미터인 초전도체 고리를 만들었다고 하자. 이 고리에 흐르는 초전도 전류는 반지름 0.1나노미터인 원 궤도에 놓인 물질파와 본질적으로 같은 성질을 띤다. 다만 차이점은 원자 주변 원 궤도의 반지름은 약 0.1나노미터이고 초전도체 고리의 반지름은 수십 마이크로미터 또는 그 보다 더 클 수 있다는 것이다. 원 궤도 위의 정상파가 $\psi_m(\theta) = e^{im\theta}$ 모양으로 정수 m=0, ±1, ±2, ⋯ 만 가능하기 때문에 초전도 전류의 크기도 정수배로 늘어난다. 따라서 고리를 통과하는 자기장 흐름의 크기, 즉 자기력선속은 일정한 크기의 정수배가 된다. 이 선속의 최소값을 자기력선속 양자라 하는데, 그 크기가

양자의 과학

$\Phi_0=h/2(2e)\simeq 2.067833758(46)\times 10^{-15}$Wb(웨버)다. 지구 표면의 자기장이 1제곱센티미터를 통과하는 자기력선속 크기의 약 100만분의 1에 불과하다. 이 자기력선속 양자는 빛의 속력과 같이 측정 조건에 따라 달라지지 않는 상수이기 때문에 정밀한 물리량의 측정 기준이 된다.

아보가드로 수만큼의 전자가
발맞춰 걷는다면?

원자 크기의 궤도에서 물질파를 얘기하는 것은 입자-파동 이중성의 관점에서 이해할 수 있다. 그런데 초전도 전류는 원자 크기가 아니라 수 센티미터 또는 수십 킬로미터 길이의 초전도체에서 흐른다. 초전도 전류가 물질파의 위상과 벡터 퍼텐셜에서 만들어진다면, 초전도 상태의 물질파는 원자 크기에 국한되지 않고 수 마이크로미터 또는 수십 킬로미터까지도 퍼져 있어야 한다. 과연 원자 크기의 미시세계에서만 나타난 물질파의 성질이 거시세계에서도 발현될 수 있는 것인가?

고체 물질은 대부분 원자들이 일정하게 배열된 격자를 이루고 있다. 우리 주변의 센티미터 크기 물체는 거의 아보가드로 수만큼의 원자들로 이루어져 있다. 대부분의 전자는 고체 내의 원자 주변에 분포하고 있는데, 열에너지를 갖고 운동하는 원자와 충돌할 때마다 물질파의 위상은 제각각 변한다. 고체에 퍼진 전자들의 물질파가 조금씩 겹쳐지기는 하지만 전자들 간의 물질파 위상이 각각 다르기 때문에 서로 상쇄 간섭을 일으키게 된다. 각 원자 근처에서는 초전도 전류가 생길 수 있지만, 고체 물질 전체적으로는 서로 상쇄되어 초전도 전류는 만들어지지 않는다.

하지만 초전도 임계온도 이하로 온도가 내려가면 상황이 달라진다. BCS 이론에 의하면 쿠퍼 전자쌍이 만들어지면서 전자 물질파의 위상이 결맞음을 유지하는 상태가 바로 초전도체다. 넓은 광장에서 많은 사람들이 모여 제각각 움직일 때는 통일된 움직임이 생기지 않지만, 군대 행진처럼 모든 군인이 발을 맞춰 움직이는 모습이 바로 결맞음 위상을 유지하는 것이다. 원자 크기의 영역에서 물질파의 성질을 띤 쿠퍼 전자쌍이 바로 옆에 위치한 전자쌍과 위상을 맞추고 또 그 옆에 있는 전자쌍과 위상을 맞추는 것을 반복하면 고체 전체에 퍼져 있는 전자쌍들이 같은 위상을 갖게 된다. 이렇게 형성된 결맞음 상태의 물질파는 원자 크기가 아니라 물질 전체의 크기, 즉 수 센티미터에서 수십 킬로미터까지도 도달할 수 있다. 따라서 거시적인 초전도 전류는 결맞음 상태의 물질파에서 만들어지는 것이고, 초전도 상태는 아보가드로 수의 전자 물질파의 거시적 양자상태인 것이다.

전자를 입자가 아니라 물질파로 이용하는 전자제품이 나온다고?

21세기 정보기술의 혁신을 주도하는 인터넷과 컴퓨터, 디스플레이는 모두 첨단 과학기술에 근간을 두고 있다. 특히 반도체 소자 기술은 현대 물리학의 발전에 따라 자연현상을 보다 깊게 이해하게 되면서 새

양자의 과학

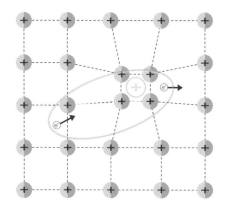

(위) 쿠퍼 전자쌍. 격자를 이룬
원자들(검은색 원) 사이로 전자(파란색
원)가 쌍을 이뤄 이동하고 있다.
(아래) 군인들이 열을 맞춰 나란히
행진하는 모습을 위상이 결맞은 상태라고
할 수 있다.

로운 기기를 창출한 좋은 사례라고 할 수 있다. 20세기 초에 만들어진 라디오에는 밀리미터 굵기의 전선에 저항, 축전기, 코일, 진공관이 연결된 회로가 있었다. 거기에 안테나와 스피커를 달아 전원을 연결하면 라디오 방송을 들을 수 있었다. 전깃줄 속에 흐르는 전류는 전하를 띤 입자의 운동으로 이해할 수 있었고, 여기에 아이작 뉴턴의 힘과 운동의 법칙을 적용하는 데는 별 어려움이 없었다. 1947년 발명된 트랜지스터가 진공관의 역할을 대신하면서 전자공학은 급속도로 발달했다. 트랜지스터를 점점 작게 만드는 기술에 경쟁이 붙었다. 무어 Gordon E. Moore의 법칙으로 알려진 트랜지스터 기술의 발달은 매 2년마다 집적회로IC의 집적도가 2배씩 증가하는 것으로 나타났다. 무어의 법칙에 따르면1970년부터 46년 동안 집적회로의 트랜지스터 성능은 223배, 즉 약 840만 배 향상되었다. 컴퓨터의 핵심 부품인 CPU나 메모리, 저장장치에 들어가는 부품들의 성능도 같은 정도로 향상되었다.

트랜지스터의 크기가 작아지면서 전자회로 부품을 연결하는 전선의 폭도 줄었다. 처음 라디오를 제작할 때는 밀리미터 굵기의 전선을 썼지만, 최근 제작되는 집적회로에서는 전깃줄의 선폭이 10나노미터까지 작아졌다. 그보다 선폭을 가늘게 하는 것은 양자적 한계가 있어 현재 기술적으로 도전 과제로 남아있다. 20세기 초 측정기술이 한계에 도달하면서 입자와 파동의 이중성을 고민하던 모습이, 21세기에 들어와 첨단 컴퓨터에 사용되는 접적회로 제작에 사용되는 기술개발 현장에서 재현되고 있는 것이다. 아마도 머지않아 전자 입자가 아닌

무어의 법칙 – 1971~2011년까지 마이크로프로세서의 개수 변화

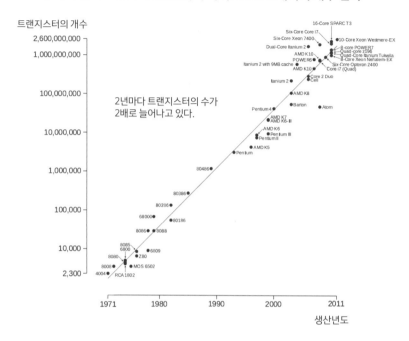

트랜지스터의 개수

2,600,000,000
1,000,000,000

100,000,000

10,000,000

1,000,000

100,000

10,000

2,300

2년마다 트랜지스터의 수가
2배로 늘어나고 있다.

16-Core SPARC T3
Six-Core Core i7
Six-Core Xeon 7400
Dual-Core Itanium 2
AMD K10
POWER6
Itanium 2 with 9MB cache
AMD K10

10-Core Xeon Westmere-EX
8-core POWER7
Quad-core z196
Quad-Core Itanium Tukwila
8-Core Xeon Nehalem-EX
Six-Core Opteron 2400
Core i7 (Quad)

Itanium 2
Core 2 Duo
Cell

AMD K8
Barton
Pentium 4
AMD K7
AMD K6-III
AMD K6
Pentium III
Pentium II
AMD K5
Pentium

Atom

80486

80386
80286
68000
80186
8086
8088
8085
6800
6809
8080
Z80
8008
MOS 6502
4004
RCA 1802

1971   1980   1990   2000   2011

생산년도

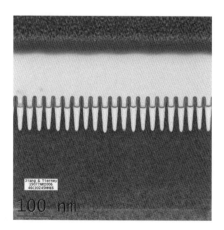

Jiang & Tierney
15077WR1006
46C3024SHW66
100 nm

IBM이 2015년 7월 발표한 7나노미터
간격의 트랜지스터 시제품.

전자 물질파에 의한 전자소자가 상용화될는지도 모른다.

양자의 세계는 원자처럼 작은 크기에서만 펼쳐지는 것이 아니고, 초전도체처럼 우리 주변에서 직접 보고 느낄 수 있는 현상으로 다가오기도 한다. 우리가 일상생활에서 사용하는 휴대전화나 컴퓨터와 같은 전자제품의 핵심 기능을 담당하는 전자소자에도 양자 현상의 원리가 숨어 있다. 다음 글에서는 지금까지 이야기한 힘과 운동, 파동, 빛, 물질 등을 자연을 바라보는 과학의 관점에서 생각해 보자.

양자의 과학

글을 마치며

아인슈타인은 생각했다. 그의 머릿속에서는 거리와 길이, 시간과 힘에 대한 온갖 조건들이 현실의 제약을 뛰어넘고 있었다. 끝없는 의심과 모순 없는 생각은 새로운 자연의 모습을 보여주었다. 그리고 그 모습은 어느 순간 더 큰 자연이 되었다.
사진은 미국 워싱턴 DC에 있는 아인슈타인 기념관이다.

뉴턴과
아인슈타인의 차이

덧셈이 익숙한 사람에게 '1+1'의 셈은 너무 쉬워서 다른 생각을 할 여지가 없다. 하지만 덧셈을 처음 배우는 어린 아이에게는 결코 쉽지 않은 일이다. 입장을 바꿔 숫자를 모르는 아이에게 어떻게 덧셈을 가르칠지 한번 생각해 보면, 왜 덧셈이 쉽지 않은지 금방 깨닫게 된다.

바구니에 사과를 하나씩 넣는 것과,
1+1=2는 서로 같을까?

뉴턴이 초등학교 수학 선생님이 되어 덧셈을 가르친다고 생각해 보자. 쟁반에 사과 한 개를 올려 놓고, '사과 한 개'와 '숫자 1'이 대응된다고 말한다. 여기서 사과는 우리의 관측 대상이 되는 물체고, 숫자는

추상적인 덧셈 연산의 출발은 물체의 개수를 세는 것이다.

우리 머릿속에 저장되는 개념이다. 쟁반에 사과 한 개를 또 올리면 처음에 올려 놓은 것의 두 배가 된다. 이렇게 사과 하나가 있는 쟁반에 또 다른 사과를 더하는 과정이 우리 머릿속에서는 '덧셈'이라는 추상적인 작용, 즉 '+' 연산인 것이다. 본래 있던 사과에 더해진 또 다른 사과를 다시 숫자 '1'로 바꾸어 생각하면, 쟁반 위의 사과 한 개에 또 하나의 사과를 추가하는 과정을 '1+1'이라는 추상적 개념으로 표현할 수 있다. 따라서 두 개의 사과가 모두 쟁반 위에 올라간 상태는 숫자 '2'라는 개념에 대응되고, '1+1'의 추상적 연산의 결과는 '2'가 된다.

사과나 야구공처럼 분리해서 셀 수 있는 물체를 입자라고 한다. 1, 2, 3과 같은 자연수는 입자의 개수에서 유추해낸 추상적인 개념이다. 사과 1개와 사과 2개는 확연히 구분된다. 사과 3개를 넣어 포장한 상자와 6개를 넣어 포장한 상자는 다른 상자다. 이렇게 세 개들이 상자의 추상적인 개념이 숫자 '3'이고, 여섯 개들이 상자의 추상적인 개념은 숫자 '6'이다. 세 개들이 상자 두 개를 모으면 여섯 개들이

글을 마치며

만물의 원리는 수라고 주장한 피타고라스.

상자와 '사과의 개수'가 같아진다. 이것을 숫자 연산으로 표현하면 '3+3=6'이다. 덧셈은 우리 머릿속에 있는 추상적인 개념의 작용인 것이다.

야구공 2개가 담긴 상자에 야구공 3개를 더 넣으면 몇 개일까? 2+3=5, 즉 5개가 있다는 것은 직접 세어 보지 않고도 알 수 있다. 추상적 개념인 숫자의 셈을 통해 실제 물체를 더하고 빼면서 달라진 입자의 개수를 알 수 있다는 말이다. 추상적인 덧셈과 뺄셈의 결과가 실제 물체를 더하고 뺀 결과와 일치한다는 것은 어찌 보면, 아주 신기한 일이다. 숫자의 셈에 익숙해진 사람은 추상적인 개념의 '숫자'가 실제로 존재하는 물체의 '개수'보다 더 근본적인 개념이라고 주장하기도 한다. 실제로 숫자의 속성이 자연 현상과 대응되는 것에 매료된 고대 그리스의 피타고라스 학파는 "만물의 원리는 수數이며 만물은 수를 모방한다"라고도 했다.

피타고라스 학파에서 만물은 수를 모방한다고 주장할 만큼, 추상적인 개념에 불과한 숫자가 자연에 존재하는 다양한 물체 입자들의 개수 변화를 정확히 표현해낸다는 것은 놀라운 일이다. 하지만 입자의 개수만 대변하는 숫자의 셈이 자연에 존재하는 물체의 상태를 제대로 기술하기에는 어려움이 있다.

다른 예를 들어보자. 우리가 일상적으로 사용하는 돈에는 액면가가 적혀 있다. 1만원권 지폐에 적힌 10,000원은 1만원이라는 화폐 가치의 추상적인 값이다. 그래서 1만원짜리 화폐 2장을 더하면 정확히 2만원의 가치가 된다. 하지만 이 지폐의 물리적인 질량은 액면가처

글을 마치며

럼 언제나 같지는 않다. 낡은 지폐에는 때가 묻어 질량이 늘어났을 수도 있고 어떤 지폐는 귀퉁이가 찢어져 질량이 줄었을 수도 있다. 앞선 글 〈킬로그램 원기는 다이어트 중〉에서 얘기한 대로 사과 뿐만 아니라 질량 측정의 기준이 되는 킬로그램 원기조차도 똑같은 질량의 킬로그램 원기는 없다고 한 것처럼, 사실 은행에서 바로 찍어낸 1만원권 지폐들도 모두 질량은 같을 수가 없다.

실제 자연 현상이 추상적인 수학적 개념과 일치하는 것은 우연일까?

물체의 질량은 입자의 운동을 결정하는 중요한 변수다. 어떤 물체라도 낱개로 떼어낼 수 있거나 따로 떨어져 있는 물체는 한 개의 입자로 볼 수 있다. 반대로 여러 개의 입자라도 하나로 뭉칠 수 있으면 한 개의 입자가 된다. 앞선 글 〈달이 지구를 향해 떨어진다고?〉에서 뉴턴이 고민했던 운동 법칙의 대상은 천체이든 지상의 물체든 모두 낱개의 입자였다. 뉴턴 이전의 시대에는 지구, 달, 행성 모두 신의 섭리에 따라 태양을 중심으로 원 또는 타원의 기하학적인 궤적을 따라 운동한다고 생각했다. 인간의 관념 속에 있던 신의 존재는 원과 같은 완벽한 대칭을 갖춘 모양에 대응되었고, 그 모양을 닮은 운동 궤적도 역시 신의 영역에 있다고 믿었기 때문이었다. 그런데 뉴턴이 분석해 낸 달의 운동은 지구로 떨어지는 사과의 운동과 다르지 않다는 것이었고, 그 결과 신의 영역으로 여겨졌던 천체의 운동을 기술하기 위해, 단순한

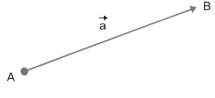

벡터의 표현.

기하학적 모양을 넘어 3차원 공간에서 위치를 표현하는 벡터라는 새로운 개념이 만들어졌다.

벡터도 숫자와 마찬가지로 우리 머릿속에 존재하는 추상적인 개념이다. 실제 공간에서 벡터의 개념에 대응되는 물체는 화살이다. 화살의 길이는 크기를 의미하고 화살촉이 향하는 쪽으로 방향을 정한다. 화살의 추상적 개념이 바로 화살표, 즉 벡터다. 화살표와 같은 벡터는 크기만 표시할 수 있는 숫자와 다르다. 공간의 한 점에서 다른 점으로 이동하는 과정을 시작점과 종착점을 연결하는 화살로 표현할 수 있다. 예를 들어, 한 물체가 동쪽으로 30미터 이동했다면, 이 물체의 이동은 (거리, 방향)=(30미터, 동쪽)으로 표현된다. 같은 물체가 북쪽으로 40미터 이동했다면 이 물체의 이동 벡터는 (40미터, 북쪽)이 된다. 그렇다면 이 물체가 처음 위치에서 마지막으로 도달한 위치는 어떻게 알 수 있을까? 1+1=2처럼 단순히 사과 개수를 더할 때 사용한 덧셈 규칙을 그대로 적용하기에는 좀 불편하다. 크기의 합은 쉽게 할 수 있는데, 방향을 어떻게 더한다는 말인지 모르겠다. 과연 숫자가 아닌 '벡터'라는 객체의 덧셈이 가능하기는 한 것일까?

글을 마치며

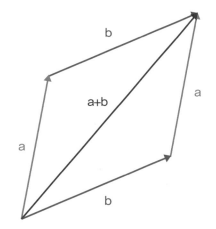

벡터의 덧셈.

　물체에 작용하는 힘과 운동을 기술할 때, 크기와 방향을 가진 벡터의 개념을 처음 도입한 사람이 바로 뉴턴이다. 뉴턴이 정한 벡터의 덧셈은 간단했다. 자연의 현상을 따르는 것이다. 일정한 길이의 화살 두 개를 만들어 운동장처럼 판판한 장소에 각각의 화살을 벡터가 가리키는 방향으로 내려놓는다. 같은 시작점에서 서로 다른 방향을 향한 화살 두 개를 더하는 법은 두 번째 화살을 첫 번째 화살의 길이와 방향만큼 평행이동하여 첫 번째 화살촉의 위치에 두 번째 화살의 시작점을 내려 놓는 것이다. 이렇게 하면 첫 번째 화살촉의 시작점과 두 번째 화살의 화살촉을 연결하는 새로운 화살이 만들어지는데 이 새로운 화살에 대응되는 벡터가 처음 두 벡터의 합이다. 뉴턴이 제시한 평행이동 규칙을 적용하면 (30미터, 동쪽)의 벡터와 (40미터, 북쪽)의 벡터의 합은 (50미터, 북북동쪽)이 된다. 이 모양은 바로 피타고라스 정리의 가장 간단한 예로 많이 쓰이는 가로 30미터, 높이 40미터, 빗변 50미터의 직각삼각형이다.

숫자의 덧셈과 마찬가지로 벡터의 덧셈도 자연에서 벌어지는 현상을 놀랍도록 정확하게 표현해 낸다. 처음에는 화살처럼 공간의 두 점을 잇는 형상에 대응하는 개념이었지만, 이 개념이 확장되면서 시간에 따라 변화하는 위치를 나타내는 양을 표시하는 수단으로 사용할 수 있다는 것을 알게 되었고, 한 점에서 특정 방향으로 향하는 속력이나 힘을 표시하는 개념으로 발전하였다. 앞선 글 〈일상에서 접하는 거시적 양자 현상〉에서 설명했던 자기장이나 벡터장도 같은 개념이다. 뉴턴의 운동 법칙 F=ma라는 공식에 나타난 힘 F와 가속도 a는 모두 크기와 방향을 동시에 갖는 벡터다. 이 벡터 방정식으로 기술되는 운동 법칙은 천체의 운동을 너무도 잘 설명하였다. 이 때문에 18세기 후반에 이르러 우주에서 일어나는 모든 사건과 운동은 이미 그 전부터 결정되어 있으며 특정한 법칙에 따라 합리적으로 움직인다고 하는 라플라스의 결정론적 세계관에 영향을 미치게 된다.

세상 모든 물체의 운동은
운동 법칙을 따른다

이 세상의 모든 사건과 운동을 결정할 수 있었던 뉴턴의 운동 법칙은 20세기 초 측정 기술과 측정 장치가 발달하면서 그 허점을 드러내기 시작했다. 앞선 글 〈움직이는 시계는 느리게 간다〉에서 얘기한 대로

'빛의 속력은 항상 일정하다'는 측정 결과는 뉴턴이 당연히 여겼던 시간의 개념을 허물어 버렸다. 뉴턴이 무심코 가정했던 절대적인 시간의 흐름은 별다른 의심없이 받아들여졌고, 뉴턴의 시간 개념은 지금도 우리 머릿속에 그대로 자리잡고 있다. 하지만 일정불변의 속력으로 움직이는 빛의 관점에서 보면, 뉴턴이 생각했던 시간과 길이, 질량은 물론 심지어 운동 법칙까지도 달라진다. 이 관점의 변화는 아인슈타인의 특수상대성이론으로 발전하게 되고, 나아가 일반상대성이론에서는 중력의 근원과 우주의 시간과 공간에 대한 기본 개념까지 바꾸어 놓았다.

여기서 과학적 생각의 진화에 대해 잠깐 생각해 보자. 과학은 단순히 자연 현상을 이론적으로 개념화하는 것이 전부일까? 과학은 자연 현상을 관측하고, 그 관측 결과에 대응하는 추상적인 개념을 우리 머릿속 개념으로 형상화하고, 그 개념을 토대로 이론적 법칙을 만들어내고, 또 다시 새로운 현상을 예측한다. 이 과정에 들어있는 과학적 사고의 핵심은, 이론적으로 예측한 결과가 실험으로 증명되거나 반증될 경우 그 결과에 따라 이론을 받아들이거나 수정하는 피드백 작용까지 포함한다는데 있다. 이 피드백 작용을 통해 수정되는 대상에는 운동 법칙과 같은 과학이론 자체만이 아니라 그 이론을 세우면서 가정했던 기본적인 공리 혹은 당연하다고 여겼던 원리까지도 포함된다.

예를 들어, 아인슈타인의 특수상대성이론에서 제시했던 '일정불변한 빛의 속력'은 뉴턴이 생각했던 관성계에서는 생각하지 못했던 기본적인 가정이었다. 하지만 뉴턴 시대에 받아들여졌던 기본적인 공리나 가정은 빛의 속력보다 아주 느리게 움직이는 물체나 혹은 중력이 크지 않은 물체였기 때문에 당시의 관측 결과를 기준으로 보면 뉴턴의 운동 법칙은 여전히 유효하다. 따라서 과학은 새로운 자연 현상을 발견할 때마다 새로운 측정 결과를 수용할 수 있는 개념을 찾아야 하고 그 개념을 바탕으로 새로운 이론을 세우는 작업을 해야만 한다.

그런데 위치에 따라
길이의 기준이 달라진다면?

과학적 이론은 대부분 실험을 통한 측정 결과에 자극을 받아 새로운 공리나 원리를 고민하게 된다. 앞선 글 〈달이 지구를 향해 떨어진다고?〉에서 "사과는 떨어지는데, 달은 왜 떨어지지 않을까?"라고 고민한 뉴턴의 배경에는 브라헤, 케플러, 갈릴레오 등 많은 과학자들이 쌓아 놓은 측정 데이터가 있었다. 빛의 속력이 일정불변하다는 아인슈타인 특수상대성이론의 기본 가설 역시 실험적 측정의 뒷받침이 있었기 때문에 가능했다. 그런데 특수상대성이론 이후에 아인슈타인이 내놓은 일반상대성이론은 특별한 측정 결과가 아니고, "길이의 측정 기준이 모든 위치에서 똑같을까?"라는 의문에서 출발한 이론이다. 실험에 의한 사실보다는 아무도 의심하지 않고 받아들인 자명한 공리에 대한 의심에서 출발한 생각이라는 점에서 각별한 의미가 있다.

앞선 글 〈원심력은 가짜 힘〉에서 제시된 뉴턴의 관성기준계에서는 물체의 운동은 관측자 위치에 상관없이 똑같은 운동 법칙을 따른다. 물리학에서는 관측자의 위치가 변해도 물리적 법칙이나 측정 결과에 변화가 없는 상태를 변환불변성translation invariance라고 한다. 갈릴레오와 뉴턴이 제시했던 변환불변성은, 지상과 천상을 구분하여 각 공간의 물체는 서로 다른 운동 규칙을 따른다고 주장한 아리스토텔레스의 개념에서 벗어난 획기적인 것이었다. 물리적 법칙의 변환불변성은 공간만이 아니라 시간에도 함께 적용되는 개념이다. 정확히 말하면 이 변환불변성의 개념은 법칙이라기보다는 공리에 가깝다. 예를 들어, 지구상에 있는 수소 원자와 달 표면에 있는 수소 원자의 발광 스펙트럼을 측정한다고 하면, 관측자가 지구, 달, 또는 우주 공간의 어느 점에 있더라도 관측 결과는 똑같은 스펙트럼이어야 한다. 또 이 스펙트럼은 100년 전이나 후에 측정하더라도 마찬가지 결과를 주어야 한다. 현재까지 과학적 측정 결과는 공간의 위치 변환이나 시간의 측정 시점 변환에 대해 동등한 결과를 준다는 '공리'를 위배하지 않는다. 100년 전의 측정과 현재의 측정 결과가 같다는 사실은 200년 전에도 같았다는 것을 의미한다. 실제로 지구에서 백억 광년 이상 떨어진 별에 있는 수소 원자 스펙트럼도 역시 현재 지구상의 수소 원자 스펙트럼과 같다는 것을 확인할 수 있는데, 이 결과는 우주가 탄생하는 시점에서 현재까지 우주 공간 어느 곳에서도 똑같은 물리학 법칙이 작용한다는 것을 보여준다.

다시 아인슈타인이 제기했던 위치에 따른 측정 기준의 변화에 대한 의문으로 돌아와 생각해 보자. 1미터 길이의 잣대라는 기준은 공간의 어느 지점에서도 똑같다는 개념이 아무 의심없이 우리 머릿속에

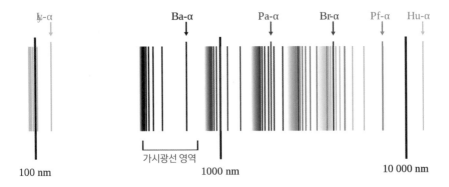

Ly-α Ba-α Pa-α Br-α Pf-α Hu-α

가시광선 영역

100 nm   1000 nm   10 000 nm

수소 원자의 발광 스펙트럼.

자리잡고 있다. 아인슈타인의 고민은 "현재 내 위치에서 1미터인 잣대가 1킬로미터 떨어진 지점에서는 1.1미터가 될 수 있을까?"처럼 황당한 것이었다. 사실 이런 고민은 측정을 통해 직접 확인하기가 거의 불가능하다. 우리가 정한 길이의 측정 기준은 공간 자체의 성질이다. 1킬로미터 떨어진 공간의 기준을 비교하려면 같은 장소로 잣대를 옮겨야 하는데 같은 장소로 옮겨지는 순간 두 잣대는 같은 잣대가 되어 버린다. 공간적으로 떨어진 두 점의 잣대를 직접 비교하는 것은 의미가 없다. 앞선 글 〈GPS의 위치는 시계가 결정한다〉에서 얘기한 중력에 의한 시간과 공간의 변화를 고려하면, 위치에 따른 측정 잣대의 변화는 자연스러운 결론이었다. 그래서 아인슈타인은 위치에 따라 잣대의 변화가 중력장과 연계되어 있다는 이론을 제시하였고, 그 아이디어는 중력장에 의해 휘어지는 빛의 경로 측정 결과와 더불어, 최근 보고된 중력파 측정 등을 통해 검증되었다.

                   글을 마치며

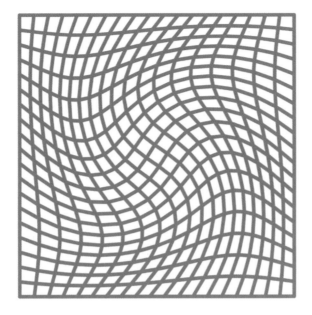

찌그러진 공간의 개념적 상상도.

힘의 근원에 대한
새로운 발상

중력에 의해 공간 측정 기준인 게이지가 변환된다는 아이디어는 매우
추상적인 개념이고, 어쩌면 기존에 받아들여졌던 개념을 확장하여 억
지로 우리 머릿속에서 상상으로 그려낸 개념일 수도 있다. 그러나 이
렇게 이론적으로 확장된 개념에 대응되는 자연 현상이 예측되고 또
실험적으로 검증된다면, 이미 관측을 통해 유추한 개념과 달라야 할

이유가 없다. 뉴턴이 만유인력의 법칙을 제시할 당시에는 관측된 결과를 맞추고 설명하기 위해 물체 간의 중력 법칙을 제시했다 하지만 아인슈타인은 공간 측정의 기준인 게이지가 질량에 의해 결정된다는 관계를 밝혔다는 점에서 더 근본적인 관점을 제공하고 있다. 자명하게 여겼던 공리에 의문을 제기하고, 그 의문에서 출발해 새롭게 정립한 시간과 공간에 대한 이론, 예측, 검증으로 이어지는 아인슈타인의 이론은 이론물리학에 새로운 모델을 제시하였다. 시간과 공간에 대한 새로운 관점을 넘어 중력이라는 힘의 근원이 공간에 따른 측정 잣대의 변화, 즉 국소적 게이지 변화에 있고 이 국소적 게이지의 변화가 물질 질량의 분포에 연결되어 있다는 점을 보여준 것이다.

게이지에 대한 개념은 일반상대론에 적용되기 훨씬 이전에 전자기력 이론에서 잘 알려져 있었다. 앞선 글 〈스마트폰 배터리 한 개로 들어올릴 수 있는 사람 수는?〉에서 전하, 전압, 그리고 전기에너지에 대해 소개했다. 전자는 전압 차이가 ΔV인 두 지점 사이를 지나면서 그 전압 차이에 비례하는 운동에너지를 얻는다. 여기서 주목할 점은 두 지점의 전압 차이가 전자에 가해지는 힘을 결정한다는 것이다. 전기 퍼텐셜을 결정하는 전압은 상대적인 차이가 중요하다는 말이다. 그렇다면 모든 지점에서의 전기 퍼텐셜을 V에서 $V+C$로 일정한 크기 C를 더해주거나 빼준다고 해도 퍼텐셜의 차이 $\Delta V = V_1 - V_2 = (V_1 + C) - (V_2 + C)$는 변함이 없고 결과적으로 전자에 가해지는 힘에는 변화가 없다. 공간상에서 관측자의 위치나 측정 기준을 바꾸는 것과는 다른 관점이기는 하지만, 전기 퍼텐셜의 측정 기준을 바꾼다

$$\vec{A} \quad \rightarrow \quad \vec{A} - \vec{\nabla} f(\vec{r}, t)$$

$$\phi \quad \rightarrow \quad \phi + \frac{1}{c}\frac{\partial f(\vec{r}, t)}{\partial t}$$

$$f(\vec{r}, t) \quad = \quad \frac{\hbar c}{e}\lambda(\vec{r}, t).$$

전자기 퍼텐셜의 게이지 변환의 수학적 표현.

는 점에서는 게이지 변환은 물리법칙이 바뀌지 않는 일종의 변환불변성이 있다고 할 수 있다.

물질파의 위상과
전자기 퍼텐셜의 게이지

앞선 글 〈일상에서 접하는 거시적 양자 현상〉에서도 설명했듯이, 단순한 수학적 함수의 자유도 외에는 별다른 물리적 의미가 없던 전기 퍼텐셜과 자기 벡터 퍼텐셜의 국소적 게이지 변환은 물질파의 위상과 결합되는 순간 엄청난 파급효과를 만들어낸다. 전자기 퍼텐셜의 게이지 변화는 물질파 파동의 위상 변화를 의미하고, 그 결과는 곧바로 물질파의 속력 변화로 연결되어 고전적인 입자의 운동 관점에서 볼 때 외부의 힘으로 작용한다는 것이다. 다시 말해, 전자기 퍼텐셜의 국소적 게이지 변화가 전자기장을 만들어 내고, 이것이 곧 전하 입자에 작용하는 힘의 근원이라는 것이다. 아인슈타인의 일반상대성이론에서 공간적으로 변하는 잣대의 기준이 중력과 연관되어 있다는 것과 일맥상통함을 알 수 있다.

앞선 글 〈스마트폰 배터리 한 개로 들어올릴 수 있는 사람 수는?〉과 〈자석은 왜 철을 끌어당길까?〉에서 얘기한 전하 간에 작용하는 쿨롱 힘이나 자석 간의 힘은 모두 물체의 운동을 관찰하여 각 물체에 작용하는 힘을 측정한 데이터에서 유추한 결과다. 뉴턴이 천체 관측 데이터로부터 만유인력의 법칙을 정한 것과 마찬가지로 경험적인 데이터를 정리한 것에 불과하다. 그러나 이에 반해 전자기 퍼텐셜의 측정 기준이 변환되었다는, 다시 말해 게이지 변환의 자유도가 전자기력의 근원과 연관되어 있다는 관점은 일반상대론에서 중력을 보는 것과 같은 패러다임의 전환이다. 1954년에는 양전닝과 로버트 밀스가 전자기 퍼텐셜의 게이지 변환 아이디어를 스핀 공간에 적용하여 확장시킨 게이지 이론을 발표하였다. 앞선 글 〈크기가 없는 점 속에 숨겨진 거대한 공간〉에서 설명한 대로 입자의 스핀 자유도에 대한 스핀의 방향을, 측정의 기준을 정하는 게이지의 변환으로 개념을 확장한 양-밀스의 아이디어는 곧바로 핵 입자 간에 작용하는 약력의 근원으로 해석되었고, 또 쿼크 간의 상호작용을 다루는 양자 색역학 quantum chromodynamics의 게이지 이론으로 발전하였다.

게이지 이론은 물질파 파동의 위상, 스핀의 자유도, 쿼크의 색 color 자유도에 전자기력, 약력, 강력 등의 힘의 근원이 숨어 있음을 보여주고 있다. 실험과 관측을 통해 측정 데이터에서 힘의 규칙을 찾는

글을 마치며

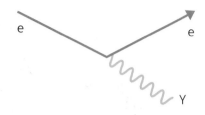

전자와 전자기력을 매개하는 빛의 상호작용을
나타내는 파인만 다이어그램

작업을 넘어선 새로운 패러다임이다. 숫자나 벡터의 덧셈에서 확인했
듯이 자연의 기본 성질을 만족하는 추상적 개념을 머릿속에 만들면
그 수학적 개념들 사이의 관계가 놀랍도록 정확하게 자연에서 벌어지
는 현상을 설명하게 된다. 예측된 결과가 실험적으로 검증되기만 하
면 우리 머릿속의 추상적 존재에 불과하던 물리적인 개념이 자연 현
상으로 되살아 나는 것이다.

아리스토텔레스의 4원소설에서
현대 과학으로

고대 그리스의 철학자 아리스토텔레스는 우주를 관념적으로 받아들
이지 않고 실재하는 물리적 실체로 생각했다. 그러나 여전히 신학적
관점에서 벗어나지 못해 신의 영역인 천상계는 불변이고 완전하며 지
상계는 변화가 있는 불완전한 세계라고 이해했다. 그래서 천상과 지
상은 구성 원소도 달랐다. 지상계는 흙, 물, 공기, 불의 4원소로 이루
어져 있지만, 천상계는 제5원소인 아이테르aither로 구성되어 있다고

유럽입자물리연구소(CERN)의 머그잔에 새겨진 힘의 근원을 보여주는 방정식.

믿었다. 또 각 세계는 운동도 달랐다. 천상의 운동은 시작도 끝도 없는 완전한 운동인 등속 원운동이지만, 지상에서는 시작과 끝이 있는 직선 운동이 주로 나타난다고 생각했다. 아리스토텔레스의 시대에는 마땅히 검증할 수 있는 실험적 도구나 이론적 개념도 부족했다. 그렇지만 나름대로 논리적 구조를 갖추고 있었다. 천상과 지상의 운동에 대한 오해는 오랜 시간에 걸쳐 브라헤, 케플러, 갈릴레오, 데카르트 등 많은 과학자들의 측정 결과와 개념 정립을 통해서 뉴턴의 운동 법칙으로 정리가 되었고, 우주의 구성 원소에 대한 이해도 20세기 이후 물질을 구성하는 근본 입자와 입자 간의 상호작용의 근원을 밝힐 수 있었다.

글을 마치며

자연의 원리와 우주 만물의 근원에 대한 이해는 크게 발전하고 있지만, 여전히 우리가 바라보는 자연은 실험관측을 통한 측정 결과와 우리 머릿속에 설정된 개념을 통해서 이루어지고 있다. 측정 방법과 기술의 발달로 원자보다 훨씬 작은 크기의 물체를 들여다 볼 수 있고 또 허블 망원경 같은 관측 장비를 이용해 백수십억 광년 떨어진 곳에 있는 초기 우주의 모습을 볼 수도 있지만, 그 관측 결과를 이해하고 해석하기 위해서는 우리 머릿속에 정립된 과학적 개념과 이론이 필요하다. 때로는 현상에서 유도된 수학적 개념을 맞춰보고, 그 개념에서 출발해 새로운 추상적 개념을 유도하기도 하며, 또 한 발짝 더 나아가 모두가 당연하다고 여겼던 가정을 뒤엎기도 한다. 우리 마음에서 임의의 과학적 개념을 만들어낼 수는 있지만, 과학적 입장에서 이 모든 개념은 실험적 검증을 받아야 한다. 실험을 통한 검증을 받지 못한 개념은 과학적 개념으로 살아 남을 수 없기 때문이다.

과학은 자연과
마음의 대화

과학의 핵심은 관측, 이론, 예측에서 다시 실험 검증으로 이어지는 순환고리에 있다. 이 순환고리에서 가장 중요한 역할은 관측된 현상을 추상화하는 우리의 마음이고 머릿속에 정립된 개념을 다시 꺼내 현상에 비춰 보는 검증 작업이다. 그래서 과학자는 어떤 일이든 항상 "왜?"라는 질문을 한다. 그리고 증거가 무엇인지, 어째서 그렇다는 것인지

묻는다. 딱히 뭐가 의심스러워서라기보다는 궁금한 걸 애써 지어낸다고 하는 편이 더 적절한 표현일 것이다. 그러나 "왜 그럴까?"라는 이 호기심이 바로 과학의 시작이다. 딱딱하고 수식 가득한 과학 교과서의 문제 풀이 틀에서 벗어나 이미 알고 있다고 생각했던 것을 곰곰이 되씹어 보고 "어떻게 그걸 아느냐?"를 차근차근 되묻는 과정이 곧 과학인 것이다.

글을 마치며

찾아보기

그림 출처와 저작권